数据驱动的水务信息系统建设与应用研究
——以重庆市为例

郭智威 张 冰 周月明 王建辉
申 渝 高 旭 [埃]萨米尔·易卜拉欣·加多   著

科学出版社
北 京

内 容 简 介

本书简要介绍了重庆市水务大数据概况和国内外水务大数据挖掘实例，系统介绍了重庆市水务数据管理决策平台总体架构、重要功能模块建设方案；对大数据共享机制、交叉行业数据共享需求与建设现状、智慧水务理论多源异构数据共享模型、多源异构数据共享的关键影响因素、水务及交叉行业业务模式创新和大数据共享原型系统设计进行系统阐述；对重庆自来水厂生产状况、供水设施运行状况和用户用水状况开展可视化分析；研究重庆市用水需求预测、重庆市供水管网状态预测、重庆市供水厂运营优化调度、重庆市供水厂管网布局优化；给出重庆市供水网络加压站选址最优化方案研究。

本书可供水利、城建、环保等领域的专家学者、管理人员参考，也可作为相关专业本科生及研究生的教学用书。

图书在版编目(CIP)数据

数据驱动的水务信息系统建设与应用研究:以重庆市为例 / 郭智威等著.—北京:科学出版社，2025.5
ISBN 978-7-03-069048-7

Ⅰ.①数… Ⅱ.①郭… Ⅲ.①城市用水–水资源管理–管理信息系统–研究–重庆 Ⅳ.①TU991.31-39

中国版本图书馆 CIP 数据核字 (2021) 第 108261 号

责任编辑：莫永国 / 责任校对：彭 映
责任印制：罗 科 / 封面设计：墨创文化

科学出版社 出版

北京东黄城根北街16号
邮政编码：100717
http://www.sciencep.com

四川煤田地质制图印务有限责任公司 印刷
科学出版社发行 各地新华书店经销

*

2025 年 5 月第 一 版　开本：787×1092 1/16
2025 年 5 月第一次印刷　印张：15 3/4
字数：360 000

定价：168.00 元
(如有印装质量问题，我社负责调换)

前　言

随着物联网、云计算、移动互联网等新兴信息技术全球化发展和广泛应用，各大行业信息化发展正面临着多样化的变革和全新的突破，通过数据驱动的方式来解决各项问题已经成为行业发展趋势。近年来，我国数据驱动产业加速发展，已经深入国家的经济、科技战略层面，其中，水务信息化建设是数据驱动产业建设延伸的必然结果。在水务行业面临着新挑战的今天，信息化建设已成为水务行业改革转型的重要纽带，数据驱动的水务信息系统建设成为行业的发展趋势。数据驱动的水务信息系统建设的核心目标是降低能耗、实施国家节水行动，践行绿色环保、低碳生活方式。

进入 21 世纪第二个十年以来，数据驱动领域持续成为学术界关注的热点，特别是近年来，中共中央政治局就互联网、大数据、云计算、人工智能、区块链先后举行了多次集体学习，不仅为经济社会发展的数据驱动提供了战略指引，也为数据驱动的水务信息系统建设与应用研究提供了创新指引。大数据中蕴含的巨大商业价值、科学研究价值、社会管理与公共服务价值以及支撑科学决策的价值正在被认知与开发利用。因此，数据驱动的管理与决策研究，不但具有突出的科学前沿性和重大的战略意义，而且具有巨大的实践价值和鲜明的时代特色。面向数据驱动的管理决策研究将有助于厘清数据交互连接产生的复杂性，掌握数据冗余与缺失双重特征引起的不确定性，驾驭数据的高速增长与交叉互连引起的涌现性，进而能够根据实际需求从网络数据中挖掘出其所蕴含的信息、知识和智慧，最终达到充分利用网络数据价值的目的。现阶段，大数据已成为联系各个环节的关键纽带。在移动互联网、大数据、超级计算、传感网、脑科学等新理论新技术的驱动下，大数据管理技术可以降低行业成本、提升行业效率、促进行业生产力发展，并可能催生一系列战略性新兴产业。而数据驱动管理决策相关研究的突破，将可能催生数据服务、数据材料和数据制造等战略性新兴产业。显然，新一代科技革命和产业变革正在引领新时代经济的高质量发展，也正在催生以数据驱动为主要特征的水务信息系统建设与应用的研究新主题、新方法和新形态。

本书由环境科学、计算机科学、管理科学等多个学科交叉领域的研究者、从业者共同撰写，介绍大数据环境下的水务行业发展现状，总结当前水务行业面临的机遇与挑战，分析水务行业发展趋势及相关技术，系统梳理数据驱动的水务信息系统建设的总体架构、重要功能模块建设和水务行业可视化建设，并提出污水处理系统、管网系统在数据驱动形式下的管理方案。实现数据驱动有效性的前提和保障是对数据进行预处理。数据预处理一般包括数据清洗、数据集成、数据变换、数据归约等。在数据类型和组织模式多样化、关联关系繁杂、质量良莠不齐等情况下，本书通过各种预处理方法，清除冗余数据，纠正错误数据，完善残缺数据，甄选出必需的数据进行集成，使数据信息精炼化、数据格式一致化和数据存储集中化。智能算法是数据驱动过程中不可或缺的部分，具有强大的自学习功能、联想存储功能及高速寻找优化解的能力，能够实现高效的数据处理与隐藏信息的挖掘。本书主要介绍时间序列模型、回归分析模型和统计分析模型，以实现数据驱动的污水处理系统以及管网系统的优化管理方案。数据可视化是数据驱动结果的呈现形式，其主要借助图形化手段，达到清晰有效地传达信息与进行信息沟通的效果。数据可视化主要利用图形、图像处理、计算机视觉以及用户界面，通过表达、建模以及对立体、表面、属性以及动画的显示，对数据进行可视化解释。

本书第 2、3、8、9、12、13、14 章由郭智威博士牵头撰写；第 1、4、5、6、7、10 章由张冰博士牵头撰写；第 11、15、16、17、18 章由周月明博士牵头撰写；所有内容均由申渝教授、高旭教授、王建辉老师及萨米尔·易卜拉欣·加多副教授进行指导和把关。感谢本课题组的徐伟、齐高相、马腾飞等老师的支持和帮助，以及课题组研究生程绪红、唐和礼、杨金汇、吴昊峰、张玮、王小波等所做的资料收集、文献检索与整理工作。

本书受到国家重点研发计划项目(2016YFE0205600)、国家语委科研项目信息化专项(YB135-121)、重庆市自然科学基金面上项目(cstc2019jcyj-msxmX0747)、重庆市教委科学技术研究重大项目(KJZD-M202000801)、管理科学与工程重庆市重点学科数据与信息管理团队项目(ZDPTTD201917)的资助，同时，本书也得到重庆南向泰斯环保技术研究院以及重庆工商大学国家智能制造服务国际科技合作基地的支持。

数据驱动是近年来快速发展的行业，具有广阔的应用前景和市场需求，但无论是数据驱动的水务信息系统建设的研究还是实践，在新技术应用、新理论创建和新装备开发等方面还只是开始，有很多难题需要解决。由于作者水平有限，书中难免有不足之处，敬请广大读者批评指正。

目 录

第1章 重庆市水务大数据概述 ·· 1
  1.1 重庆市水务行业发展基本概况 ·· 1
    1.1.1 行业基本情况 ··· 1
    1.1.2 存在的问题 ·· 4
    1.1.3 发展对策 ··· 5
  1.2 重庆市水务行业大数据挖掘概述 ·· 8
    1.2.1 中国水务大数据发展情况 ·· 8
    1.2.2 重庆市智慧水务的建设现状 ·· 10
    1.2.3 重庆市水务大数据的发展背景 ·· 11
    1.2.4 重庆市水务大数据的跨行业联动效应 ································· 14

第2章 国内外水务大数据挖掘实例 ·· 16
  2.1 智能水网 ·· 16
    2.1.1 美国智能水网 ··· 16
    2.1.2 澳大利亚智能水网 ··· 19
    2.1.3 韩国智能水网建设框架构想 ··· 21
  2.2 国内外水务公司的大数据挖掘应用现状 ···································· 21
    2.2.1 国外水务公司大数据挖掘应用现状 ··································· 21
    2.2.2 国内水务公司大数据挖掘应用现状——粤海水务 ················ 23
  2.3 国内业务主管部门的大数据挖掘应用实例——长沙供水 ············ 26
    2.3.1 大口径远传水表在长沙实施的背景及过程 ························· 26
    2.3.2 项目实施中的重难点 ·· 28

第3章 重庆市水务数据管理决策平台总体架构 ······································ 30
  3.1 平台概况 ·· 30
    3.1.1 平台的主要特点及特征 ·· 30
    3.1.2 平台的用户分析 ·· 34
  3.2 总体架构分析 ··· 34
    3.2.1 总体架构设计 ··· 34
    3.2.2 功能性分析 ··· 35
  3.3 业务架构分析 ··· 37
    3.3.1 数据资源总体设计 ··· 37

iii

3.3.2 业务需求分析 ·· 39
3.4 技术架构分析 ··· 42
3.4.1 关键技术分析 ·· 42
3.4.2 功能性分析 ·· 45

第4章 重要功能模块建设方案

4.1 系统总框架建设 ··· 47
4.1.1 系统逻辑框架 ·· 47
4.1.2 建设模式 ·· 48
4.1.3 管控模式 ·· 49
4.2 监测体系建设 ··· 49
4.3 信息标准化建设 ··· 50
4.3.1 功能及框架 ·· 50
4.3.2 信息标准化 ·· 51
4.4 应用系统建设 ··· 52
4.4.1 营业管理收费及管网供排水综合调度系统 ························· 52
4.4.2 客户服务系统及工程报修装载 ·· 53
4.4.3 表务管理系统及商业智能分析系统建设 ···························· 56
4.4.4 协同办公平台及水资源管理系统 ····································· 57
4.5 支撑平台建设 ··· 59

第5章 大数据共享机制概述

5.1 大数据共享的内涵 ·· 61
5.1.1 大数据共享的定义 ··· 61
5.1.2 大数据共享的意义 ··· 61
5.1.3 大数据共享的原则 ··· 62
5.2 大数据共享机制的挑战 ·· 63
5.2.1 客体挑战 ·· 63
5.2.2 主体挑战 ·· 64
5.2.3 手段挑战 ·· 64
5.2.4 环境挑战 ·· 65
5.3 大数据共享机制的国内外发展现状 ·· 66
5.3.1 国外大数据共享发展现状 ··· 66
5.3.2 国内大数据共享发展现状 ··· 67
5.4 相关技术简介 ··· 67
5.4.1 区块链技术 ·· 67
5.4.2 以太坊 ·· 70

第6章 交叉行业数据共享需求与建设现状

6.1 总述 ·· 72
6.2 跨行业数据共享需求 ··· 72

6.2.1 水务行业-城市生态环境主管部门 ·· 73
  6.2.2 水务行业-城市住建主管部门 ·· 74
  6.2.3 水务行业-城市规划和自然资源主管部门 ·· 75
 6.3 重庆市水务行业数据共享建设现状 ·· 76
  6.3.1 水务行业内部建设现状 ·· 77
  6.3.2 水务与交叉行业建设现状 ··· 78

第7章 智慧水务理论多源异构数据共享模型
 7.1 传统数据共享模型研究 ·· 79
  7.1.1 中间件共享模型 ··· 79
  7.1.2 数据仓库共享模型 ·· 81
  7.1.3 对等网络数据共享模型 ·· 82
 7.2 常见的数据共享模型 ··· 84
  7.2.1 基于联邦数据库的数据集成模式 ··· 84
  7.2.2 基于中间件的数据集成模式 ·· 85
  7.2.3 基于数据仓库的数据集成模式 ··· 86
 7.3 基于Web Service的多源异构资源传输模型 ·· 87
  7.3.1 XML技术 ·· 89
  7.3.2 Web Services远程调用服务 ··· 90
 7.4 基于XML和Web Logic JMS的远程异构数据共享模型 ······························ 92
 7.5 基于关联数据的水务数据共享模型 ·· 94
  7.5.1 基于关联数据的水务数据共享研究必要性 ······································ 94
  7.5.2 水务数据共享流程 ·· 95

第8章 多源异构数据共享的关键影响因素
 8.1 水务体系在城市发展中的地位和作用 ··· 97
 8.2 多源异构数据共享的影响因素 ··· 99
  8.2.1 多源异构数据的协同系统集成问题 ··· 99
  8.2.2 水务数据化技术水平存在的问题 ·· 101
  8.2.3 水务企业采用的管控模式问题 ··· 102
  8.2.4 城市管网信息化建设问题 ··· 103

第9章 水务及交叉行业业务模式创新
 9.1 PPP模式 ··· 105
 9.2 BOT模式、TOT模式 ·· 106
 9.3 委托运营及EPC模式 ··· 108
 9.4 案例——盐城市某水环境综合治理项目 ·· 108
  9.4.1 项目概况 ··· 108
  9.4.2 项目简评 ··· 109

第10章 大数据共享原型系统设计
 10.1 基于区块链的大数据共享模型 ·· 111

- 10.1.1 在区块链基础上的数字化共享模型·················111
- 10.1.2 基于区块链的大数据共享信息连接模型·················112
- 10.2 基于区块链的大数据共享模型分层架构·················113
  - 10.2.1 数据存储层·················113
  - 10.2.2 其他层·················115
- 10.3 基于以太坊的大数据共享原型系统设计·················117
  - 10.3.1 账户体系、数据管理模块·················117
  - 10.3.2 其他模块·················118

第 11 章 重庆自来水厂生产状况可视化分析·················120
- 11.1 业务场景介绍·················120
- 11.2 典型示范区画像建模·················120
  - 11.2.1 数据介绍·················120
  - 11.2.2 实施方案·················122
  - 11.2.3 可行性分析·················128

第 12 章 重庆市供水设施运行状况可视化分析·················130
- 12.1 业务场景介绍·················130
- 12.2 典型示范区画像建模·················131
  - 12.2.1 设施介绍·················131
  - 12.2.2 数据介绍·················135
  - 12.2.3 实施方案·················136
  - 12.2.4 可行性分析·················138

第 13 章 重庆市用户用水状况可视化分析·················140
- 13.1 相关技术介绍·················140
  - 13.1.1 用户画像综述·················140
  - 13.1.2 用户画像流程·················141
  - 13.1.3 用户画像构建·················142
  - 13.1.4 用户画像评估和使用·················143
- 13.2 聚类和回归·················144
  - 13.2.1 聚类模型·················144
  - 13.2.2 回归模型·················145
- 13.3 可视化构建·················148
  - 13.3.1 可视化构建基础·················148
  - 13.3.2 信息可视化设计·················149
- 13.4 典型示范区域画像建模·················149
  - 13.4.1 数据介绍·················149
  - 13.4.2 实施方案·················153

第 14 章 重庆市用水需求预测研究·················157
- 14.1 背景介绍·················157

14.2 城市用水量预测模型···158
  14.2.1 灰色预测 GM(1,1)模型群···158
  14.2.2 支持向量机回归模型··162

第 15 章 重庆市供水管网状态预测研究

15.1 城市供水管网微观模型的建立···172
  15.1.1 供水管网微观模型建立原理··173
  15.1.2 供水管网参数的率定··174
15.2 供水管网数学模型···175
15.3 机器学习论述···176
  15.3.1 传统人工神经网络···177
  15.3.2 LSTM 神经网络··177
15.4 以 LSTM 预测模型为基础的适应性改进···179
  15.4.1 LSTM 预测模型··179
  15.4.2 适应性改进··180
15.5 基于 PLDNN 预测模型的异常工况检测··182
15.6 实现应用集成框架···183
  15.6.1 供水管网预测模型集成框架··183
  15.6.2 调整模型参数··184

第 16 章 重庆市供水厂运营优化调度研究

16.1 重庆市供水系统···186
  16.1.1 重庆市供水水资源调度分析··186
  16.1.2 城市供水系统信息流分析··189
  16.1.3 数据流程分析··190
16.2 预测城市用水量···190
  16.2.1 常见的用水量预测方法··191
  16.2.2 基于基本粒子群算法用水量预测··194
  16.2.3 基于 GA-BP 的用水量预测···195
  16.2.4 以 ANFI 网络用水量为依据预测···198
16.3 水务优化调度系统设计···198
  16.3.1 设计软件系统架构···199
  16.3.2 系统功能设计···200
  16.3.3 水务系统的数据库设计··202

第 17 章 重庆市供水厂管网布局优化研究

17.1 供水管网的模型化···204
  17.1.1 供水管网的简化··205
  17.1.2 供水管网的抽象化··206
  17.1.3 管网模型的标识··208
17.2 供水管网模型的拓扑属性···209

  17.2.1 供水管网图的基本概念 ･･ 209
  17.2.2 管网图的关联集与割集 ･･ 211
  17.2.3 环状管网与树状管网 ･･ 212
 17.3 管网模型的水力特性 ･･ 214
  17.3.1 节点流量方程和管段能量方程 ････････････････････････････････････ 214
  17.3.2 管网模型的矩阵表示 ･･ 215
 17.4 城市供水管网网络特性概述 ･･ 215
 17.5 基于繁杂网络的供水管网布局系统评价与优化 ････････････････････････････ 216
  17.5.1 繁杂网络基本概念 ･･ 217
  17.5.2 供水管网网络设计与优化方法概述 ････････････････････････････････ 218
  17.5.3 建立基于 P 空间表示方法的重庆市供水管网布局网络模型 ･･････････ 218
  17.5.4 供水管网布局网络平均分流次数计算方法 ･･････････････････････････ 219
  17.5.5 重庆市供水管网布局网络分流系统分析与评价 ･･････････････････････ 220
  17.5.6 探究供水管网布局网络分流系统优化方法 ･･････････････････････････ 222

第 18 章 重庆市供水网络加压站选址最优化方案研究 ････････････････････････････ 225
 18.1 供水加压站站址评价指标体系 ･･ 225
  18.1.1 选址原则 ･･ 225
  18.1.2 评价指标选取原则 ･･ 226
  18.1.3 评价指标体系 ･･ 226
 18.2 相关分析方法介绍 ･･ 227
  18.2.1 模糊层次分析法 ･･ 227
  18.2.2 灰色关联分析法 ･･ 231
 18.3 灰色-模糊关联分析方法 ･･ 232
  18.3.1 不同方法的融合条件 ･･ 232
  18.3.2 一致性检验步骤 ･･ 232
  18.3.3 灰色关联分析与模糊层次分析的具体结合方法 ･･････････････････････ 234

参考文献 ･･ 235

第1章 重庆市水务大数据概述

1.1 重庆市水务行业发展基本概况

1.1.1 行业基本情况

1. 行业基本发展情况

水务行业具有巨大的市场规模和较稳定的投资收益。随着我国工业化、信息化的快速推进，尤其是现代互联网技术在水务行业中的试验及发展，该行业将会成为我国发展最迅速和最具有投资价值的行业之一。

我国的水务行业保持人们用水需求总量持续平稳增长的态势。在中国特色社会主义事业"五位一体"总体布局的全面推进下，全面开展生态文明建设，从河长制到湖长制，河道治理与生态修复全面铺开，污水的处理率及污水处理能力快速提高。为了适应发展，污水处理设施也必须进行升级改造，因此智慧水务逐渐成为水务市场中一个新的投资热点。

信息技术在水务行业中的发展是为了降低能耗、实施国家节水行动，践行绿色环保、低碳生活方式。通过信息技术推动水务市场、污水处理市场供给侧结构性改革，以水价控制方式来约束污水的处理情况和改善居民用水习惯，以大数据监测供水和处理水的全过程来为水务行业提供高质量的服务，是未来大水务市场空间向外延展的推力。2016年12月印发的《水利改革发展"十三五"规划》提出，我国城乡供水量增加约270亿m^3，即增加供水产能约7400万m^3/d[1]。供水规模扩大导致对城乡供水管网的要求也相应提高，为了节约水资源和提高水资源利用率，必须严格防止公共供水管网的漏损，需要在这些工程项目中进行建设和改造：重点水源工程、重大引调水工程、雨水和海水利用工程。城市应急和备用水源建设等，并保证只有唯一供水水源的城市在2020年底前能基本完成备用水源或应急水源建设。根据实践经验可知，完成这一系列的工程建设将带来巨大的城镇供水经济市场。

2. 行业技术特征

水务产业链包括水务行业的科研、规划设计[2]。

我国水务行业根据地区不同存在一定差异性，水务企业在新地区兴起将面临政策、资金及资质壁垒，但我国的水务行业大部分都具国有体制的特点，在一些新的领域和新项目中具有一定的优势。除此之外，一些优秀民营企业和外资企业具备先进技术、经验和资历优势，在水务行业竞争力相对较强。尽管水务行业的发展受到一定的地域条件局限，但结合水务行业的技术特点进行异地拓展也是一个新的突破点和挑战。

如图1-1所示，我国在水务行业中获得的专利数量呈明显上升趋势，说明我国在政策的指引下对水务行业投入的科研项目越来越多，重视程度越来越明显。2017年，我国水务行业专利数量达到1148项，为历年增长幅度最大的一年。到了2018年，我国进入了严重缺水期，专利数量增长幅度变得相对较缓。以我国水务行业龙头企业为例，其在水务方面的研发投入不断增长，如北京东方园林环境股份有限公司2018年研发投入4.31亿元，同比增长达到75.46%；深圳市水务(集团)有限公司成立水务投资公司，从地方性水务服务商向全国性水务服务商转变，截至2018年底，其总资产超过1400亿元，在全国7个省成功投资运作了36个水务项目，为全国2000多万人口提供优质、高效的水务服务。

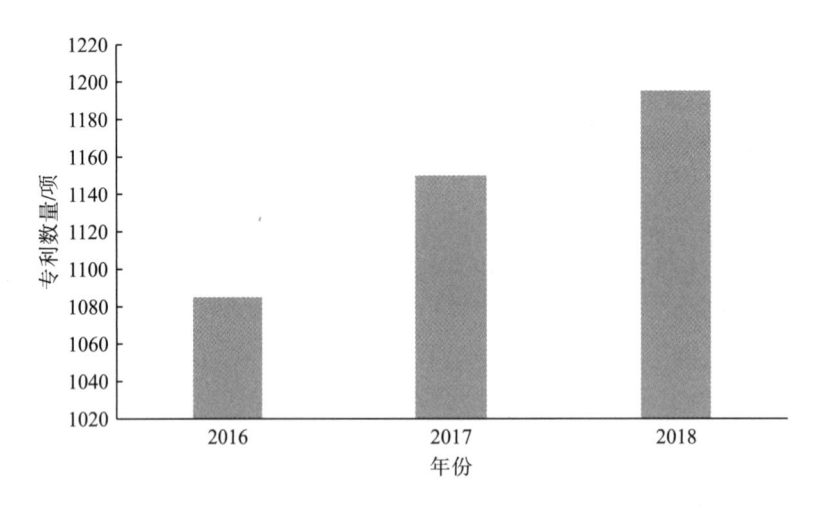

图1-1 我国水务行业专利申请数量

根据《水利改革发展"十三五"规划》，供水规模的增加必然要求城乡供水管网加快建设和改造，以满足新增的供水量，并且要降低公共供水管网漏损率。此外，要对各项重大重要工程、必备工程进行改造，单一水源供水的地级及以上城市应于2020年底前基本完成备用水源或应急水源建设[3]。这一系列的工程建设将带来万亿级的城镇供水投资市场。

3. 行业发展前景分析

1) 生命周期理论[4]

根据生命周期理论，行业在不同生命周期具有不同特征，见表1-1。

①初创期：市场增长率较高，需求增长速度较快，企业主要将重点聚焦在开拓新的用

户、逐步扩大并占领市场上，技术上仍然存在很大的不确定性，在产品、市场等策略上有很大的回旋余地，对产业的竞争状况、产业用户特点等方面的信息掌握不全面，企业进入壁垒较低。

②成长期：市场增长率很高，需求增长迅速，技术变化很小，产业用户特点和产业竞争逐步形成，产品品种和竞争对手数量明显大批量增加，企业进入壁垒提高。

③成熟期：市场增长率低，需求增长速度较慢，技术基本成熟，产业特点、用户特点及产业的竞争状况都基本稳定，买方市场建立，由于产业盈利能力下降，新产品的开发或产品的新用途开发变得异常困难，企业进入壁垒非常高。

④衰退期：市场增长率下降，竞争对手数量明显减少。

表 1-1 行业生命周期的主要特征

	初创期	成长期	成熟期	衰退期
市场需求	狭小	快速增长	缓慢增长或停滞	缩小
竞争者	少数	数量增加	许多对手	数量减少
顾客	创新的顾客	市场大众	市场大众	延迟的买者
现金流量	负的	适度的	高的	低的
利润状况	高风险、高收益	高风险、高收益	低风险、收益降低	高风险、低收益

2）水务行业的发展趋势[5]

水务行业的发展在居民的生产生活中起着至关重要的作用，关系国家经济发展，其必须与时代发展同步才能保证社会的健康发展。随着信息技术的发展，为了提高服务质量和效率，水务行业也将进行智能化、科技化。

水务行业主要面临的问题是水务企业的市场化。在市场化的激流浪潮中，要想持续发展，水务企业必须建立自己的经营体系。随着水务企业整体市场化、智能化、科技化，水务行业市场竞争力不断增强，水务行业的盈利空间与可投资性也会增大，与此同时，还会吸引更多的企业投身水务行业，行业竞争越激烈，越能促进水务行业领域的信息技术发展。在水务行业市场化的进程中，一方面，各自来水厂、污水处理厂及其他工程建设企业之间存在激烈的竞争，这样一种良性竞争可以使企业产生危机感，更能激发企业自身的创新力与活力；另一方面，企业也面临着挑战，市场化竞争激烈会推动企业的优胜劣汰。对于整个水务行业职能和服务的要求越来越高，我国的总体用水量持续平稳增长，因此水务行业迫切需要提高供水能力，以应对供水需求量的提高。水务行业对于污水的净化处理能力也要相应的提高，水务行业在追求盈利的同时，还需要兼顾供水质量，在提供纯净水源的同时，还需要对工业废水和生活污水进行必要的净化，以达到提高资源利用率的目的。

1.1.2 存在的问题

1. 供水系统存在的问题

我国小城镇的供水服务是该城市经济发展和社会可持续发展的重要组成部分，结合全国统计数据来看，大多数城镇供水过程中都存在水污染、水资源浪费和供水不足等问题。导致这些问题的原因是供水管网系统的设计不合理，居民用水量的预测不科学不准确，对供水系统的监测管理不够导致管网破损得不到及时的修复，从而污染和浪费了大量的水资源[6]。因此，水源提供的水和居民最终用到的水，其水质和水量相差甚大，造成水务行业的经济损失、服务效率低和居民满意度低，不符合新时代的发展需求。

2. 排水系统存在的问题

(1) 污废水排放系统存在的问题。城市建设进程迅速，规模不断扩大，但污水排放设施没有和城市发展同步，以至于经常出现污泥垃圾堵塞、排涝不及时而影响交通道路等问题。此外，合流制排水管网也存在破损淤积、排水不畅引起环境污染、影响居民生活等问题。由于缺乏管理监督，有些居民擅自改建乱接排污管道，影响市容市貌。有部分局部管道设计不科学、不合理，导致排水不畅，污水溢出造成土地和空气污染，增大污染处理工作量和成本。

(2) 雨水输送系统也存在问题。为了使管网的铺设更美观，大部分城市的排水系统主要是采用雨污合流输送排放的方式。与分流制相比，合流制管网的水力坡度较小，容易堵塞，对雨水的利用率也大大降低。近年来，城市内涝时有发生，严重影响市民的生活和社会发展，有时候还会造成严重的经济损失和人身安全威胁。这些都是因为管网建设缺乏合理和科学的系统布局，排水管道老化破损没有得到及时的修复，缺乏严格的管控和系统的监管，从而造成排放不达标等问题。

3. 污水处理系统存在的问题

(1) 部分小城镇污水处理设施不完善、分布不均。受到城市经济发展水平不平衡的影响，以及建设资金投入不够，小城镇污水处理设施建设进程较慢，缺乏机制保障。污水处理费短缺、财政补贴困难、管网不配套，影响处理效果。再生水回用率较低，许多污水处理厂周边缺乏使用再生水的用户，中水回用所占比例较小。

(2) 技术运行成本高。一是技术分布不合理，部分小城镇没有得到技术支持，同时也没有足够的资金，所以污水处理效率低，部分污水处理厂处理不能达标。二是技术没有得到合理的利用，使处理工艺与当地水质情况不匹配，增加了成本且没有得到相应的处理效益。三是运行成本和地方建设成本的承担能力差异较大。四是运行效率低导致成本增加。运行效率与设计规模和实际的处理水量不匹配，导致处理负荷过大或者不足等，运行成本提高；人工监督和辅助构筑物的运行也需较高的人工成本；大部分工人都不具备专业知识和熟练的操作技术，导致处理过程中的不准确性也会增加成本。管网的运行没有得到严格的监控导致漏损和负荷不均匀,这些问题又会导致更多的污染和增加处理难度,因此整个污水处理系统处理效率低下。

1.1.3 发展对策

1. 水务信息化建设

1) 水务信息化建设的趋势

随着物联网、云计算、移动互联网等新兴信息技术的全球化发展和广泛应用,各大行业信息化发展正面临着巨大变革和新的突破,通过大数据的方式来解决各项问题已经成为一种发展趋势。近年来,我国智慧城市加速发展,已经深入到国家的经济、科技战略层面。智慧城市的建设细分到该城市的各个行业、各个领域的建设,智慧水务是智慧城市建设延伸的结果。

2) 水务信息化发展

水务信息化发展是指水务行业逐步从自动化、数字化向智慧化阶段发展。随着社会的发展,水务企业的管理和经营模式也要进行改革创新,水务企业在生产、运营、服务以及管理中的自动化和信息化要求越来越高,应用也越来越广泛。从总体上看,我国水务行业的发展历程大致分为三个阶段,即自动化、数字化和智慧化阶段。据研究调查,目前,我国大部分的水务企业信息化建设已经进入数字化阶段并向智慧化阶段迈进。

(1) 自动化阶段:我国水务企业信息化在此阶段主要是对基础信息的收集和整理,从而实现泵站、管网和生产工艺过程等的自动化操控,自动化提高了水质、水量和水压等各项参数的测量水平,在一定程度上解放了人工生产力和劳动力。

(2) 数字化阶段:进入此阶段后,我国水务企业的管理才真正开始了信息化系统的建设。数据库技术和无线传感网络为相关水务企业陆续建立起各自的数据库系统和业务网络链,在很大程度上提高了信息的查储和利用效率。

(3) 智慧化阶段:我国部分城市的水务企业已经在向这一阶段进军,通过运用大数据、物联网、云计算和移动互联网等新一代信息技术,对收集的大量数据进行分析模拟,实现信息化与管理提升的充分结合,紧跟市场转型,全力支持企业模式创新和产业转型升级。

3) 水务信息化建设重点

水务信息化建设重点分为感知层、网络层、平台层以及应用层。

(1) 感知层:随着水务物联网技术的深入发展,实现对水务资源信息的全面感知和分析,其原理就是通过智能化生产设备、仪器仪表、摄像头和传感器等采集外界生产时发出的物理信号。通过大数据与物联网技术将水务企业所有涉水的水厂、管网等关键构筑物和设备的传感器与智能装置相连,形成互联网系统,对水资源的流量进行全过程实时监测和分析,实现及时、全面的感知。

(2) 网络层:主要是对感知层所获得的数据进行进一步获取和传输。网络层主要通过互联网和通用数据采集平台建立网络传输与通信,实现感知层的数据接入、传输和存储,对水务企业内下属单位和部门的生产情况以及运行状态数据进行及时采集分析,并实时传输到总部网络,最终形成一个相对完整的系统。

(3) 平台层:主要是对各个下属单位采集到的水务数据进行存储、分析与处理,加强智慧水务平台层建设,最终实现网络层信息向应用层信息的转换,实现网络设备的管理、设备信息和业务信息的呈现。智能水务平台能有效屏蔽底层设备和网络的复杂性,统一数据标准。

(4) 应用层:包括给排水、污水处理等全水产业链的信息应用系统,可为企业的生产、经营、服务和管理活动提供支持。为了贯彻落实水务企业发展战略要求,应用层建设以智能服务为导向,以智能生产为支撑,提升信息化水平,实现信息共享与集成,共同打造"智慧水务"。

2. 水务智慧化建设

1) 智慧化水务[7]的含义

智慧化水务是水务企业信息化发展的高级阶段。该阶段的基本理念就是以大数据、云计算、物联网和移动互联网等新一代信息技术为基础,通过智能设备对企业生产状态、生产环境的变化有一个全方位的感知,从而实现对海量的数据进行传输、存储和建模等处理。基于这样一个统一融合的公共服务平台,以更加精细的方式对这些数据进行智能化分析和管理,从而达到"智慧"的状态。

2) 智慧水务发展存在的主要问题

智慧水务在国内外的发展都很迅速,但智慧水务的顶层设计还不够完善,缺少成熟的技术作为支撑。我国智慧水务行业在运行探索中也存在一些问题,如水务基础信息要素欠缺、资源共享服务有待提高、智能化水平相对偏低等。

3) 智慧水务框架

在信息大数据时代,发展智慧水务不仅是实现水资源高效利用的新手段,还是水务行业现代化发展的新目标。智慧水务基于现代化信息技术的应用,在居民、企业和政府部门多方参与的共同作用下,可实现更全面、更科学、更协调、服务到位的发展目标。智慧水务行业发展的总体框架设计见图 1-2,包括智慧水务主动服务体系、智慧水务智能应用体系、智慧水务立体感知体系、智慧水务自动控制体系以及智慧水务支撑保障体系五部分。

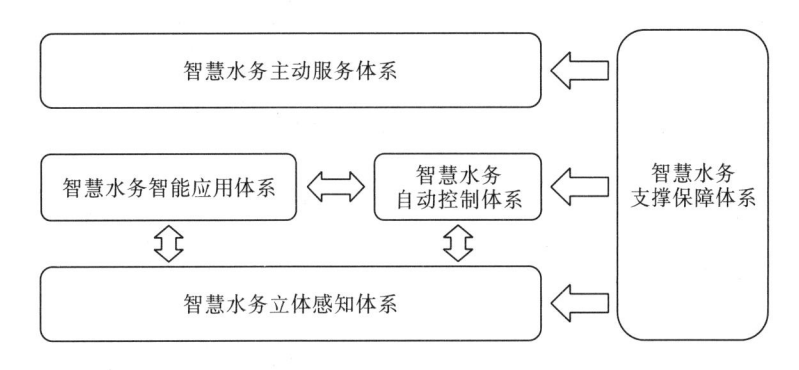

图 1-2 智慧水务框架图

4) 智慧水务发展战略

发展智慧水务首先要转变对于水务行业的固有观念，随着数据化信息化时代的到来，智慧水务的发展也势在必行，从对水务行业的探索转变为主导整个水务行业的发展方向。充分发挥智慧水务在水务行业运行发展中的优势，要做到对水务机构的设备、运营过程中突发问题的应急响应，以及对水务公司的发展战略进行科学决策。领域协同也很关键，新型智慧水务的建设将是对多个水务行业领域的有机整合，而并非简单的资源共享与业务拼凑。当水务运营中遇到突发情况时，可以联合气象、交通、卫生、环保等相关部门以及各大媒体共同实现信息共享、业务协同，并协作解决问题，支撑所有涉水事务的应急管理，并及时采取措施实现应急处理。服务融合同样也很重要，智慧水务能够以社会公众的需求为核心，充分利用网络和移动终端的方式，实现智能水表、电子支付水费和水质投诉等服务功能，为市民提供一站式服务，进一步提升水务公共服务水平。智慧水务将基于云计算技术实现数据资源的开放共享，个人和企业都能通过这样的平台获取自己所需的数据进行分析利用或实践活动，以此促进水管理及水服务，形成一种新型高效的服务模式。

5) 实施途径

智慧水务是水务企业将现代信息技术充分应用到行业理念中发展完善的成果，对信息技术硬件软件的开发和研究是实现智慧水务的有效途径。智慧水务不仅是独立发展的水利信息化，当智慧水务在信息化技术上发挥其特有功能的同时，也为水利事业的发展提供了平台和创造了优越的条件。随着智慧水务的发展，水务行业的管理模式也会改革和创新动态发展模式。除了管理模式，水务行业信息资源的安全及共享、顶层设计和研究都是影响智慧水务发展和高效利用的关键。

3. 水务大数据挖掘

由于大数据体量规模大，同时又在不断增加和更新，总的大数据价值在增长的同时，单位数据量的价值在下降。大数据挖掘就是要从海量数据中找到有价值的部分，再进行深度数据挖掘和分析，最后对数据进行存储、清洗、抽取、转换、加载(extraction transformation loading，ETL）等操作。应对大数据的需求和挑战，在很大程度上需要采用分布式并行处理的方式，如常见的搜索引擎，在对用户的搜索记录进行存储归档时就需要几百甚至上千台服务器同步工作，这样才能应对海量用户的搜索行为。在对数据进行挖掘的同时，还需要对传统的数据挖掘算法和架构进行改造，在很多实际应用中，甚至还需要挖掘的结果能够实时反馈回来，这一要求对系统是一个很大的挑战，因为数据挖掘算法通常来说需要较长时间，尤其是在海量数据情况下，可能需要结合大批量的离线处理和实时计算才可能满足需求。

数据挖掘实际价值在对数据进行挖掘前需要谨慎评估，不能盲目搜索。首先需要保障数据本身的真实性、准确性、时效性和全面性，如果所采集的信息本身就存在很大的不确定性，或者没有关键性的数据信息，那么即使严格按照挖掘技术所得到的数据价值也是存在很大问题的。其次要考虑挖掘数据的经济性是否合理，如果对挖掘项目投入过量的人力、财力和物力，但最终得到的信息所创造的价值还不能弥补成本，也是不切实际和得不偿失的。

1.2　重庆市水务行业大数据挖掘概述

1.2.1　中国水务大数据发展情况

1. 大数据技术的定义与特征

1）大数据技术的定义

大数据技术是人类世界的技术理念，是在信息技术的支撑下，利用全新的数据分析处理方法，在海量、复杂、散乱而毫无规律的数据集合中提取出有价值信息的技术处理过程，其核心就是对数据进行智能化的信息分析，并发挥其作用。

2）大数据技术的特征

大数据技术具有海量的数据规模，具有当前所有单体设备难以直接存储、管理和使用的数据量。大数据技术具有数据信息的全面性和数据的多样性。这些数据根据不同的分析方法可以刻画某事物不同的特征和规律，具备结构化、半结构化、非结构化等多种类型的数据形式。大数据技术具有时效性和动态流转性。数据的增长和变化快，处理速度也快，时效要求高，这是大数据技术区别于传统数据的显著特征。大数据技术的总量价值高，价值密度低，所以需要强大的挖掘技术才能提高数据的利用效率，同时提高其价值。大数据技术具备从稀疏的数据中挖掘高价值内容的能力。尽管数据量十分庞大，存在形式多样，但人们总能通过各种分析方法对挖掘的数据进行研究，进而实现大数据技术的挖掘并利用。

2. 大数据在水务行业的应用现状

大数据涉及当下社会的方方面面，各个行业与物联网、信息化技术结合，已经成为各个行业的发展趋势，未来企业的数字化转型也必将与大数据结合，水务行业也不例外。

随着智慧水务行业的发展，地理信息系统(geographic information system，GIS)、互联网以及实时监控的普及，水务行业大数据生态如今也逐渐成型。当前，我国水务行业与大数据的结合还存在以下几个问题。首先是数据完整性不足。智能水务产业建设是一个需要积累和探索的过程，不可能一蹴而就，现阶段很多水务企业基础数据完整性存在缺陷。其次是大数据计算模式不足。目前，我国各大城市都有大量水务数据上传，然而许多水务企业并没有正确使用这些海量数据。事实上，在大多数企业中，只有很小的一部分数据是实时观测的。隐藏在这些无法直接观察到的字或数背后的数据，只能被视为没有相应大数据计算模式备份的数据，不能很好地被利用。

3. 中国智慧水务建设情况

1) 中国智慧水务三大发展阶段

中国智慧水务的发展可以分为三个阶段。水务 1.0 阶段主要以自动化控制为核心，以流程优化和提高生产效率为重点；水务 2.0 阶段以企业信息化为核心，在企业资源管理、移动算法应用等方面取得更多突破；水务 3.0 阶段是大数据和人工智能技术在水务行业的综合应用。

2) 中国智慧水务行业发展前景

目前，全国各市、县、镇基本上都有自己的给水排水系统，但大部分水务公司还处于水务 2.0 阶段，还有很大的发展空间。由于智慧水务规模较小，缺乏模范标杆企业，行业的市场集中度较低。随着物联网、大数据、互联网等新技术不断融入传统水务行业的方方面面，智慧水务产业的发展前景非常好。

3) 中国智慧水务产业的黄金时期

2015~2023 年，全国水利建设投资额波动增长，除 2018 年和 2021 年出现小幅下降外，其余年份均实现增长。2022 年，全国完成水利建设投资 10893.2 亿元，首次突破 1 万亿元，较 2021 年增长了 43.79%。2023 年，全国完成水利投资建设 11996 亿元，较 2022 年增长了 10.12%。

2023 年，在 11996 亿元的水利建设投资额中，共有 5665 亿元投向国家水网重大工程，占比达 47.22%；共有 3227 亿元投向流域防洪工程体系，占比为 26.90%；共有 2079 亿元投向河湖生态环境复苏，占比为 17.33%；共有 1025 亿元投向水文基础设施、智慧水利等其他项目，占比为 8.54%(数据有四舍五入，导致合计为 99%)，见图 1-3。

据统计，2023 年我国智慧水务市场规模约为 188 亿元，预计于 2027 年达 280 亿元，复合年均增长率 10.5%，见图 1-4。

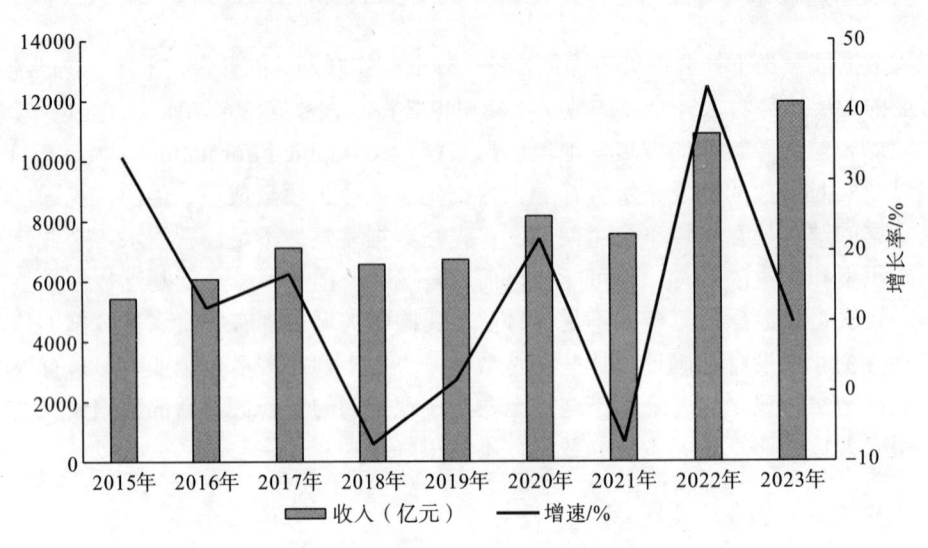

图 1-3　2015～2023 年全国水利建设投资额及增长率

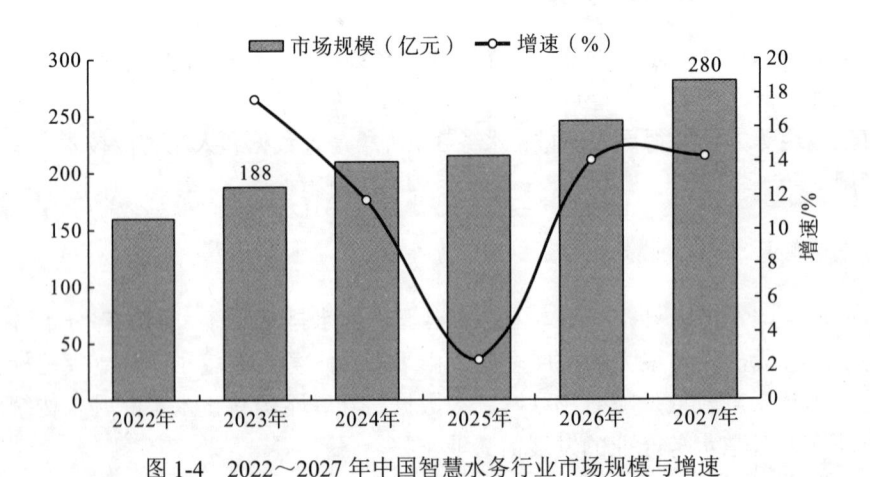

图 1-4　2022～2027 年中国智慧水务行业市场规模与增速

智慧水务的建设是一个庞大而完整的产业链，不仅需要硬件和软件的双重支撑，还需要传统水务行业的运营经验和技术资金的支持。因此，未来智慧水务将有更多的战略合作机会。通过强强联合、优势互补等手段，推动智慧水务发展升级，拓展水务市场，重塑新的产业形态，从而创造更大的商业价值。

1.2.2　重庆市智慧水务的建设现状

智慧水务是以智能水表为基础，逐步实现水管理的智能化。智慧水务包括三个层次：设备层、数据传输层和平台层。智慧水务产业链全景如图 1-5 所示。

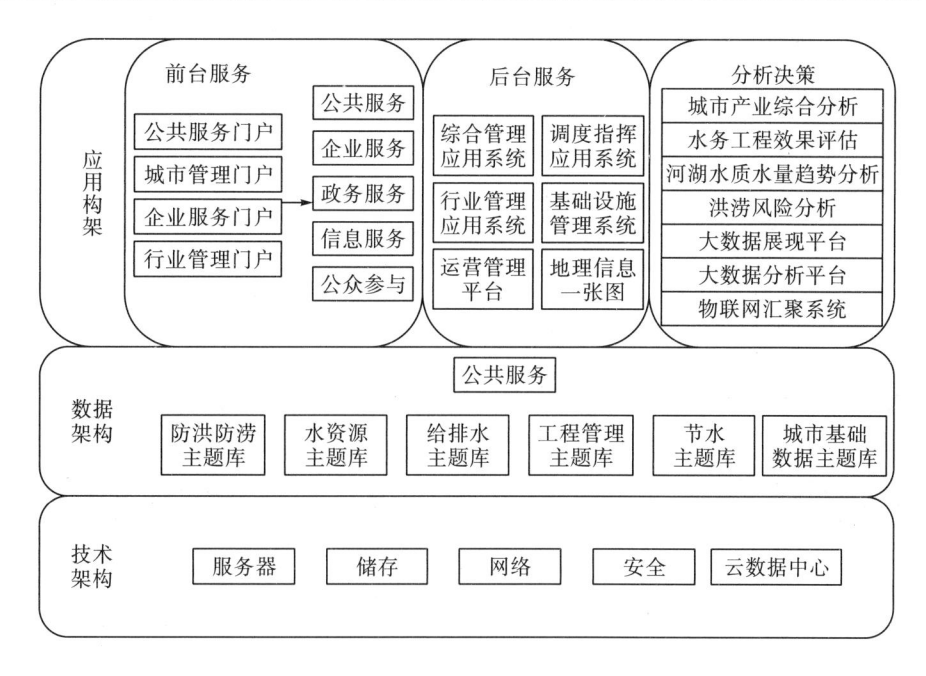

图 1-5 智慧水务产业链全景

大数据挖掘技术研发与应用现状包括以下两个方面。

一是大数据挖掘技术研发。数据的挖掘就是要从海量、冗杂、模糊、分散的数据中提取出自己所需要的，这些信息隐含在其中而没有被人们所认知却又具有潜在价值。人们通过一定的手段提取出来的知识含有特定规律规则、概念和模式等。简而言之，数据挖掘技术就是对大量数据的一种深层次的分析。

二是大数据挖掘的应用现状。数据挖掘的目的是发现隐藏在数据库中的有价值的信息，获取更多的信息和规则，为企业的发展奠定基础。重庆市在市场营销、保险、税务、电子商务和水务等行业均广泛应用了大数据的挖掘技术。作为一种新的科技数据管理和应用模式，大数据挖掘技术的发展为新形势、新政策下的水利信息化建设提供了新的可行技术，大数据挖掘技术将为信息化应用提供有力的技术支撑。

1.2.3 重庆市水务大数据的发展背景

1. 政策背景

（1）2012年7月，国务院发布《"十二五"国家战略性新兴产业发展规划》，指出在"十二五"期间，我国发展有很多的机遇，但同时也存在很多挑战。从有利条件看，我国工业化、城镇化快速推进，城乡居民生活水平逐步提高，国内市场也在进行改革转型，这为战略性新兴产业发展提供了广阔的空间和条件。随着我国综合国力和产业水平的大幅度提高，科技创新能力逐步增强，高新技术产业和现代服务业发展迅速，这些产业的出现和发展为战略性新兴产业的发展提供了良好的基础。但是，我国战略性新兴产业在自主创新能力和发展能力方面与发达国家相比还有较大差距，如投融资体系、市场环境、体制机制政策等还不够成熟完善，无法更好地为战略性新兴产业快速发展提供助推力。所以国家必须加强对战略性新兴产业的政策引导和统筹规划，促进战略性新兴产业快速健康发展。

(2) 2015年4月，国务院印发《水污染防治行动计划》（简称"水十条"）。环境保护部环境规划院是"水十条"编制小组的牵头单位和主要技术支持单位。"水十条"经过几轮修订，在污水处理、污染物排放综合治理等方面进行严格的监督问责，进入"铁腕治污"的新阶段。全国范围内的水环境问题体现在三个方面：一是就地表水而言，严重污染的Ⅴ类水体所占比例较高，在全国约为10%，部分流域甚至超过了10%；二是在一些流经城镇的河段，城乡接合部的一些沟渠、水塘普遍污染严重，由于有机污染，水体中有许多黑臭物体，严重影响了公众的生活和生产；三是涉及饮用水安全的水环境突发事件数量仍然较大。水环境保护事关中华民族伟大复兴，与群众利益切身相关。为加强水污染防治，保障公众用水安全，特制定"水十条"。预计到2030年，水环境质量会在总体上有所改善，水生态系统功能初步恢复。到21世纪中叶，生态环境质量将全面改善，生态系统将实现良性循环。

2. 环境背景

(1) 城市水安全。城市水安全是当前的热门话题，也是党中央、国务院历来高度重视的生态、环境和社会问题。保障城市水安全是关乎人民生命健康安全的重大问题，同时也是一项艰巨的民生工程与复杂的系统工程，因为其中涉及水务系统运行的方方面面，包括水安全战略决策、水利设施建设与运营、水务监督管理等。

(2) 水量安全。城市供水系统必须满足城市生活、生产和生态的合理用水需求，这是城市可持续发展的基本条件。一般来说，城市集中饮用水源地供水保障率应高于90%，大型重点城市供水保障率应在95%以上。采用多源供水和备用供水，有利于提高保障率，应对突发性水污染事件。

(3) 水质安全。为确保水质安全，特别是饮用水安全，通常需要建立三道"防线"。第一道"防线"是水源地。根据现行国家标准规范，集中式饮用水源地一级保护区水质应满足《地表水环境质量标准》(GB 3838—2002)中二级水的要求。但现实情况是，这道"防线"已被全面突破，评价标准降为三级水。第二道"防线"是水厂净水系统，它面临着水源污染和《生活饮用水卫生标准》(GB 5749—2022)的双重压力。第三道"防线"是供水管网，尤其是二次供水系统，在确保"龙头水"水质方面面临着严峻的挑战。因此，有效的污染控制有利于改善水环境质量，促进城市水系的良性循环。

(4) 设施安全。城市水安全的基础是给水排水设施的安全，给水排水设施也是城市水循环系统的重要载体，与城市交通、供热、供气等基础设施密切相关，关系复杂大规模城市系统的安全性。建立完善的给水排水设施，可以保证水质合格、水量充足、水压稳定，从而保证居民用水安全。现代城市常住人口众多，不允许大面积、长时间停水，也不允许出现不合格供水。系统排水设施是保证城市雨水安全排放的关键，生活污水和工业废水应及时收集并进行有效处理，保持良好生活环境，才能实现城市水环境和水生态安全。

(5) 水污染问题[8]。现在我国水污染的情况依然十分严峻，随着人口数量的膨胀，城镇化速度的逐渐加快，我国的环境形势受到了越来越严峻的挑战。我国 64.2%的主要流域水质为Ⅰ～Ⅲ级，17.2%为劣Ⅴ类，其中海河流域为重度污染，黄河、淮河、辽河流域为中度污染。湖泊富营养化问题依然突出。对 56 个湖泊(水库)的营养状况监测表明，中度富营养化湖泊(水库)3 个(5.4%)，轻度富营养化湖泊(水库)10 个(17.9%)。全国各流域污染情况分布见表 1-2。

表 1-2 全国各流域污染情况分布

流域分区	评价河长/km	分类河长占评价河长百分比/%					
		Ⅰ类	Ⅱ类	Ⅲ类	Ⅳ类	Ⅴ类	劣Ⅴ类
全国	189359	4.6	35.6	24.0	12.9	5.7	17.2
松花江区	13562	0.8	17.4	39.3	22.1	3.1	17.3
辽河区	4949	5.6	31.8	11.4	16.0	11.0	24.2
海河区	14089	1.5	19.3	15.4	5.8	7.0	51.0
黄河区	20509	2.2	31.4	15.8	14.1	8.0	28.5
淮河区	24569	0.4	13.6	24.0	26.9	10.7	24.4
长江区	56702	5.1	39.4	25.9	11.8	5.3	12.5
东南诸河区	6201	3.4	39.9	29.6	10.9	3.8	12.4
珠江区	19847	0.3	38.7	34.6	12.1	5.1	9.2
西南诸河区	18054	6.9	66.2	22.5	1.9	0.6	1.9
西北诸河区	10876	28.7	59.3	8.0	2.9	0.8	0.3

(6) 洪涝灾害问题。洪水种类繁多，大致可分为江河洪水、湖泊洪水和暴雨洪水。其中最常见的洪水是江河洪水，特别是流域内的长期暴雨，导致河水水位持续偏高，造成溃坝，这是对地区发展的严重破坏，甚至造成大量人员死亡。我国七大江河洪水灾害多为暴雨洪水，松花江流域的冰凌、融雪洪水也较为突出。洪水灾害具有很强的破坏性和普遍性，不但对社会造成危害，而且会严重危害相邻流域，引起其水系的变化。

3. 技术背景

1) 涉水产品质量亟待提高

涉水产品包括防护材料、水处理材料、化学水处理剂、饮水机水质处理器等。通过现场审批、产品鉴定、产品检验，可增强水处理材料企业社会责任意识。与此同时，通过管理，企业管理水平也提高了，最主要是促进了产品品质的提高。现在政府对整个行政审批问题，总体的要求或者趋势是下放或取消，由市场自由调节。在全球范围内，中国是少数对涉水产品实施市场准入制度的国家之一。这种行政审批制度可能是我国特定发展阶段的特色，随着市场机制的不断完善，未来可能会有所调整。在新形势下，企业应转变自身意识，自觉承担社会职责和义务，保证产品的质量。

2) 排水管网建设滞后

我国现在所用的排水管网有 70%以上都是年限较久的，甚至是 20 世纪八九十年代铺设的，并且大多是混凝土管、陶土管以及用砖石砌成的暗渠。由于建设年代较远，施工技术落后，材料品质较差，这些管道很容易发生破损的情况，许多管道结构甚至整体塌落。雨污分流与雨污合流是现代城市两种基本的排水方式。雨污合流既增加了排水管网的负担和污水处理厂的压力，又损失了优质的雨水资源。雨污分流将使雨水、污水各行其道，这是现代市政建设领域普遍认同的排水理念。根据住房和城乡建设部制订的《城市排水工程规划规范》要求，"新建城市、扩建新区、新开发区或旧城改造地区的排水系统应采用分流制。在有条件的城市可采用截流初期雨水的分流制排水系统"。目前我国老城区排水方式大都为雨污合流，城市污水通过混流管网排入河道，严重污染水环境，急需更新改造。对我国陈年管网进行雨污分流、材质升级、扩大口径的改造将大大提高市场对排水管道的需求。

3) 城市水系统管理技术落后

水资源是人类赖以生存的必需品，也是影响城市发展的重要因素之一。水务行业是城市发展的生命线之一，其规划的合理性将直接影响城市正常协调发展。给排水系统规划的目的是通过一定的规划，将给水和排水系统中各个环节、方向和规模都确定好，做到将水资源的收集、净化、输送和利用协调运作。如今，城镇化进程和社会经济的高速发展、城市规模的急剧膨胀、产业结构的多元化等，给城市水务行业带来了新的挑战。

1.2.4 重庆市水务大数据的跨行业联动效应

1. 水务-环保联动效应

水环境治理是水务行业工作计划的重要组成部分，也是近年来我国水务行业的重要发展项目之一，水务、环保两个部门在河道治理、环保清拆、检查执法等方面都存在很多结合点，应该进一步加强部门联动。环保和水务部门在职能业务上也有许多可以进行交流、配合和信息共享以及相互支持的地方。虽然以前两个部门之间也有交流和合作，但缺少规范性的制度，今后应该在建立交流例会制度、信息互通、数据共享、联合执法等多个方面予以加强。经过充分研究和讨论，两部门可达成以下共识。①建立交流会商例会制度。通过两个部门领导层面定期召开例会，研究分析问题，会商解决办法。②完善部门联动机制。一是建立信息互通和数据共享机制，在涉水投诉、环保清拆等方面实现信息互通，在水质监测、水资源管理等方面实现数据共享、联动互补；二是建立联合执法机制，对于环保、涉水违法重点、执法难点要加强联合执法，形成执法合力，提高执法效率；三是建立涉水污染突发事件联合处置机制，在突发涉水污染事件的应急处置方面，两个部门既要各司其职，又要紧密合作。

2. 水务-城建联动效应

随着智慧城市试点地区的推广和覆盖，全国各地都在向智慧城市[9]的方向努力。国脉互联智慧城市研究中心数据显示，在国家智慧城市试点名单发布后，重庆将投入大量资金建设"智慧城市"，并将大力推进十大应用系统建设。从各地斥巨资力推动智慧城市的建设，到智慧城市项目的落地，再到国家智慧城市试点名单的相继出炉，可推断无论从地方到中央，还是从企业至整个产业，全国各地对建设智慧城市的热情程度都空前高涨。智慧城市建设所带动的投资以及增加的城市收益，是更为健康与稳定的发展模式。智慧城市通过新一代信息技术、知识和智能化的手段，既可以逐步解决过往城镇化发展中难以绕过的资源紧缺与统筹失调问题，也可以引导城市发展信息化服务业，避免城镇化进程中地产先行、经济结构失调的顽疾。

第 2 章 国内外水务大数据挖掘实例

2.1 智能水网

2.1.1 美国智能水网

1. 基本概况

1) 项目框架

美国智能水网[10]概念于 2009 年 5 月提出，从宏观上看，美国智能水网工程实施了加利福尼亚州北水南调工程和密西西比河-科罗拉多河两条主干道引水工程，建立了国家干旱监测系统、智能水资源配置、风险适应管理等系统。从微观上看，建立了美国 ET(evapotranspiration)灌溉系统，在线提供天气、蒸散、土地墒情等信息，根据 ET 值自动灌溉。最初提出智能水网概念的企业主要包括国际商业机器公司(International Business Machines Corporation，IBM)、西门子、苏伊士等，这些企业都涉及水事务及信息化技术。"智能化"是 IBM 提出的重要概念。美国智能水网的发展大致可以分为三个主要方向：建立基于先进计量基础设施(advanced metering infrastructure，AMI)的水管理系统；水资源管理设施和智能电网优化能源利用方案；基于质和水联合检测平台建立高效的水资源管理体系。

在美国智能水网建设的实践案例中，基于国家级的智能水网工程和基于州政府级的蒸散发网工程是其智能水网建设理念的典型体现。考虑人口增长、气候变化、水资源污染等因素，针对中西部洪水和西部干旱问题，美国着手构建国家水网体系，从密西西比河调水至科罗拉多河，解决水资源分配不均的问题。

2) 项目背景

在中西部大型河流洪水频发的同时，美国西部各州的旱灾却愈演愈烈，旱涝灾害的交替急转给国家自然环境和社会经济都带来了巨大损失。越来越多的科技文献显示美国中西部河流洪水事件有进一步增多的趋势，同时科罗拉多河流域和西部各州正在经历着一场延续多年的干旱。在此背景下，水资源综合管理手段——国家智能水网工程被提出，即将洪水引入世界第三大河流体系——密西西比河及其支流，以减轻洪水的危害并为西部州县提供新的可用水源。

3) 水网路径

美国国家智能水网工程建设的最初设想是沿密西西比河流域的战略关键点铺设管道从而实现洪水的资源化：将钢水槽布设进弧形波纹钢管里，埋设在河岸下，就可以将流经河岸的洪水储存下来。钢水槽采用小于 2in(1in≈2.54cm)的开口设计，可以有效阻止大粒径泥石流的通过。通过波纹钢管，可以将位于下游管道的水输送到目的地，将水保存在位于河岸附近的大储水罐里，将水源丰沛或洪泛地区的淡水由管道输送到干旱或需水量大的地区。每次洪水过程中，从中西部河流抽取的淡水，通过管道被输送到科罗拉多河，再注入犹他州鲍威尔湖的上游，最终汇入科罗拉多州的丹佛附近，并可为管道沿线地区所使用。因此项工程而受益的科罗拉多河域的用水户涵盖了内华达州南部、加利福尼亚州南部、亚利桑那州北部、科罗拉多州、犹他州、印第安纳州和墨西哥部分城市。计划的起点、终点，管道的铺设路线都通过文件的形式得以明确，其中也包括项目执行所必需的州县通行授权和联邦许可。

4) 项目意义

规划者认为，美国国家智能水网工程提供了数以万计的建设、操作和维护方面的新岗位，并节约了数十亿元用于干旱洪水灾后修葺的税金。国家智能水网工程带来的社会经济效益如下：减少中西部洪水；促进农业、娱乐产业、旅游业的发展；增强国家稳定性，提高交通、渔业和野生动物栖息地水平；通过增加碳汇来缓解局部气候变化和全球变暖；降低穿过美国和墨西哥边境的科罗拉多河的盐度；使墨西哥海湾的水体富营养化(植物大量生长和衰减现象)得到明显控制。同时国家智能水网工程的建设具有显著的经济效益：通过销售工程所输送的淡水，项目建设的资金成本在一次大型洪水事件中即能得到收回。

5) 基本工程建设

美国国家海洋和大气管理局为项目提供实时的河流水文数据，包括通过测量设备获取的降水量和河水水位。设有拱管型开槽的新型的水渠集成堤墙可以在汛限水位时捕捉洪水，利用重力将洪水置于临时储存槽。用于从临时储存槽中抽水的大型水泵可以在高水位时自动激活并保持持续工作直到洪水消退，所采集的洪水可通过州际管道进行输送。美国国家海洋和大气管理局的降水和水位预报模型可以用于指导河流沿线开启洪水捕捉的具体时间、地点和捕捉水量，从而有效实现洪峰的削减。

美国国家智能水网第一条管道的起点位于流经伊利诺伊州和密苏里州边界的密西西比河与俄亥俄州的交汇处，其终点位于犹他州的鲍威尔湖，总长度约为 1140mile(1mile=1.61km)，工程可以显著降低该区域的洪水风险和防洪压力，并将洪水输送到受干旱影响最严重的区域，第二阶段建设预案计划将管道从密西西比河向东延伸抵达佛罗里达等地。第二条管道将连通堪萨斯城和位于科罗拉多州丹佛市附近的查特菲尔德水库，并与州际高速公路并行铺设。工程建成后可以为堪萨斯州和科罗拉多州提供农业灌溉用水及为丹佛城区提供可饮用的淡水，包括两条直径为 8ft(1ft=0.3048m)的平行管道，预计距离大约为

620mile。第三条管道的两处取水点分别位于阿肯色河以及阿肯色河与密西西比河交界位置，经过管道输送将水调入位于新墨西哥州北部属科罗拉多河支流的圣胡安河上的纳瓦霍水库，工程可为管道沿岸的州提供农业灌溉用水，为得克萨斯州西部提供淡水，管道计划建设长度约970mile。第四条管道从密苏里河通到火红峡上的格林河，管道设计直径为4ft，设计长度约为470mile。

6) 水资源管理技术

以国家智能水网为核心的数字技术应用可以大幅提高公共机构对水系统进行精密检测的能力，大大提高系统的可靠性。美国国家智能水网的智慧型建设思路是将洪水事件的控制捕获通信系统与水闸和大坝的运行调度系统进行整合集成，并随着技术进步进行整体升级，从而确保水资源调配中能源使用的高效性——只在需要最大洪水捕获量时和臭氧注入（水处理）时运行水泵。传感器和仪表可以监测到储存水量和管道水量，并引导管道水流路径。

2. 大数据挖掘运用[11]

1) 大数据的整合

建设智能水网，第一步便是大数据的整合。关于大数据整合，美国国家环境保护局（Environmental Protection Agency，EPA）已经开始进行探索。对于 EPA 来说，内部业务应用阶段（即办公自动化和管理信息系统）早已经实现，信息化正在走向更加复杂和更加高级的阶段，能够与各联邦政府间数据共享、业务协同。EPA 将各个业务系统的数据整合集成到一起，成为 EPA 和联邦政府履职的必要组成部分。美国通过信息化实现数据整合大致可概括为三个步骤。

第一步是建立设施登记系统，这是数据整合的基石。该系统能够实现 EPA 内部与联邦政府的数据集成。为解决不同系统、数据库之间的标准化和数据语义冲突的问题，方便数据的整合、共享，EPA 建立了环境资料注册机制，提供信息系统和数据的标准信息（包括名称、格式、来源、位置等）。终端检测与响应（endpoint detection and response，EDR）分为系统程序及数据库注册、数据集合注册、数据（元素）注册、环境词汇注册、开发组件注册、化学物质注册及设施登记（注册）等。

自 20 世纪 90 年代实施新的政策[12]以来，EPA 已注册了约 160 万个设施专业，整合了 28 个州的污染设施主数据，管理了 7800 多个联邦管理设施、5 万个部落地区设施和 3000 多条国家环境线作为跟踪设施数据，这些成为 EPA 数据集成的基石。

第二步是建立环境数据传输与交换系统，使 EPA 的下属环保部门和国有企业能够快速交换环境数据。在美国信息化建设初期，为了使信息交流更加顺畅，满足各种企业的需要，EPA 分别建立了信息系统和数据库，但这些数据库和信息系统往往难以共享和兼容。对于不同服务和平台之间的数据传输与交换要求，EPA 不单独建立传输网络和系统，而是依赖统一的中央数据交换（central data exchange，CDX）系统。CDX 系统现已扩展到加拿大和墨西哥，实现了跨境数据交换，是 EPA 数据采集、传输和交换的重要基础设施。

第三步，环境数据仓库的建设，可以对综合环境信息进行集成和分析，有利于实现环境数据的智能化、实时化分析。为了整合业务系统和数据以获得全面的环境信息，EPA的环境信息办公室(office of environmental information，OEI)还从不同的业务系统中提取数据，形成环境事实。当前，大部分业务数据，包括大气环境质量、超级基金场址、有毒物质排放清单、饮用水等业务数据，已整合到环保事实数据库(Envirofacts)系统中，分为大气、水、土壤、有毒物质、设施等专题，只要公众登录EPA网站，就可以方便地查询到他们所需要的各种环境信息。

2) 哈德逊河保护计划

第二次世界大战后，美国的商业巨头IBM公司、通用电气公司和通用汽车公司在哈德逊河谷投下巨资，实施哈德逊河生态保护计划，水路和铁路、公路网运输枢纽的形成带动了流域卫星城镇的快速发展。哈德逊从上游源头到纽约港入海口，超过520km，形成了美国东部地区最发达富庶的地区。根据哈德逊河的具体情况，IBM开发了新一代水资源管理解决方案：从哈德逊河上游到河口的实时监测网络。其主要实现手段包括三个方面：一是分布式传感器网络，由移动和固定无线传感器组成，负责采集和传输；二是传感器数据的采集和处理，借助IBM最新的"流计算"技术，对分布式传感器网络采集的实时连续的物理、化学和生物数据流进行检查、分类和优先处理；三是将收集到的数据信息通过科学家"创造"出一条可视化的虚拟河流，教育工作者和政府决策者通过计算机综合数据形成的"虚拟"河流，观察各种沉积物和化学污染物的变化，从而进一步了解河流生态系统的变化，并做出一些调整和改造决策。2007年，IBM开始与灯塔研究所(Beacon Institute)合作，建立了一个基于技术的观测系统，通过传感器和机器人的集成网络观测纽约哈德逊河。

2.1.2 澳大利亚智能水网

在经历了2004~2007年严重的缺水危机后，澳大利亚首次提出了智能水网的概念。之后澳大利亚遭遇史上最大旱灾[13]，国内主要蓄水设施蓄水率降至17%，加快了澳大利亚智能水网建设进程。典型案例包括东南昆士兰州智能水网(South East Queensland smart water network，SEQ)工程、宽湾智能水网工程、维多利亚智能水网工程。

1. SEQ工程

SEQ工程于2008年开始建设，总造价70亿美元。主要通过配水管网连接澳大利亚供水地区和缺水地区，努力构建智能化水资源管理平台，通过区域综合管理配置水资源，防控风险，有效利用多种水源应对干旱，确保长期用水安全。SEQ工程是澳大利亚最大的城市水安全保障工程，负责给昆士兰州东南区域供水，也是自雪山水电项目以来澳大利亚最大的基础设施。SEQ工程不仅是包括水库蓄水、地下水、淡化海水和再生水等在内的多水源供水系统，还拥有收集和分析数据的技术，为管理水网提供支撑，同时为用户提供关于昆士兰州东南部的供水信息。为保障 SEQ 工程的正常运行，2008 年 5 月昆士兰州政府成立工程管理局，并于 2009 年 7 月 1 日开始运行。

从 SEQ 工程所涉及的工程类型的广泛性、建造的时间及创新的管理模式来看，SEQ 工程算是比较独特的一项工程，其基本特征如下。

工程要素：包括水处理设施和双向管道在内的一整套供水网络，具体包括 12 座连通的大坝、10 个饮用水处理厂、3 个能够生产净化循环水的高级水处理厂、1 个海水淡化厂、28 个水库、22 个大宗水泵站、535km 大宗饮用水主干道。管理上，将之前 16 个独立的大宗水处理、储水和输水基础设施单位整合为 4 家州政府所有的大宗水公司和 3 家零售分销公司，由中间商（昆士兰州东南部地区水网管理商）从大宗水公司购买水，再将水出售给分销公司。水网工程旨在为昆士兰州东南部地区提供安全、有保障、可持续的用水，以及开发更多的水源，包括受气候影响较大的雨水水源，以及不受气候影响的海水淡化水源和经过处理的净化水源。水网工程是由政府发起的项目，即使人口增长和气候变化会造成用水需求的增加，SEQ 也能保证该区域的供水处于安全水平。

设计特征：水域连通、水源分区、管道化输水。

运行目标：多元化——将气候适应性提高 25%；连通性——覆盖 23000km^2，并保证饮用水无所不至；安全性——安全保障 25 年。

管理体制：①进行机构改革，由州政府、水网管理公司和市政府共同管理；②遵守各类法律法规，包括 2000 年水法案、2007 年改制法案、2008 年供水（安全和可靠性）法案；③成立相应的管理部门，即由水委员会实施体制管理，制定供水规划。由于制定了灵活连贯的制度，昆士兰州东南部地区 90%以上的饮用水使用者从多种水源获得的饮用水安全性均有所提高；而且，对于最需要水的地方能够保证其连续的供水。由于综合实施多水源策略，该地区能确保干旱期的供水，无论何种天气情况均能保证供水的水质标准，对限制用水的程度和频率也都有所降低。

2. 宽湾智能水网工程

澳大利亚宽湾自来水公司负责给昆士兰州的费沙海岸地方政府管辖范围内的区域供水排水，包括赫维湾和马里伯勒等地区。本区域的水网包括 1 个湖、1 个大坝、3 个堰、3 个净水厂和 7 个污水处理厂。昆士兰州的水上教育公园的雨水回用就是该公司所有和掌控的，雨水就地回用来供应公园的喷泉用水。此外，2012 年 7 月澳大利亚政府提出计划建立全国智能水网，雇农基金会（Farmerland Foundation）的报告中提到了这个说法。雇农基金会是为成立抗旱基金和解决水管理一体化而成立的。该报告还呼吁进行全国水审计，修复重建基础设施，发展最佳灌溉方式和水循环计划。

3. 维多利亚智能水网工程[14]

2008 年 8 月 26 日在维多利亚州墨尔本市成立自由市场系统，首次将水调往北方，维多利亚智能水网有长达 10000km 纵横交错的管线，将东北的威米拉河与东南的吉普斯兰河联系在一起，目的是应对当地可能发生的缺水问题。维多利亚水网是一个逐渐扩大的网络，由相连的管道、河流，甚至海洋组成，是劳工党 49 亿澳元的水计划的核心。智能水网计划革命性地改变了水资源管理方式，维多利亚的居民不能再想当然地认为水是一种可以无限量供应的资源，每个人都要加入自由水交易市场的计划。

2.1.3 韩国智能水网建设框架构想

韩国建设技术研究院(Korea Institute of Civil Engineering and Building Technology，KICT)是韩国政府资助的非营利性科研机构，目前，韩国建设技术研究院的专家也正在研究并推进区域化的智能水网建设。这些研究人员提出，智能水网是一种全面综合性管理水资源的技术，必须将最新的信息技术与现有的水资源管理系统相结合，提高水资源管理各方面的效率，在一定程度上解决水资源区域不平衡的问题。目前，在最新膜技术的基础上，韩国建设技术研究院正在研究分布式地表水处理技术、水资源再利用技术、海水淡化技术和水资源获取技术。韩国建设技术研究院研究团队正在开发一种水采集技术，它可以通过多个渠道(经处理的污水、雨水、地下水等)供水，以提供满足用水者需求的优质水。为了积极获取可替代的水资源，韩国建设技术研究院还研究了海水淡化的反渗透技术和正渗透膜技术。

2.2 国内外水务公司的大数据挖掘应用现状

2.2.1 国外水务公司大数据挖掘应用现状

1. 威立雅环境集团[15]——Aquavista 数字化服务

威立雅环境集团致力于打造智能水网技术来帮助当地缓解缺水压力。智能水网技术是一门新兴技术，基于城市水系统建立智能水网来减少浪费，监测污染物，提高人们对水资源重要性的认识。威立雅环境集团作为一个有规模的水务集团，正在研发智能水网技术来使水资源配置更加有效。数以千计的传感器将相关数据传给专业人士，同时给居民传递用水健康程度的信息。

Aquavista 是威立雅环境集团推出的全新数字化服务产品。它是一套完整的数字化服务，使用物联网、大数据分析以及威立雅环境集团在水处理技术上的专业核心知识，帮助市政及工业客户更好地操作、运行水厂。目前，Aquavista 水务系统数字化服务包含四大模块：Aquavista Portal、Aquavista Insight、Aquavista Assist、Aquavista Plant。通过这四大模块，Aquavista 可以根据客户的具体情况，为客户量身打造水厂运行或污水处理数字化解决方案。

1）Aquavista Portal

用户可以 7d/24h 实时远程监控设备数据，进行动态预警管理，查阅服务合同关键信息，可以同时管理一个或多个工厂信息。

2）Aquavista Insight

通过在线数据面板，用户可以获取基于大数据的运行信息总览、综合资产管理、业务决策关键绩效指标(key performance indicator，KPI)和流程优化建议等。

3）Aquavista Assist

在使用系统过程中，用户可以获取威立雅环境集团实时的技术帮助、培训、在线交流和专家支持。

4）Aquavista Plant

这是一个整套智慧水厂系统解决方案，包括一套智能软件方案、最新技术配置的工厂概况、在线控制与预测工具。威立雅环境集团丹麦子公司 Krüger 从 20 世纪 90 年代初期开始研发精确曝气，长期的运行经验全部浓缩在这套系统里，这也是这套数字化服务系统的精髓所在。该系统已经应用于全世界 100 多个水厂(无论水厂规模如何均可使用)，能够节约 20%～50%运行成本(包含电耗和药耗)。虽然系统内容烦冗复杂，但客户使用却相对简便，无时间、地点限制，客户使用手机、平板电脑等数字化设备即可接入系统。不仅可以通过系统了解水厂运行情况，还能够主动参与方案设计，基于充分的信息，调整水厂运行进程，从而降低故障发生的风险。

丹麦首都哥本哈根要将过去的工业海港转变成水上运动项目娱乐港湾，但是污水溢流问题严重威胁了活动水域的水质。20 世纪 90 年代到 2008 年，哥本哈根 Lynetten(莱尼腾)污水处理厂采取的办法是提升污水存储容量，这种方法能够明显降低合流制排水系统的污水溢流率。但是，在阴雨天，每年仍有 100 多起溢流事件发生。在与威立雅环境集团合作前，哥本哈根莱尼腾污水处理厂采用的是合流制排水系统。合流制排水系统是指雨水与污水使用同一排放管道的排水系统。在降暴雨时，由于大量雨水流入，流量超过污水收集系统设计能力时，以溢流的方式直接排入城市水体。排水中包含生活污水、工业废水、雨水、晴天时形成的腐烂的管道底泥及雨水对大气、地表冲刷所带来的污染物，会对城市水体造成负面影响。2012 年，当地负责废水管理的两家主要公用事业公司 Hofor 和 Biofos 开始与威立雅环境集团丹麦子公司 Krüger 合作，希望通过智能化技术解决污水溢流问题。哥本哈根政府的目标是在不增加任何额外存储容量的前提下，将污水管道的总溢水频率从每年 100 次降低到每年 10～20 次。若通过增加存储容量的办法实现这样的目标，约需要 10000m³ 的额外存储容量，而哥本哈根政府的要求是不增加容量，仅采用智能技术，对技术要求极高。Krüger 公司提供的就是 Aquavista 系统中的 Sewerflex 解决方案。

这一创新技术的核心是持续动态溢出风险评估(dynamic overflow risk assessment)。Sewerflex 可以结合实时数据和对降水量的预测，确定污水排放管网的闸门、堰和泵等环节的最佳设置,从而优化现有的存储、运输和处理等基础设施的开发,达到降低溢流的目的。最终,Lynetten 污水处理厂实现了最初设定的改造目标,而且比传统方案节省了 94%的投资,减少了 30%的海洋总营养污染,溢流率降低了 75%,溢流量减少约 25%。

2. 苏伊士环境集团

苏伊士环境集团与长期合作伙伴新创建的新世界发展有限公司(New World Development Company Limited)扩大合作,新世界发展有限公司统一负责大中华地区全部的水务管理、固废资源管理、水务工程业务及智慧水务与先进技术方案服务业务,在 30 多个城市运营逾 70 个水及固废项目,为国内 13 个大型工业园区提供环境相关服务。

随着新技术应用加速,智慧水务产业蓬勃发展。但我国国内智慧水务市场仍处于待成熟阶段,这源于国内对智慧水务的理解差异性,以及企业自身智慧化建设基础有待完善。现阶段智慧水务建设的核心目标是提升水务行业管理绩效,降低运营过程中的风险,提升城市形象及水务企业品牌价值。

作为全球最大的环境服务企业之一,2017 年苏伊士环境集团获得国际水务情报(Global Water Intelligence,GWI)"年度最佳智慧水务公司"称号。苏伊士环境集团智慧水务的先进性主要体现在以下三点:一是在行业当中的创新性和技术引领,苏伊士环境集团推动了欧洲智能水表及智能水网的整体发展,其所使用的 on'connect 169MHz 无线远传智能水表技术[16]已经成为欧盟智能表的行业标准;二是拥有完整的智慧水务服务体系,涵盖了智慧大气、农业、环境、固废、水务、工业、建筑以及城市各方面;三是优良的企业基因,它专注于服务水务管理绩效的提升。在中国,苏伊士环境集团提供除了能直接链接到集团系统,还为当地客户提供智慧水务咨询、规划、设计、建设及运维管控全生命周期的高质量服务,这也确保了苏伊士环境集团新创建智慧水务服务的专业性以及高质量。

智慧水务作为一个发展中的领域,预计将随着技术的进步和市场需求的增长而逐渐成熟。在未来,随着更多经过验证的智慧水务项目的建立,行业对于这一领域的认识有望逐步提升。这些项目的实际运行效果将为市场参与者提供宝贵的经验和参考,有助于推动智慧水务市场的稳定发展。

2.2.2 国内水务公司大数据挖掘应用现状——粤海水务

2000 年,广东粤海水务股份有限公司(简称粤海水务)将目光投向智慧水务建设,在国内率先提出智慧水务发展理念。经过数年的摸索和积淀,粤海水务不仅自主研发了水务物联网、大数据、模型算法等平台即服务(platform as a service,PaaS)层基础能力平台,并且结合自身运营经验在智慧管网、智慧生产、智慧服务和智慧管控等多个领域形成了软件即服务(software as a service,SaaS)层的核心应用,成功推出了包括实验室信息管理系统、智能调度系统、二次供水管理平台、安全管理系统、管网 GIS 系统、智能泵站监控系统、智慧工程管理系统等 20 余项核心产品,产品和方案均处于行业领先地位。

1. 蓝图构建：水务物联全面感知实现全产业链智慧运营

粤海水务运营管理的东深供水工程，通过挖掘先进的不用人工操作的全方位自动监控管理技术，可以降低运行综合成本，提高效率的极致管控方式。此外，粤海水务还建立了完善的大坝安全监测系统、水情自动测报系统、供水计量远传系统、卫星云图系统、视频监控系统等，全面覆盖原水供应和管理各个领域。

2009年，粤海水务成立水技术研发中心，从智能化着手创新，真正进入智慧水务研发阶段；2012年正式发布智慧水务规划白皮书，陆续推出安全管理系统、实验室管理系统、客服管理系统、管网GIS系统、水务物联网大数据平台、生产监视平台等系统；2015年，国家级博士后工作站获批，逐步攻克多项难关，着力打造算法平台、水力模型系统以及基于云架构的开发平台；2019年，成功推出了管网动态建模系统、在线漏损管理信息系统、二次供水管理平台，并引入人工智能技术，推出无人水厂解决方案、智能投药系统、智能调度系统等。

粤海水务已在原水、自来水、污水、水环境综合治理等业务领域的主要生产工艺单元实现全场景物联感知和数据采集，物联网平台每天的数据上传量已突破2000万条，基于云计算数据中心即可实现从"源头"到"龙头"的全程监管，让供水更安全、生产更高效、服务更优质。与其他企业的智慧水务不同，粤海水务秉承"水务一体化"理念，对水资源的获取、加工、供应和回用全过程进行智慧管理，实现全产业链的水务运营。

2. 供水安全：大数据推动实现主动式风险管理

粤海水务高度重视水环境的监测工作，利用先进的实验设备对从源头及水库采集回来的样品进行检测，以测定污染物种类及浓度，并分析变化趋势，从而评价水质状况。

粤海水务开发了集水质风险评估、监控及预警于一体的原水预警监测平台，利用物联网和自动化监控技术实时监测水质状况，一旦发现水质污染即自动预警，提早进行水质变化趋势的预测预报，极大地提高了公司快速应对水质突发事件的能力。

同时，粤海水务物联网平台的海量数据为主动式风险管理提供了强有力的支撑，如设备巡查报警、安全随手拍、隐患排查、风险源预警、运营指标排名、移动工单、在线生产监控、在线管网监测等，用数据指挥应急处理、指导安全生产。在加强水质安全管理方面，自主开发实验室信息管理系统（laboratory information management system，LIMS），以实验室分析检测业务流程为核心，集"人、机、料、法、环"全方位资源管理于一体，将实验室的检测业务与资源管理自动关联，配合分析数据的自动采集录入，实现追根溯源。

粤海水务已在全国12个省（自治区、直辖市）的60余个项目公司建立起水质监测网，在水质实时监测系统和实验室信息管理系统的基础上，为各项目公司提供实验室信息管理、水质数据分析、在线监测预警等云应用服务，实现了从源头污染源、原水到出厂水、管网水等环节的全流程水质检测与防控，将水环境管理理念从传统的被动式应急管理转向主动式风险管理。

3. 管网漏损控制：利用算法建模实现自动分区控漏

供水管网漏损是供水行业面临的棘手难题，管网漏损不仅会导致大量水资源浪费，还可能引发管道爆裂、二次污染等一系列灾害，威胁供水安全。供水管网埋于地下，产生暗漏难以发现，粤海水务的技术能快速聚焦管网漏损严重区域，及时修复解决，提高水资源的利用率。

智慧管网建设是智慧水务的核心。从广东东莞常平粤海水务第二水厂的试点开始，粤海水务就自主研发城市供水管网漏损检测与控制技术，针对城镇供水管网存在的漏损问题，提出管网三层级分区技术体系，形成管网动态压力调控、漏失评价定位等技术，集成管网 GIS、管网分区、管网监控、管网建模及压力管理系统，形成智慧管网漏损控制数字化平台。全新一代的漏损管理系统，可以无缝对接云收费、管网 GIS、压力管理等系统，基于物联网平台海量数据的算法工具等方面的优势，提供自动生成表观漏损报告、漏损控制方案、经营漏损指标等智能决策报告的功能，简单易用，较好地实现了城镇供水管网降低漏损、节约能耗的管理目标。为进一步增强管网漏损控制技术的硬件研发水平，粤海水务公司与英国 I2O 公司（i2O Water Limited）结成压力监测及控制设备大陆地区独家合作伙伴关系。

如今，管网漏损控制技术[17]被行业知名专家鉴定为"国际先进、国内领先"，并获得 2018 年度广东省科学技术奖科技进步奖二等奖。这项技术成果已广泛应用于粤海水务的下属企业以及黑龙江、山西等地的 20 多家自来水公司，每年可节约水资源超过 4700 万 t、节省生产成本 2300 余万元，产生了巨大的经济、社会和环境效益。

4. 智能监控：挖掘数据资源实现智能管控一体化

在广州南沙自贸区，由粤海水务研发的智能投药系统已在黄阁水厂示范应用，新上线首月节省药耗约 40%，第二个月节省约 20%，经济指标可观。水厂通过全面感知、预警、反馈和闭锁，实现投药工艺段闭环自动控制、智能加药，根据取水水质情况，结合工艺专家的多年经验，利用机器自学习技术，不断优化投加策略，有效节省了人力成本。这也是业内首个应用边缘计算技术实现管理和控制打通，实现节能降耗的案例。

在深圳，东深供水工程的四级提升泵站成功应用了智能泵站监控系统。泵站在保证全线抽水运行安全约束条件下，利用大数据、云计算和模型算法等生成的智能调度方案，并以满足抽水流量、水位稳定、运行效率高为总原则，实现抽水调度自动控制、智能决策、调度和智能应急处理等，大大降低了对人员的经验依赖，提升了安全运行水平。

在广东省梅州市，粤海水务应用了区域水厂集中监控系统。该系统实现了无人值班、关停运行，减少了约 80 个值班人员。该系统将区域水厂、加压泵站、提升泵站、合流泵站和截流井等集中监控、统一调度和运营管理，依托自动化和信息化系统实现"无人值班、少人值守"，从而降低药耗、能耗、人力等运营成本，提升污水处理智能化管理水平。

从对源头水质的监测预警、输水途中管网的漏损控制，到对面向终端智能集抄云反馈数据的深挖，粤海水务搭建了一个水务全产业链式的水务物联网，这也是未来大数据分析和信用消费相结合的智慧服务发展趋势所在。

2.3 国内业务主管部门的大数据挖掘应用实例——长沙供水

长沙供水有限公司(简称长沙供水)于 2004 年 12 月 30 日在湖南省注册成立,属于电力、热力、燃气及水生产和供应企业,主营业务为:市政供水(凭许可证、审批文件经营);给排水管道工程及附属设施的设计、施工、维修、保养;管道防腐工程等。

2.3.1 大口径远传水表在长沙实施的背景及过程

1. 背景

长沙供水的水表分布情况如表 2-1 所示,91.5 万支水表按水量和口径分为四个象限,依次是小口径大水量、大口径大水量、小口径小水量、大口径小水量,第三象限水表数量较多,第二象限水量较大,2017 年总开账水量为 4.88 亿 t,第二、四象限开账水量为 3.94 亿 t,其中第二象限开账水量为 3.73 亿 t,占总量的 76.6%,而水表只有不到 5000 块,如将这些水表全部实现远传和自动开账,长沙供水的智能抄收水表水量将超过总开账水量的 70%。

表 2-1 长沙供水的水表分布情况

月均水量	DN15~DN25	DN40~DN300
水量≥1000t	特点:小口径大水量,数量少,水表数量占总水表数的 0.016%,多为居民生活用水,少量的经营用水和其他用水。 数量:146 块	特点:大口径大水量,数量不多,水表数量占总水表数的 0.540%,是供水的重点。 数量:4940 块
水量<1000t	特点:小口径小水量,数量最多,水表数量占总水表数的 97.964%,主要是为居民生活用水的户表。 数量:896595 块	特点:大口径小水量,数量较多,水表数量占总水表数的 1.480%,用水结构复杂,问题相对集中,也是供水的难点。 数量:13545 块

2. 过程

在前期口径及成本分析结束后,围绕大口径水表,长沙供水开展了以下六个方面的工作。

(1) 依据远传水表[18]数据开账。所有大口径远传水表从入库开始,即向长沙供水系统传输数据,水表出库、被项目领用、安装、通水、进入营业抄收环节的全过程都可以根据水表传回的状态信息(空管及流量)和流程信息反映出来。几个系统之间已经完全实现了无缝对接,凡是安装了远传水表的均不再以人工抄读数据作为结算依据,而直接以远传数据作为结算依据。

(2) 向用户开放实时数据。在更换大口径远传水表、以远传数据开账的同时,在微信公众号等新媒体平台向已经更换为大口径远传水表的用户开放远传数据,用户只需在微信客户端进行简单的绑定操作,就可以进行余额和实时水量查询。水量查询不仅包含每 5 分钟一次的实时抄表读数,还包括日用水量、月用水量、年用水量等的查询,让用户的消费过程更加清晰,同时为用户自己的用水及内漏查找提供数据支撑。目前,长沙供水已向用户开放 535 块水表的实时数据,得到了用户的高度赞誉。

(3) 重签供用水合同并推行"按日结算"运营模式。开展以上两项工作的同时,长沙供水重新修订了长沙市城市供用水合同。过去,供水行业都是先用水后付费,原来的合同条款也是要求用户在抄表后 15 日内付费。有了智能水表后,长沙供水在市工商局、市法制办以及行业主管部门的指导下,将供用水合同条款进行修订,其中重点将智能水表的条款纳入其中,条款内容具体为"智能水表用户已实现远程抄读、水费按日结算、智能阀控的功能,乙方应保证水费账户有足够的余额支付水费"。这一条款使供水公司从供用水关系上完成了先用水后付费到预付费的改变,为长沙供水引导用户改变原有的消费模式,形成预付费模式提供了法律保障。

(4) 将大小口径水表结合,推进小区级独立计量区域(district metering area,DMA)[19]。随着近年来"一户一表"工作的推进,"一户一表"虽然给抄表收费和用水管理带来了很多便利,但也给供水企业增加了漏损成本,因此建立小区级 DMA,监测小区用水也成为供水企业发展的一个必然方向。已接管的小区大部分为供水稳定、用水模式变化不是很大的封闭区域,在建立 DMA 小区方面有着天然的优势,长沙供水只需将小区总表换为 DMA 计量表,将小区管线等资料录入系统,同时做好小区内总-分表的对应关系,就可以对该小区进行物理漏损和产销差的每日监测。

(5) 推进信用系统建设。要改变用户几十年来形成的用水和付费习惯,其实是非常困难的,还需要进一步的外力约束。国家近年来大力推进全社会信用体系建设,2016 年在长沙供水进行政策研究并前期试点的情况下,经过多轮的专家论证,在长沙市工商局、住建委、法制办、人民银行长沙中心支行等几家单位支持下,正式推出了以信用消费为核心的预付费模式,同商业征信公司达成了合作,建立起供水行业的商业征信体系。

(6) 利用大口径阀控水表实施个别客户的分时供水。对于能够遵守供用水合同约定的客户,水务公司的职责就是尽一切可能保障供水的水质、水压、水量,同时做好服务,而对于极少部分严重违约的客户,也需要尽一切可能来维护供水企业的合法权益。因此,长沙供水针对个别严重违约的用户,试点使用了大口径远传阀控水表。这种表可以远程传输数据,同时有内置阀门。长沙供水探索了分时供水的模式,即经过书面告知后,用户如果仍然拒不履行缴费义务,则告知用户实施分时供水方案,每日早中晚三次供水或早晚两次供水,保证用户有时间蓄水,从而保证基本生活不受影响,维护社会稳定,同时又通过限时供水,督促用户履行义务。这一方式,也取得了非常好的效果。

通过以上六个方面的工作,长沙供水从大口径、大流量水表着手,利用远传、阀控等技术特点,通过数据与业务规则的整合,既让用户明明白白消费,又逐步改变消费模式,通过合同条款与信用体系建设的约束，构建了一个和谐、良性互动的供用水市场。这些手段既提升了客户体验，提升了服务，也消除了过去供水企业人工抄表的一些弊端，减少了漏损，按日结算的规则也加快了供水企业资金的周转，取得了良好的企业经济效益和社会效益。

2.3.2 项目实施中的重难点

大口径远传水表项目实施中的重难点表现在以下几个方面。

1. 系统协同问题

系统是支撑业务的有力工具，而一整套完备又健全的系统管理机制对大口径远传水表的管理将起到关键作用。因为大小口径水表的适用受众不同，水务公司对于大小口径水表的数据上报机制也不尽相同。大口径远传水表是每五分钟在表端采集一次数据，每六小时传输一次数据到远端服务器，先试点后推广；而小口径智能水表是每天传输一次数据，目前兼容性已经较好。对此远传水表采集平台针对大小口径水表分别采用了不同的数据采集更新规则，来保障大口径计量系统和智能水表采集平台信息的即时更新，系统内都是最新接收到的水量数据。

2. 业务协同问题

远传智能水表的管理系统实现的是对智能水表的管理，对于供水企业来说，这只是供水的一部分业务。为了实现供水业务模式与智能水表的完美融合，供水公司需要把智能水表系统与企业在用的其他多个管理系统功能模块进行衔接。长沙供水目前有多个在用的系统，除了大口径水表计量系统和智能水表集抄平台外，还有营销账务系统、客服信息系统、语音短信发送平台、缴费渠道对接平台、网站和微信公众号对外信息发布平台等多个系统，长沙供水需要将大口径远传水表的信息处理整合到这些系统中。依靠小口径智能水表积累了一些工作经验，针对大口径远传水表也制定了相应的规则调整和管理策略，使大小口径远传水表都融合到长沙供水的日常业务流程中。

用户从登记成为长沙供水的供水对象开始，其信息资料就被录入了客服信息系统中，基于远传水表系统每日抄表和结算功能，用户可以从微信公众号随时查到自己水表最新的用水情况和实时水费余额，当用水出现异常或者预存余额不足时，长沙供水会通过营销账务系统触发短信语音平台向用户发送提醒通知，建议他们检查水表异常，或者通过网上渠道和客服前台进行预存缴费。当用户欠费达到一定额度需要供水公司采取催费措施时，长沙供水会利用远程阀控功能对用户分时限水，直到用户完成缴费再恢复正常全时段供水，而长期欠费的用户也会在征信平台中留下对应的不良征信记录。这是多个业务管理系统在用户实际用水过程中发挥作用的一个实例。

3. 智能远传水表的宣传工作

远传数据的每日水费结算自动开账、对用户的语音和短信通知、网上营业厅和微信公众号的实时数据开放、基于用户信用记录和预存余额的远程阀控管理策略、小区夜间最小流量和小区产销差分析，这些适应于远传水表的新业务，在长沙供水持续调整系统功能和程序接口的一步步磨合改进中不断趋于完善，并最终将远传水表无缝地融入长沙供水的日常供水业务之中。

随着智能水表不断发展，在数据传输稳定的基础上，供水企业也可以在许多方面进行整合，在科技、管控等层面发展得更加精确和智能。并且，在互联网时代，供水公司如何提升自主能力，对获取到的调查对象的用水信息进行认识与研究，找出信息深层的关系，同时把信息的深层关系延伸到符合现实的提升策划与贸易战略，发挥数据的价值，从而实现更优的企业发展模式，并提供更加优质的服务，这需要进一步深入的思考。供水行业关乎基础民生，智能水表的研究与落地还需要更加坚定、稳健地走下去，智慧水务的实现需要更加长久而持续的努力。

第 3 章 重庆市水务数据管理决策平台总体架构

3.1 平台概况

3.1.1 平台的主要特点及特征

1. 特点[20]

1) 高效式分布

重庆市水务数据管理决策平台必须具备高效分布的特点。基于物联网采集的数据量是巨大的，仅一个完整的城市水务系统就包含水源地、取水、制水、供水、节水、排水、管网、污水处理及城市生态湖水等单元，每个单元都设置有大量的数据采集监测仪器，每台监测仪器每隔几分钟就会采集一次数据，因而一天内一个城市的水务系统就会产生上亿条数据记录。这么大的数据量在一台服务器内处理存在很大的困难，因而数据处理系统必须是分布式、水平扩展的。为降低功能模块开发成本，一个单元或者一个节点的处理性能必须是高效的，需要对监测采集的数据进行快速写入和快速查询。

2) 数据的实时处理

基于高效分布式的数据采集和写入需要对数据进行实时处理分类。在互联网系统的大数据处理场景中，常见的处理对象是用户画像、推荐信息、舆情分析等，这些场景并不需要数据具有实时性，进行批量处理即可。但是在水务行业丰富的物联网场景下，需要对物联网采集的实时数据做好实时预警和决策，延时控制要控制在秒级以内。如果没有对数据进行实时分析，计算采集的数据就没有实时性，不仅物联网的商业价值会大打折扣，还会对水务行业造成较大的经济损失。

3) 安全可靠性

重庆市水务数据管理决策平台的运行需要运营商级别的高可靠性服务。物联网往往对接着生产、管理与经营，若数据实时分析出现系统宕机，会影响整个水务系统的正常运行，产生更大的经济损失，导致无法正常提供服务。例如，在智慧水表端出现了系统问题，会直接导致大量用户无法正常用水，同时供水公司也会有很大的经济损失。因而必须是安全可靠的，必须支持实时数据备份，必须支持异地容灾，必须支持软硬件在线升级，必须支持在线互联网数据中心(internet data center，IDC)机房迁移等，否则可能会导致服务中断。

4) 高效缓存与高级存储

重庆市水务数据管理决策平台的构建与稳定需要高效的缓存与高级存储功能。在水务行业各个单元场景中，都需要对设备及检测仪器的状态或其他信息进行快速获取，用于报警、大屏显示、信息调用等，高效的缓存机制可以筛选用户获取的全部信息或目标设备的状态。而高级存储功能是对设备基础信息和常用的预警、大屏显示信息进行存储，便于信息使用时进行调用。

5) 实时流式计算

重庆市水务数据管理决策平台对各类水务单元的实时预警或预测已经不再是某个简单的阈值设定，而是需要结合各个水务单元和水务信息对一个或多个生产设备产生的数据进行实时聚合计算，不仅是结合某个简单的点，还是对基于一个时间节点的信息窗进行计算。同时该类计算信息量庞大、计算复杂，但因应用场景差异，允许用户自定义函数进行计算。

6) 数据查询订阅

与其他平台相似，重庆市水务数据管理决策平台支持用户对平台数据进行查询订阅。在平台上同一组数据的应用较为广泛，因而需要该系统为用户提供订阅功能，需要对数据进行实时更新，为用户提供实时提醒数据的应用场景与分析结果。并且该功能可实现个性化服务，在用户端有可筛选的数据功能，允许设置一定的过滤条件，查询想要的数据结果。

7) 实时数据与历史数据处理整合

重庆市水务数据管理决策平台能对实时数据进行预处理，与历史数据进行整合。在实时数据的缓存区，历史数据已经持久化储存在介质中，并能长期存储在不同的介质中。在系统中，同时调取历史数据与实时数据，将二者数据进行对比处理并存储。无论是访问新采集的数据还是几年前甚至几十年前的数据，除输入的时间参数不同之外，其余应该是一样的。

8) 数据持续稳定地写入

重庆市水务数据管理决策平台需要保证数据能持续稳定写入。对于物联网系统，数据流量往往是平稳的，因此数据写入所需要的资源往往是可以估算的，但是变化的是查询、分析，特别是即席查询，有可能耗费很大的系统资源，不可控。因此系统必须保证分配足够的资源以确保数据能够写入系统而不丢失。准确地说，系统必须是一个写优先的系统。

9) 数据多维度分析

重庆市水务数据管理决策平台需要支持数据多维度分析。对于联网设备产生的数据，需要进行各种维度的统计分析，如从设备所处的地域进行分析，从设备的型号、供应商进行分析，从设备所使用的人员进行分析等。这些维度的分析是无法事先想好的，而是在实际运营过程中，根据业务发展的需求确定下来的。因此重庆市水务数据管理决策平台需要一个灵活的机制来增加对某个维度的分析。

10) 支持数据计算

重庆市水务数据管理决策平台需要支持对数据的降频、插值、特殊函数计算等操作。原始数据的采集可能频次较高，但具体分析时，往往不是针对原始数据，而是针对降频之后的数据。平台需要提供高效的数据降频操作。设备之间是很难同步的，不同设备采集数据的时间点很难对齐，因此分析一个特定时间点的值，往往需要插值才能解决，系统需要提供线性插值、设置固定值等多种插值策略。工业互联网中，除了通用的统计操作，往往还需要支持一些特殊函数，如时间加权平均函数。

11) 即席分析和查询

重庆市水务数据管理决策平台需要支持即席分析和查询。为提高大数据分析师的工作效率，系统应该提供命令行工具或允许用户通过其他工具，执行结构化查询语言(structured query language，SQL)查询，而非通过编程接口。查询分析的结果可以很方便地导出，再制作成各种图表。

12) 灵活数据管理策略

重庆市水务数据管理决策平台需要提供灵活的数据管理策略[21]。一个大的平台，采集的数据种类繁多，而且除采集的原始数据外，还有大量的衍生数据。这些数据各自有不同的特点，有的采集频次高，有的要求保留时间长，有的需要多个副本以保证更高的安全性，有的需要能快速访问。因此必须提供多种策略，使用户可以根据特点进行选择和配置，而且各种策略并存。

13) 开放的系统

重庆市水务数据管理决策平台必须是开放的。系统需要支持业界流行的标准 SQL，提供各种语言开发接口，包括 C/C++、Java、Go、Python、RESTful 等，也需要支持 Apache、Spark、R 语言、MATLAB 等，方便集成各种机器学习、人工智能算法或其他应用，让重庆市水务数据管理决策平台能够不断扩展。

14) 支持异构环境[22]

重庆市水务数据管理决策平台必须支持异构环境。重庆市水务数据管理决策平台的搭建是一个长期的工作，每个批次采购的服务器和存储设备都会不一样，平台必须支持各种档次、各种不同配置的服务器和存储设备并存。

15) 支持边云协同

重庆市水务数据管理决策平台需要支持边云协同。要有一套灵活的机制将边缘计算节点的数据上传到云端，根据具体需要，可以将原始数据，或加工计算后的数据，或仅仅符合过滤条件的数据同步到云端，而且随时可以取消、更改策略。

16) 单一后台管理系统

重庆市水务数据管理决策平台需要单一的后台管理系统。单一后台管理系统便于查看系统运行状态、管理集群、用户、各种系统资源等，而且平台能够与第三方信息技术（information technology，IT）运维监测平台无缝集成，便于管理。

17) 私有化部署

重庆市水务数据管理决策平台应便于私有化部署。因为很多企业出于安全以及各种因素的考虑，希望采用私有化部署。传统的企业往往没有很强的 IT 运维团队，因此在安装、部署上需要做到简单、快捷，可维护性强。

2. 特征

1) 实时感知

对水源、取水、制水、供水、节水、排水、管网、污水处理及排放等各个业务环节形成的水循环圈，搭建实时监测设备，实时反映水资源状态、管网压力值和流量、运作模式的健康情况，反映供水、排水及污水处理厂生产运行过程情况，为有效提高维修及调度管理效率奠定基础。

2) 全面整合

利用云计算进行大量信息的分析，以"一张图"为展示模式，统一平台集中办理各类业务；通过信息资源的整合，系统智能分析数据，为管道运行维护提供可参考的预警信息。

3) 协同运作

通过优化管理，对农村饮用水的生产、运行调度与供水服务统一管理，水务公司各部门协同运作，可达到资源配置最优。

4) 智能应用

重庆市水务数据管理决策平台可充分运用互联网、大数据、信息储存等先进技术，搭配构建成熟的水务模型，以实现更快更准确地预警，从"事后弥补"的工作模式逐渐转变为"预判分析、快速响应、高效处理及过程透明"的工作模式，同时实现饮水安全工程中的提水泵站运行自动化，将简单的人力成本转化为智能化成本。

3.1.2 平台的用户分析

重庆市水务数据管理决策平台的主要服务对象有政府水行政主管部门、取水用水用户、知情社会公众、科研及规划设计部门、政府相关职能部门等。

1. 政府水行政主管部门

政府水行政主管部门是重庆市水务数据管理决策平台的关键用户。为了有效履行水资源管理职责，需要利用平台提供的成果从国家和地区层面管理水资源，从而掌握地区的水资源状况。

2. 取水用水用户

取水用水用户包含取水资源单位和供水、排污企业，对水资源数量、质量产生影响的单位等，这些属于平台的客户。

3. 知情社会公众

社会公众获取水资源相关政策、法规、标准、规范、价格，需要了解本区域的水资源情况、水资源形势、水质状况、办事流程及手续等，属于管理用户。

4. 科研及规划设计部门

建设项目水资源论证资质单位、水文水资源调查评价资质单位、科研院所和水利水电规划设计部门需要利用水务信息开展水资源分析、评价等方面的工作，是平台的主要技术支撑力量。

5. 政府相关职能部门

国土资源、城建、环保、农业、气象、电力等职能部门与水资源相关，需要了解和掌握水资源情况，是平台服务的主要对象。

3.2 总体架构分析

3.2.1 总体架构设计

重庆市水务数据管理决策平台架构[23]是以在线监测设备(如传感器)实时感知水源、

供水、排水、节水、排水等系统的状态为基础，采用可视化大数据云管理模式，有机结合水务行政主管部门、科研及规划部门、政府相关职能部门和供水处理机构，建立一个关于水循环的互联网圈层，对获取的所有基本水文数据实施研究和归纳，同时进行合理的预测研究，结合成果制订计划和建议，对动态水务生产、管理及服务以精细化方式予以决策。其构建平台的价值在于全面应用、数据集成共享、管理协同的提升及适应长期发展。

重庆市水务数据管理决策平台的架构设计目标是形成水务管控"一张图"，其目的是通过水务行业一体化，对附属水务行业的相关信息进行资源整合和信息共享，可有效支撑城市基础管理和对公共服务的需求。按照"顶层设计、标准统一、资源整合、系统集成、资源共享和分级维护"等设计原则，构建水务管控"一张图"进行深度挖掘，可提升水务数据的使用价值。实现管网流量、压力、水质、二次供水及排水等水务一体化设备设施全生命周期内的决策和监督，实现以大数据带动精细化管理，全面提升水务行业的绩效。重庆市水务数据管理决策平台架构如图 3-1 所示。

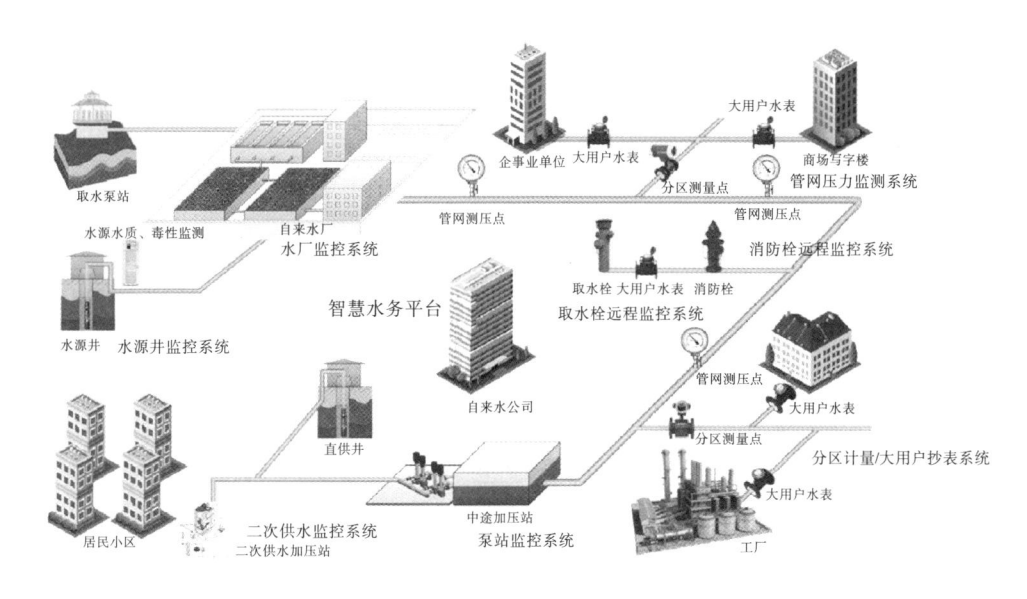

图 3-1 重庆市水务数据管理决策平台架构

3.2.2 功能性分析

水务迈向大数据时代，在面向用户构建重庆市水务数据管理决策平台时必须满足广大用户及平台功能性的需求。本节总结了重庆市水务数据管理决策平台必须满足的五大功能，既能够满足用户的需求，又可以提升平台的竞争力。

1. 容纳海量的数据

如果重庆市水务数据管理决策平台无法进行扩展或存储、管理海量的数据，那么仅仅提升分析数据的速度对重庆市水务数据管理决策平台带来的正向作用是相当有限的，因而重庆市水务数据管理决策平台必须能够存储和分析海量的数据。

大规模的并行处理分析数据是用于扩展分析的理想技术，因为它同时利用计算机集群的优势进行存储和计算。它不仅在性能上体现出大幅度的提升，还能提高对大量数据流的处理能力。此外，重庆市水务数据管理决策平台使用大规模并行处理(massively parallel processing，MPP)技术能够用于结构化数据处理，可以进一步优化加速处理数据，这是因为它对已经上传的数据进行了程序化的结构处理，减少了必要的恢复查询所必须执行的搜索量。结构化后的数据库能够更加清楚地展示数据在水务行业的中心位置，并能准确地对数据进行存储和读取。

一般来说，非结构化的数据库很难扩展到采用列式设计的结构化数据库所能够达到的级别。但是，重庆市水务数据管理决策平台具有整合所有非线性结构化的数据库扩展的可能性和性能的功能。

2. 运行速度快

在数字化时代，用户进行查询时不希望等待太长时间。这就意味着重庆市水务数据管理决策平台必须增强现有的程序性能，在符合平台构架的前提下，开发新的分析方法及程序，提供合理、可预测和有效的横向管理决策。

从技术角度看，满足上面的条件必须结合列式数据框架结构和使用大规模并行处理技术(MPP)。因为列式数据框架结构可最大限度减少输入/输出(input/output，I/O)之争，它是数据分析处理发生延时的主要原因。列式数据框架结构在数据处理时能提高压缩率，是行式数据库的4~5倍。MPP数据库通常按照比例线性扩展，这就意味着如果将双节点的MPP数据库翻倍，那么性能也可能成比例增加。

3. 传统工具兼容

重庆市水务数据管理决策平台所依赖的数据提取、转换、加载工具(如Attunity、Informatica、Syncsort、Talend、Pentaho)或者基于SQL的可视化工具(如LogiAnalytics、Looker、MicroStrategy、Qlik、Tableau、Talena)都可确保平台能够通过认证，可与传统工具搭配使用。此外，还需确保传统工具和扩展技术符合最新版本的美国国家标准学会(American National Standards Institute，ANSI)SQL标准。

4. 城市整体与公司应急、联动及反应能力

城市水务行业惠及千万家，它有利于城市的进步、安稳以及人们生活质量的提高，但供水公司面临许多问题，如水质复杂多变、给水部署配置复杂等。要确保供水安全，最大限度保证城市供水顺畅、减少水安全与突发事件造成的损失，确保国家资产和人们的生活不会受到干扰等，就要构建城市供水安全保证系统以及水务应急系统。

智慧水务实施期间，把制、供、用、排、源水等结合在一起，通过运用物联网等新一代信息技术，集数据采集、分析、调度及决策于一体构建城市调度管理平台。企业管理、决策和政府管理部门均能通过该平台获取不断更新的水务数据，同时平台可以通过水力模

型辅助提升城市在突发情况下的应急、联动、处理决策等能力,保障国家财产和人民利益免受损失。

5. 高级分析功能

重庆市水务数据管理决策平台具有水务管控"一张图"、管控决策分析 KPI 管理、调度中心数据可视化管理、大数据集成分析平台、水务管控一体化应用 APP、统一数据中心、智能决策平台等功能。重庆市水务数据管理决策平台构建方向如下。

(1)完善基层设计,重新界定信息焦点。全面完善水务基层信息设计,界定新的信息焦点;逐步整合各方面资源,实现其事务标准化,根据水务综合化服务实施构建。

(2)信息资源整合,智慧决策体系构建。统一信号采集传输方式,标准化数据共享和交换模式,借助大数据、云计算等手段在水务的应急指挥、灾害预警、水务监督及环境保护等领域构建智慧决策体系。

(3)水务优化,建设智慧水务机制,对水务环节实施改善,利用信息引领的数据化技术开展并完善检测体系,明确权责,促进事务优化。

(4)构筑统一安全管理,夯实智慧水务基础。综合化运营,有利于作出有效利用资源的判断,运管环节摒弃人工,实现规范化。建设一个可靠的事务维持系统,促进互联网正常运行、信任系统、系统维护的构建。

五大支撑技术:CASMM[24]——Cloud 指云计算提供弹性可靠的基础设施;Analysis 指大数据加速对海量数据的分析与优化;Social 指实现跨部门有效协作;Mobile 指移动端使用户体验更丰富;Management 指有效管理提升水务信息运营效率。

3.3 业务架构分析

3.3.1 数据资源总体设计

重庆市水务数据管理决策平台建设[25]的信息流程覆盖区域包括重庆市主城区及周边区域,包含水厂、二级企业、公司三个层级之间信息的纵向传输,以及在同一平台不同层级之间信息的横向流动。

1. 业务范围需求分析

信息横向流程是指数据信息在同一平台不同层级之间流动的过程,也就是说,在重庆市水务数据管理决策平台的每级平台,信息都是通过信息采集与传输层进入数据资源层,业务应用层在支撑平台层的基础上,通过调用数据资源层的采集数据和由支撑平台层集成而来的外部交换数据,进行业务处理,生成的业务数据通过应用交互层的两大门户为用户提供服务。重庆市水务数据管理决策平台信息横向流程图如图3-2所示。

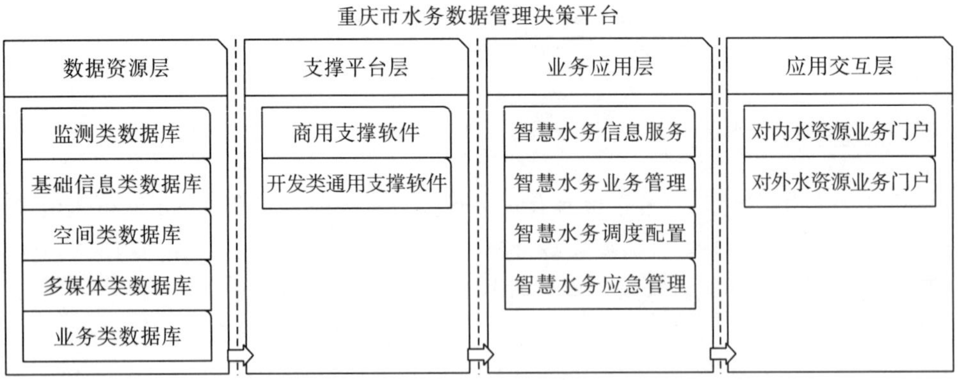

重庆市水务数据管理决策平台

数据资源层	支撑平台层	业务应用层	应用交互层
监测类数据库	商用支撑软件	智慧水务信息服务	对内水资源业务门户
基础信息类数据库	开发类通用支撑软件	智慧水务业务管理	对外水资源业务门户
空间类数据库		智慧水务调度配置	
多媒体类数据库		智慧水务应急管理	
业务类数据库			

图 3-2　智慧水务综合平台信息横向流程图

数据资源层是对数据存储体系进行统一管理，主要对综合数据库和元数据库两大类数据库进行存储与管理。综合数据库包含监测类、基础信息类、空间类、多媒体类和业务类五类信息的数据库。

支撑平台层的组成部分主要是各个类型的用于商业以及创新类的软件，给平台提供完整的技术框架及运行环境，为业务应用层提供通用服务与集成服务，为资源整合和信息匹配提供运转场景。

业务应用层是体系运用的中枢，它能够提高水务数据效能，进行水务业务管理调度配置，能够维持智慧决定处理、管控和服务。

应用交互层指和使用者联系的维度，主要由对内水资源业务门户和对外水资源业务门户组成。

2. 信息纵向流程与集成

1）信息纵向流程

信息纵向流程是指数据信息在厂级机构、二级企业、公司三个层级之间传输的过程。各级水务管理机构之间的信息传输主要依靠政务内网和外网。政务内网是与互联网物理隔离的网络；政务外网是与互联网逻辑隔离的网络。

2）数据平台集成

重庆市水务数据管理决策平台建设体系包括信息服务体系、业务管理体系、应急调度体系和决策支持体系。其中，信息服务体系主要包括移动应用、协同办公、客服热线和工程报装；业务管理体系包括供排水综合、营业管理、能源管理、分区计量漏损监控管理、人力资源、固定资产、财务管理、供排水综合调度、会商管理、表务数据采集与监视控制（supervisory control and data acquisition，SCADA）系统；应急调度体系包括水力模型系统；决策支持体系包括商业智能分析系统。四大业务体系与平台的边界是智慧水务数据库，即四大体系负责将数据写入平台的数据库，平台负责各业务系统间的数据交换及上层应用。

3) 与既有系统的集成

重庆市水务数据管理决策平台与既有水务系统的集成需根据具体的情况进行分析，避免重复建设，实现既有成果的集成和应用。对于以前达到标准的，就不作整顿，新建平台与原有系统的集成边界为数据集成和界面集成；对于原系统满足水务要求管理的系统技术体系保持不变，升级改造既有系统的部分功能，原有系统与新平台采用数据交换的方式实现集成；对于可以替代的系统，只需将原业务数据集成到新平台，按照标准重新通过一次性抽取导入新平台。同时，重庆市水务数据管理决策平台在建设过程中，将积极推行数据平台建设和接口的统一化、系统化方面的无缝对接；以实现平台和数据资源的共享与互动，避免出现资源浪费和"信息孤岛"。

3.3.2 业务需求分析

1. 业务范围需求

1) 供水管理

供水过程包括城市居民生活用水、公共服务用水等，其水源包括河流、湖泊及地下水。数据通过人工录入的方式传输到重庆市水务数据管理决策平台，配备的检测设备以Wi-Fi、5G或通用分组无线服务(general packet radio service，GPRS)等无线传输方式传输数据，实现数据实时交换。优化升级生产过程应用控制体系和远程终端控制有利于使制水过程的信息公开透明，并实现远程遥测、遥信、遥调、遥控等功能。

2) 排污管理[26]

建立综合的城市污水处理系统，涵盖旱涝以及重要时点的监控预测，让各部门信息互通，如水文、气象等，构建预警机制和风险评估模型。污水处理厂运行离开人工操作，确定一个可视化和精准化的污水技术体系，配合现代工艺，完善污水流程操控系统，实现污水达标排放。

3) 节水管理

节水管理主要是对管网漏损进行计算。主动和被动漏损控制是两个相对的概念，前者是指创设独立计量区域(district metering area，DMA)和管网分区、创设漏损管理数据体系、综合的漏损操控绩效管理体系。对管网的漏损控制策略进行优化，能够实现对漏损点位与漏损量的计算，可综合漏损信息评估，将其分为A、B、C三个等级。每个级别的优先修理级别不同，A等级为需要及时排查和修理的漏损管网，C等级为假漏损信息。根据评估等级可切实防控漏损，对于减少产销差额有着更综合的优越性。

4) 调度管理

根据已有平台创设自动化供应系统，依照供水管网合理安排监控预测的位置，以图表的形式对采集的基础信息进行统计和分析，如压力、流量等指标的大小、累计值、预警值及出现这些值的时间和占比等。设置预警模式，针对预警状态及时实施相关的预警方案，以防止供水不及时、漏水及水污染等事故的发生。研究整理出各个时间、地点的供需用水等信息，为城市节水管理和水价定制奠定基础。深层次联结供水、生产信息、流量等数据，通过大数据仿照等方法，完成情景仿照等功能。这样有利于在处理应急情况时，可以准确有效地在各地之间实施供水部署。

5) 节能管理

节约效能是公司关注的重点。在生产过程中，水厂、泵站、污水处理厂等的设备设施通过物联网等技术对信息进行采集监测，通过分析能耗、物耗等相关信息，优化设备设施与管理方法，实现资源的优化配置。

6) 服务管理

成立一个中心管理控制平台，有利于对人资、财务、设备等进行集中管控和监测。大数据技术可满足移动办公、远程操控等需要，有利于公司的管理和服务。

2. 业务功能需求

1) 数据服务层

重庆市水务数据管理决策平台可以汇总、研究和呈现获得的信息。它涵盖了数据的监控、发表、全面数据服务和综合管理等。而与水务有关的一切事物则是监控对象，水的数量、质量等则是其检测的内容。信息主要包括发布水务相关政策、法规、标准、用水情况和重大污染事件处理等。

2) 业务管理层

根据水务重庆市水务数据管理决策平台实行事务分类，共分为 11 项管理事务，如能源管理、会商管理等。

3) 应急反应层

重庆市水务数据管理决策平台能够处理水务紧急情况，通过信息获取及运送应急系统、信息储存以及监测安全系统，面向紧急情况采取针对性的措施，确保各方面安全。对于紧急情况以及重大人为灾害事件，重庆市水务数据管理决策平台应提供应急信息服务、应急预案管理、应急调度和应急会商等功能。

4) 决策支持层

创建和完善关于水务各方面的监控，完成相应的信息获取，可以为重庆市水务数据管理决策平台的构建提供数据支撑。建立管理调度管控平台，对企业运营状况实现可视化管理，能提升企业面对突发事件的应急、联动、决策、管理及执行等能力。

5) 信息展现层

根据平台标准，信息的展示要以图形作为基础，在 GIS 层面上，通过音、像等方式来体现，主要涵盖平台服务地区的水源地、供水排水厂、管网及用户等监测信息。以报表形式展示信息是平台常见的方式，平台展示的内容需要符合经营者的风格。报表可以综合体现使用者关注的信息，其他展示方式通常还包括过程线图、饼图等。平台呈现的一切内容应该用文字描述，这样能够给使用者带来明显的感受。信息展现层还包含规章制度、技术标准、管理办法、业务方案、分析报告和总结报告等。多媒体对水务的传播在水务行业中是至关重要的，展示的数据涵盖图、文、音、像等。

3. 业务目标需求

1) 水资源利用

重庆市水务数据管理决策平台创设的目的之一，就是要实现有效且循环使用水资源，因此，在实施规划时应该全面思考以下几方面：开发自然水源要考虑可持续原则；水工程系统设计功能持久且有应急方案；实现供需水务的协调与平衡；确保污水处理，保持水源地的循环利用能力。

2) 水环境保护

针对重要监测点设置智能监测设备，对保护区、水源和水质进行实时监测与预警。对工业区、排污控制区等进行实时监测和警示，给对应组织的工作提供便利。按照城市水资源各方面信息等将水资源的自然和社会属性相结合，合理分配。

3) 管网规划管理

城市水务管网检查期间应该创设全面数据管控，通过互联网等技术对水务管网的各方面信息进行研究，同时创设模型，完成管网评估等，给水务管网规划、项目管理提供决策支持。统计研究城市水务各方面的监控信息，支持排污管网维修、升级等。研究城市循环用水相关数据，有效实行水资源相关的优化配置，使得水资源能够得到合理分配和利用，从而实现节能减排。

3.4 技术架构分析

3.4.1 关键技术分析

1. 物联网技术[27]

水务行业对精细化管理决策的需求日益增加，需要对监测数据进行实时采集与大数据管理。随着物联网技术的发展，有必要结合物联网技术开发适合水务行业的物联网终端设备，该类设备既具有典型的物联网技术支撑，又能满足水务行业发展与管理的需求。表现为：水务物联网技术是水务和物联网结合的新技术，是物联网的衍生产品，它是利用现有水务信息采集终端进行升级优化，具有低能耗、低成本、体积小及绿色环保等优点；具有唯一的标识码，能够自动识别、远程管理和调控；智慧化和智能化地接入互联网，实现远程识别、定位、监控和管理；与时俱进地更新优化内部核心技术，逐步攻克完善感知终端，对功能和性能实现优化升级。

水务物联网技术是大数据构架的基础，是大数据的重要来源之一。根据水务数据信息的汇集流向，可将水务物联网技术构架简单分为传感、采集、数据汇集和应用配置四个层面。

（1）传感层：为数据来源基础层，其主要作用是对监测数据和事件进行采集感知，包括水文、水利设施等相关的数据监测，如水位、水质、流量等，同时还监测相关的管理信息（如标识、音视频数据等）。它的核心技术是传感器，是将监测的物理量转换为电信号传输到终端进行数字转换，它同时也具备一定的数据分析能力。

（2）采集层：数据通过传感层传输到采集层，通过智能终端在通用协议基础上实现数据通信与发送。它的核心是智能感知终端，不仅具有多类传感器数据采集功能，还具有唯一的标识码，能够实现统一管理、统一入网以及按照通用协议实现前端与服务器之间的通信与数据传输。

（3）数据汇集层：是将智能终端采集到的数据进行解析和存储。它的核心是数据接收设备，其功能一方面是对智能终端和前端服务器的配置和状态进行监测与管理；另一方面是为用户数据查询与云计算数据提取提供服务，方便水务行业、科学研究及政府部门按照各级权限对应用服务器上的云数据进行查询和获取。

（4）应用配置层：水务物联网更具兼容性和扩展性。其特点是水务物联网感知终端和传统的水文遥感信息监测并行，按照独特的传输协议将数据传输到云服务器，从而实现相关功能。

2. 互联网技术

在水务管理中，设备设施的硬件建设和维护是水务管理的基础，但对管理软件的开发维护和扩展进展缓慢，造成水务行业各个领域的数据交换存在较大的困难，容易形成"信息孤岛"。在"互联网+"的技术大背景下，与水务行业智慧融合建设不仅可以更加有效地利用水资源,也可为人类健康及可持续发展作出贡献。该类技术的核心是通过智能终端,采用无线通信技术有效地获取业务数据并提供信息服务,从而把握新兴行业的发展态势,包含数据终端层、软件层及应用层。移动端信息化设备包含智能手机、平板、个人数字助手(personal digital assistant,PDA)等,服务于大数据管理决策(水务数据、巡检、维修及工程竣工验收等),实现移动办公。移动互联网技术为水务行业突破瓶颈带来了新希望,能实现以下较多功能。

(1) 动态监测。提供水务动态水信息及 24h 实时水质信息安全监测,移动互联网技术能实时查看、监测水质净化过程中的参数异常情况,保证用水、排水的安全。

(2) 多地监测。水务行业多环节监测管控,如在水源地、取水、制水、供水、节水、排水、管网、污水处理及城市生态湖水等方面建立相应的防洪抗灾、城乡供水、城市排水、生态湖水及人工湿地等水资源相关的水务管控体系,实现水务工程自控。

(3) 流程统一。互联网技术能将水务行业的业务与政务相结合,使流程统一,使水务行业人员管理更高效,实现精细化管理。同时能拓宽水务行业的管控面,将不同目标、不同区域、不同用途水量进行集中管理、控制及收费等。

(4) 科学决策。基于"互联网+"基础的移动互联网技术将"专家经验"与大数据相融合,通过数据分析对未来水务行业及水质水量信息进行预测,能破除经验的局限性,总结规律,提高科学决策水平。

(5) 智慧服务。互联网技术的开发能将水务大数据平台与智慧城市相融合,运用于智慧生态城市建设中,为国家的政策实施和智慧城市的建设提供可靠的依据。以水生态文明为中心,以严格水资源管理为抓手,加强水利、用水、排水等基础设施建设,提高水行政管理水平,推动水务各项工作全面增效。

3. 云计算技术[28]

云计算技术在水务行业的应用打破了传统的"模型+经验"技术优势,颠覆性地改变了传统水务行业的成本和劳动绩效模式,能够从"软硬件产品采购预存"向"提供和采购 IT 劳效"转变,通过互联网云计算的方式自主获取或运用劳效,可以大大降低水务行业的成本投入。水务与云计算关键技术分为三点。

1) 虚拟化技术

云计算的虚拟化技术不同于传统单一的虚拟化技术,它是涵盖整个 IT 的架构,包含资源、网络、应用及桌面在内的全面虚拟化,它的优势在于能将水务行业各级部门的硬件设备、软件应用以及相关数据分隔开来,打破传统硬件配置、软件属性和数据传输之间的界限,实现架构虚拟化、资源集中化以及数据交互化的模式,能够将虚拟资源与物理资源整合,提高水务行业环境的适应性和业务的拓展性。

2) 分布式资源管理技术

水务行业的各个环节大多数情况处于并发性虚拟仿真条件中,云计算的优势将多个环节的仿真模拟进行整合和调节,保证分布数据的一致性。在计算行业信息通信之间存在较多的通信协议,在云计算中,众多的数据在传输和解析过程中需要保证数据的一致性,因而需要遵守众多通信协议,分布式资源管理技术能完美解决这个问题,其运用一个统一协议或一个算法管理这些协议以便于调度。

3) 并行编程技术

云计算采用并行编程技术。在并行模式下,水务云计算管理决策可并发处理、容错、数据分布、负载均衡等细节被抽象到一个函数库中进行解析和存储,然后通过统一的接口,用户大尺度的计算任务被自动识别和分布执行,即将一个任务分成多重子任务并行处理。

4. 大数据技术与建筑信息管理技术

面向服务的体系结构(service-oriented architecture,SOA)信息中心因为面对千变万化的事务,它的框架需要调度灵活,不断使用服务,促进事务不断提升,因而受到了广泛关注。第一,SOA 能够任意部署已存在的基本结构和框架,能够在已存在的数据库、硬件以及服务器上使用一切以 SOA 为基础的项目。第二,SOA 把规范应用拆成单效能,出现很多能够再次使用的零件,可以对很多类型项目提供帮助。第三,其服务效能有着松散耦合的特征,这个属性能确保 SOA 服务的稳定性,可以横跨组织界限及提升移动使用服务。

大数据分析技术主要是通过深层次分析获得的水务数据,然后提供有效的帮助性支持,支撑决策的精准性,同时生产大数据产品(如管控经验、商业模式等)。

建筑信息模型(building information modeling,BIM)是基于水务项目工程的建筑物等各项信息搭建的三维建筑模型,用简便通俗化的信息模仿各个建筑物的最本质信息。它具有信息完整性、相关互联性、统一性、协调性、可模仿性、可改进性、能转化为图及能看性等特点。

水务管理集建设工程、机电工程和水环境保护工程于一体,BIM 技术应用将工程及工程阶段产生的信息贯穿于整个建设管理的始终,能够解决大量的信息沟通与协调之间的问题,为整个水务系统的设计、构筑物的施工以及各级单位的运营发挥可协调性的作用,BIM 技术对构筑物的应用是水务行业全生命周期管理的发展趋势。

5. 地理信息系统

地理信息系统(geographical information system,GIS)通常泛指用于地理空间信息的获取、储存、查询、综合、处理、分析、显示和应用的计算机系统。GIS 以独特的地理空间分析功能和信息属性相结合,广泛应用于资源管理、环境灾害、风险评估、城乡规划等领域。水务管理决策与地理信息系统结合是一次水务行业上的创新,不仅能提高水务行业对水资源信息管理的水平,还能开拓水务行业的新领域,实现水务行业信息化驱动的高效现代化管理方式,更好地服务于水资源的规律研究、水资源保护及水务保护政策的制定。

GIS 在水务行业的技术应用由三个层面构成,分别为基础数据层、数据管理层和系统分析层。

基础数据层：基于 GIS 前端建立的基础地理信息数据采集及相关实时更新的数据信息，对数据进行采集和传输，构建数据关联以实现数据之间的有机结合，形成统一有效的途径。数据之间的有效关联有助于建立有效统一的地理信息框架，形成统一的水务管理决策地理信息编码。

数据管理层：收集基础数据层传输的数据，将基础地理信息数据进行解析和编码，构建数据管理信息库、进行数据评价和数据集设计、构建数据库的具体存储格式和管理方式。

系统分析层：以数据管理层构建的数据库为核心，综合存储信息开发决策管理分析系统，以数据的具象分析将数据存储技术和数据层的应用有机结合，充分发挥 GIS 在水务行业应用的优势。

6. 3D 打印、虚拟现实技术以及人工智能技术

3D 打印(3D printing)是设备部件快速成型的一种技术，是以构建三维模型(即数字模型)为基础，将金属或塑料粉末等可黏合材料经过逐层打印，快速成型的技术。

水务行业涉及面广、设备多、总量大，且对设备设施的配置、零件的储备及设备安全把控较严，对水务行业各级部门的影响深远。运用 3D 打印技术对设备关键或核心部件进行打印具有较大的可行性和较高的经济效益，因而如何通过 3D 打印技术获取更加优秀和质量过硬的设备设施，是水务行业生产安全、提升效率及空间优化的发展方向。

虚拟现实(virtual reality，VR)技术是 20 世纪发展起来的技术，已经成熟应用于计算机、电子信息、仿真技术等领域，其实现是以计算机模拟虚拟环境从而给人真实环境的体验感。水务行业 VR 技术的应用是将 VR 与虚拟仿真结合，实现无人值守、远程巡检、真实把控等。

在 VR 逐渐市场化应用的进程中，水务行业可依托 VR 技术构建水源地、取水、制水、供水、节水、排水、管网、污水处理及城市生态湖水等虚拟环境，让现实环境呈现于眼前，实现水务数据管理决策的信息化、智能化、可视化与集成化，VR 技术在水务行业潜力巨大，应用前景广阔。

人工智能集研究与设计于一体，是模仿、发展、想象及扩展智能知识、计算、方法、技术及软件的新应用学科。它是计算机学科的一部分，是以了解智能的核心为基础而发展起来的一种先进的与人类智慧媲美的智能机器，该行业的成果涵盖机器人、语言识别、图像识别、语言处理和专家体系等。

水务领域人工智能的应用面较广，具有自主学习、推理、分析和自适应控制的能力。可用于水务行业中水源地、取水、制水、供水、节水、排水、管网、污水处理及城市生态湖水等方面的优化设计、故障诊断、系统管理等，还能丰富水务领域的场景，给水务行业水资源管控和运营带来更多的改变。

3.4.2 功能性分析

(1)城市建设的创新。国家智慧城市试点包括城市公共信息平台、城市网络化管理、

智慧社区、智慧水务等几大专项领域，是重庆市水务数据管理决策平台城市创造的主要组成部分。分析重庆水务的特征，智能水务开发可提高重庆水务公司在水务管理决策和应用服务方面的水平，提高企业的社会经济价值，主要提供水质、水量保障、城市排污与防洪防涝、管理网络建设运营与漏水损坏控制系统、户表改造等方面设计和运行的方案，将工程开发与智能化软件紧密结合，为重庆市社会经济与生态环境可持续发展奠定基础。

(2) 新技术支撑。重庆市水务数据管理决策平台是通过集成传感器、网络技术和移动应用等工具，构建而成的一个用于水务信息管理和决策支持的大数据平台。物联网、云计算、大数据等技术的发展和应用，为城市水务建设提供了足够的技术保障。

(3) 物联网智慧水务需要能够更透彻地感应和度量世界的变化。把传感器嵌入或装备到水源、供水系统、排污系统中，使它们普遍连接，从而形成物联网，然后将物联网与现有的互联网整合起来，实现政府管理机构、企业和社区与水务系统的整合。

将平台构架和移动技术在重庆市水务数据管理决策平台上应用，使水务全面互联互通，实现数据共享，打破数据孤岛。大数据控制测量平台是水务的承载体，是水务行业正常运行的基础保障，结合移动技术和互联网的便捷性，可以让水务实现高效运行，保障数据共享通道畅通、提升业务效率。

大数据和云计算技术的互相融合，可实现对海量信息的存储、测量与测试，构建综合集成方法，将人的大脑和计算机云结合，可大大提升决策支持能力。可以使水务、流程和运行方式等智能化，管理机构与企业获得更智能高效的洞察、决策与分析管理技术。

第4章 重要功能模块建设方案

4.1 系统总框架建设

本章所指框架设计以城市水源地、取水、制水、供水、节水、排水、管网、污水处理及城市生态湖水等水循环为基础，平台框架设计符合城市发展需要和将来水务工作发展需要。该平台的本质理念是使用新的数据技术方法，随时与智能设备进行连接，采集数据，分析整理水务数据，实现以更加精细、动态的方式对水处理整个项目进行控制和服务，并给出相应的决策，提高水务领域管理服务水平。

4.1.1 系统逻辑框架

水务大数据管理控制决策平台由分析支持体系、两大保障体系共同形成。其中，分析支持体系包括数据收集传送、计算机网络、硬件设备、信息资源、软件支撑、任务应用和软件交互；两大保障体系涵盖数据保障体系和合理规范系统。水务大数据管理控制决策平台的逻辑框架如下。

1. 信息采集传输

水务大数据平台具备采集和传输信息的设施基础，监测环节主要包括水源地、取水、制水、供水、节水、排水和污水处理等重要环节。

2. 硬件设施

支撑水务大数据管理控制决策平台的基础设备环境在于硬件，主要是支撑运营和数据储存的服务器，存储、显示和会商等环境的硬件设备。硬件设施的开发应考虑业务应用范围和未来行业发展规划。

3. 计算机网络

水务大数据平台(即，重庆市水务数据管理决策平台，下同)具有业务范围广、安全性高和需求量大等特点，对于计算机网络在水务行业领域的覆盖需要以网络扩大基础设施建设为基础。

4. 数据资源

水务大数据管理控制决策平台数据库建设包含数据存储和管理控制平台,为平台提供任务的信息访问、信息存储备份、数据发现等各项数据服务。

5. 应用支撑

大数据平台可为应用程序提供技术构架和运行环境,在水务大数据管理控制决策平台建设中供应共用和合成服务,为信息资源整理与信息互享创造了优良的外部环境。该应用由商业用途应用和开发类一般应用组成。

6. 业务应用层

任务软件是水务信息平台的核心,是构建水务的数据服务、业务管理控制和决策调整等功能的软件体系,支撑水务管理、考验、监督等任务。它提供智慧水务数据服务、业务管理、决策调度和应急管理控制等软件系统,支撑智慧水务管理、监督、考核等任务流程。

7. 标准规范

水务行业的标准与规范是水务大数据平台开发和运营的核心,也是建立数据传输和共享的条件,是节省工程成本、提升项目建设效率的关键。

4.1.2 建设模式

水务大数据平台项目依托原平台及现有应用系统进行建设。

信息采集是整合现有监测资源,根据现有的监测资源和数据采集点,增加供排水管网等监管预测对象,以水质、水量和压力等为监测项目,设计完整的水务基础数据信息。

网络运输、信息安全等依托云平台通信传输网络,局域网依托供排水公司的局域网建设。

完善水务大数据调整度量管理控制中心可得到从水源运输到供水、排污等阶段的数字可视化管理控制决定和调度。

创建智慧水务全面信息库,包括监管预信息库、任务信息库、基础信息库、空间信息库和多媒体信息库等逻辑子库,按照信息类别分别存储在有关类型的信息管理控制系统及文件系统中,通过水务管理控制平台对信息资源进行统一存储和管理控制。

水务大数据支撑平台由多种领先技术构成,为水务业务软件提供领先的技术框架和安全稳定的运营外部因素,进而为上层软件奠定基础、为底层提供通用服务及为信息互享和交换提供机会。在此基础上创建设计通用支撑应用,规范化识别并管理用户身份,从而达到多级平台组织结构和系统客户的统一管理控制和安全识别认证。

水务工程软件体系分为水务数据服务、业务管理、应急管理和调整度量决策支持四大功能。

4.1.3 管控模式

水务行业出现了以供水、排水业务为定位的全面性的水务公司,它们有文件性的战略指挥型目标,拥有战略计划、融资、制度、技术和人力资源管理控制等业务内容。水务大数据管理决策平台针对供排水公司的业务、管理和应用特性等方面,公司业务管理逻辑管控如图 4-1 所示。

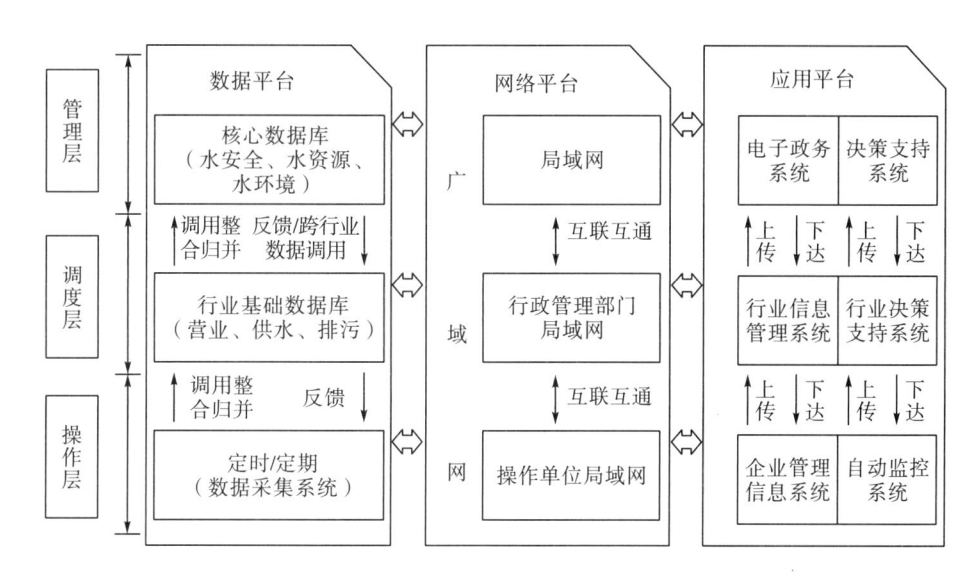

图 4-1 公司业务管理逻辑管控

4.2 监测体系建设

1. 设计原则

监测体系中的信息采集系统充分利用现有的高新技术成果,通过对采集信息的位置、环境等情况的了解,选择合适的采集和传输基础设备设施,同时配置合适的水文环境等特定的仪器设备。数据收集运输设备的选择与配置需要根据当地的环境、运输需要、运输量以及使用时间等因素来确定。数据收集运输开发依据《水文自动测报系统技术规范》(GB/T 41368—2022)、《水资源监控管理系统数据传输规约》等来执行。

2. 架构介绍

水务大数据管理控制决策平台数据采集环节包括取水、制水、供水、用水和排水等,实现从源头到排放整个过程的实时感知。其中,对水质和水量的监测是智能监测设备结合人工实验室监测,实现数据"零"失误。不同数据采集方式略有差异,如供排水调度通过虚拟专用网络(virtual private network,VPN)实现数据专有网络传输；管网、水源地、泵站和排污口等通过移动网络传输至供排水调度中心。信息传输功能能实现将监测数据(如压力、流量和水质等)传输至水务数据化管理控制平台。

3. 功能介绍

监测体系环境建设根据监测位置和传输环境的差异,将信息监测站点分为厂级中心采集站和自动采集站两类。

厂级中心采集站是将信息采集中心建设在水厂,各个水厂采集到的信息经过整理和分析传输到统一调度中心,其模块主要功能有：对水质、水量和水位等设备运行参数的远程监控模块；数据分析、查询和形成报表的信息模块；远程日志管理、远程遥测和命令设置的查询模块；可实现人工水质补缺、数据采集和非监测点位数据监测的人工录入模块；水资源信息存储、数据维护和数据传输的信息管理模块。

自动采集站是自动检测和采集数据信息,可定期进行数据上报。监测站的存储和数据传输均符合相应的技术标准和行业规范,设备具有一定的自检和报警功能,可有效防雷、防盗和防破坏；同时还具有低功耗、断电待机等功能,保障数据不丢失；配备一定标准接口(如采用 RS485、RS232 和 RS422 等传输协议的接口)。

在线监测功能一般是采用基于固定式监测点位的监测方式,将监测数据通过有线和无线技术传输到水务大数据平台。监测点位根据监测对象的差异选择不同的传感器进行组合,以实现在线监测功能。在水源、供水、排水、管网及 DMA 分区等区域,均采用智能感知设备,实现对重要环节参数的追踪,以实现点对点维修和设备更换。将功能单一式的设备调换为多功能设备,综合信息管理制定控制方案。

4.3　信息标准化建设

4.3.1　功能及框架[29-33]

1. 功能

信息标准化建设包含合理化制定、运营和管理控制等阶段。因此,合理化系统不仅涵盖系统自身,还涵盖合理运营系统和管理控制体制。

(1)标准化体系：在一定范围内,将水务标准进行科学分类。

(2)运行机制：将信息化标准落实,因合理化系统是数据标准中的核心组成部分,涉及技术设计、数据传递和数据创造管理控制等层面,为数据化开发提供基础依据,是指导数据化合理的重要性文件。

(3)管理机制：对信息标准的制定和贯彻应遵循标准体系中的组织原则和制度。

2. 框架

网络信息系统模型[34]。信息化建设的要素是信息技术软件、数据、网络、技术和产业、人力资源、政策法规。数据化建设体系内容庞大，构建信息化标准应从网络化信息系统模型着手。基础模型绘图是网络化信息模型系统的基础，一般把物理平台和网络平台归结为基础设施平台。

网络化信息系统的基础是信息标准化体系的构建，按照科学方法实现对信息标准的分类。信息标准化体系架构如图 4-2 所示。

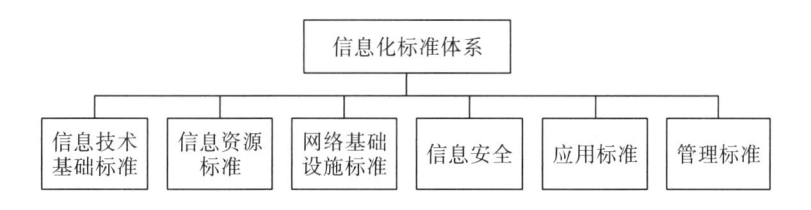

图 4-2 信息标准化体系架构

4.3.2 信息标准化

1. 信息技术

信息技术标准是由信息术语、识别、存储、软件、操作系统及设备等标准和规则构成。术语标准是基于行业统称构建的主要名词、术语和技术词汇等，包含基础术语（即通用术语）和专业术语（行业专有名词）两部分；识别标准包括识别和被识别的工具与系统，如条形码、磁卡等标准；存储的规则涵盖光盘、磁带等；软件规则分为应用工程规则和操作系统规则，软件规则是对系统操作指南的编制、全生命周期的记录、产品跟踪和能力评估等；操作系统标准是基于特定的语言进行程序设计和开发；设备标准包含设备前端、终端、设备消耗品、网络设备和安全标准等，适用于计算机设备的设计和制造。

2. 信息资源

数据信息是根据参数目标和收集规定，对信息进行改良和开发并存储于一定的载体上的一个数字化集合。信息资源标准对应数据的采集、分配、规划、检验和保存等步骤，其标准涵盖信息元、数据重新编码、业务流程开发、信息库创造、目录服务及 Web 标准[35]。

3. 网络设施

网络设施可根据公用网络和实际使用网络分类，分类如下：公共标准、IP（internet protocol）网标准、ATM（asynchronous transfer mode）网标准、FR（frame relay）网标准、以太网标准、卫星网标准、业务网标准、支撑网标准。

4. 信息管理

信息管理标准涵盖系统控制、网络监督、工程业务标准、查验与监理标准、测试与评价标准和质量管理与识别标准等。

4.4 应用系统建设

4.4.1 营业管理收费及管网供排水综合调度系统

1. 营业管理收费系统建设

水务管理决策是一项既烦琐又复杂的任务，尤其注重对运输信息的时间效用性和精准性。城市人口的集聚加重了城市水务行业的负担，城市水务需要改变经营方式和扩大化生产，满足水务大数据管理决策的需求，为适应城市发展和企业扩大化生产的需求，必须针对水务系统特点对水务业务和数据系统进行科学设计，满足水务行业自身和客户的需求，真正实现水务数据模式自定义，表达出更深层次的通用性。

水务的营业管理收费系统是支撑水务发展的核心，其系统设计需要涵盖整个水务管理经营过程，该过程需对水务术语科学规范化、系统设计精细化、功能完备化。系统在设计上原则采用三层设计结构，可适应局域网和互联网的运营需要，运营成本低。营业管理收费系统的业务如图 4-3 所示。

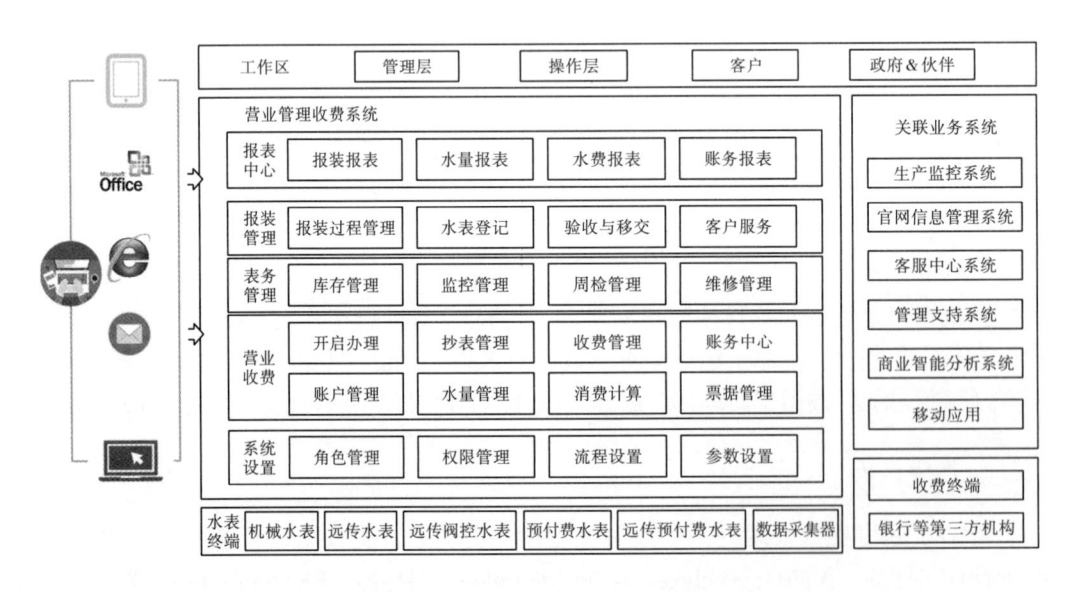

图 4-3 营业管理收费系统的业务

2. 营业管理收费系统功能特点

营业管理收费系统的建设包含软件和硬件建设。硬件建设具有很强的兼容性，其表具包括机械表、电子表及预付费的远程传输水表等。软件建设包括可自定义水价的程序，如储存不同时间的价格共存，支持附加费用、复合价格定义、n 阶价格定义以及特殊计量和计费。系统可支持不同方式的数据录入，如人工抄表、远程传输及 IC 卡表系统数据传输。此外，系统还具有支持多种业务的收费、严格的审批制度管理、丰富的统计功能、强大的自定义统计分析、标准检修与业务设计、支持各种类型的用户缴费方式和自动升级服务管理等功能[36]。

3. 管网供排水综合调度系统建设内容

管网供排水综合调度系统主要建设内容包括供排水系统规划与管理、供排水系统的设计与管理、工程建设、运行管理、设备设施管理、用户管理、防汛管理及信息发布与服务。

4. 管网供排水综合调度系统技术框架[37]

管网供排水综合调度系统总体由综合智慧软件平台、信息资源中心、监管控制与信息收取中心、基础支撑、运维中心、技术标准管理中心与规范管理中心七个部分组成。

5. 平台建设

管网供排水综合调度系统中实时控制中心对整个供排水系统规划设计负责，包括运营维修、系统考核以及监控和应急智能行政审批，并基于综合调度平台搭载以下子系列软件设施：设备管理系统、生产运营管理系统、实时调度决策支持系统、供水排水服务与管理中心、应急管理系统及移动巡检系统。

4.4.2 客户服务系统及工程报修装载

构建客户服务系统涉及计算机软硬件技术、互联网、电话集成、客户关系管理、信息交换、企业管理、项目团队管理等，该系统是一个统一而高效的服务平台。它将各个部门集中管理，并形成映射关系(一对一或一对多关系)处理业务窗口，合成束缚方案统一，让客户使用系统、智能和个性化的服务。呼叫中心是客户服务系统中不可或缺的一部分，是企业核心竞争力的体现[38]。

现代通信和计算机技术在客户服务系统中的应用，能很好地帮助系统自主灵活处理不同的电话业务，减轻客服中心来自大量服务对象电话垂询的压力，同时系统能够根据客服状态对相关咨询服务电话进行分配，其系统的组成包括自动呼叫分配(automatic call distributor，ACD)系统、计算机电话集成(computertelephony integration，CTI)技术、交互式语音应答(interactive voice response，IVR)系统和多种应用服务器等。

1. 系统建设

传统模式中用户对问题设备及需求管理基本上都是通过手动填表申请，这样的保修与装载过程不便于管理和监督，同时问题需要较长的时间才能解决，出现严重的滞后性。一旦出现突发性故障或装载后期出现问题得不到及时解决，会影响水务公司的形象。装载过程和保修阶段无法得到有效的跟踪和管理，造成的水量流失和设备损坏会对水务公司造成一定的经济损失。因而，将计算机对接水务的工程报装过程是一项重要的工作。

报装管理系统是企业与用户面对面的窗口，它将用户需求服务传递至服务管理中心，并对接相应的服务管理部门，对相应的需求进行建档和归类。工程报装的业务涵盖水务相关的日常营业业务，其功能模块如图4-4所示。

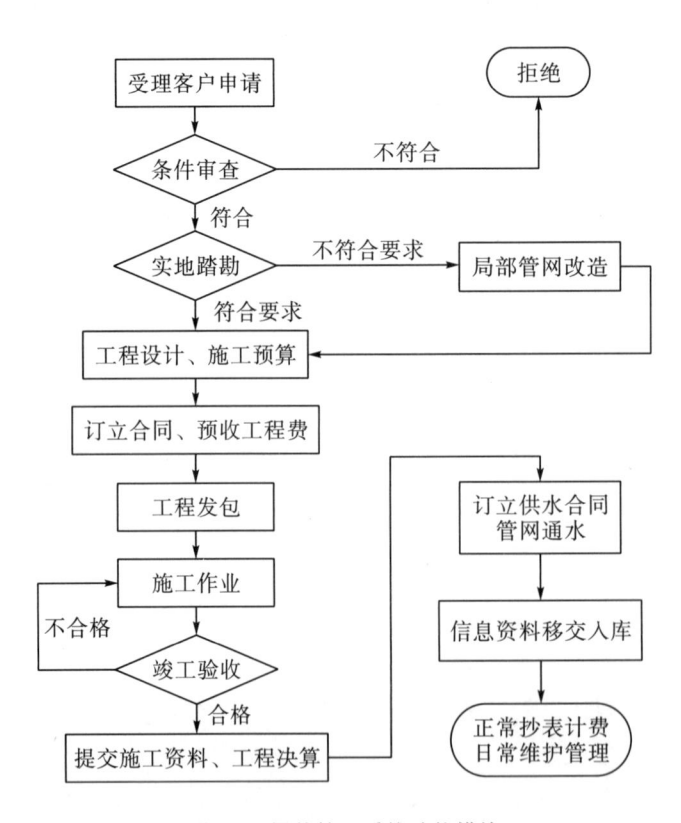

图4-4 报装管理系统功能模块

报装管理业务流程简单、问题解决周期短。系统使用了任务流控制方法，水务公司会根据自身需要，在体系中开发一定规范性表格文件格式，对工作流程和工作节点进行定义和设计。当流程中管理人员更换时，系统根据一定的操作规范和工作交接实现资料自动交接，保证流程进行不受影响。

2. 设计原理

报装流程包含水务经营各个业务中的节点、执行顺序及执行条件等信息。业务是为了满足用户需求而开展的一项工作流程。组织是一个特定人群的集合体，它为各个环节的人员提供基础信息、工作任务和工作流程，各个组织成员需找到自己的定位和完成自己的工作任务。统计分析是根据上传的清单数据进行归类总结，分析汇总工时、用料及成本的工作（图 4-5）。报装管理系统工作流程如图 4-6 所示。

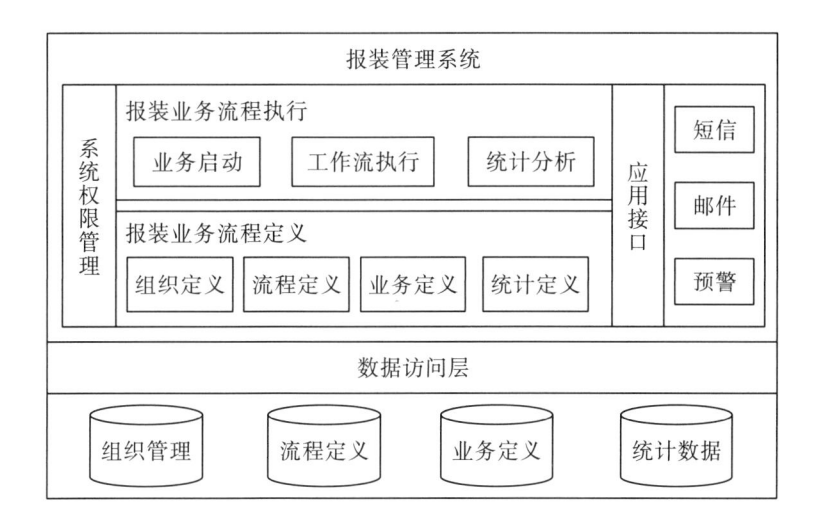

图 4-5　报装管理系统控制图

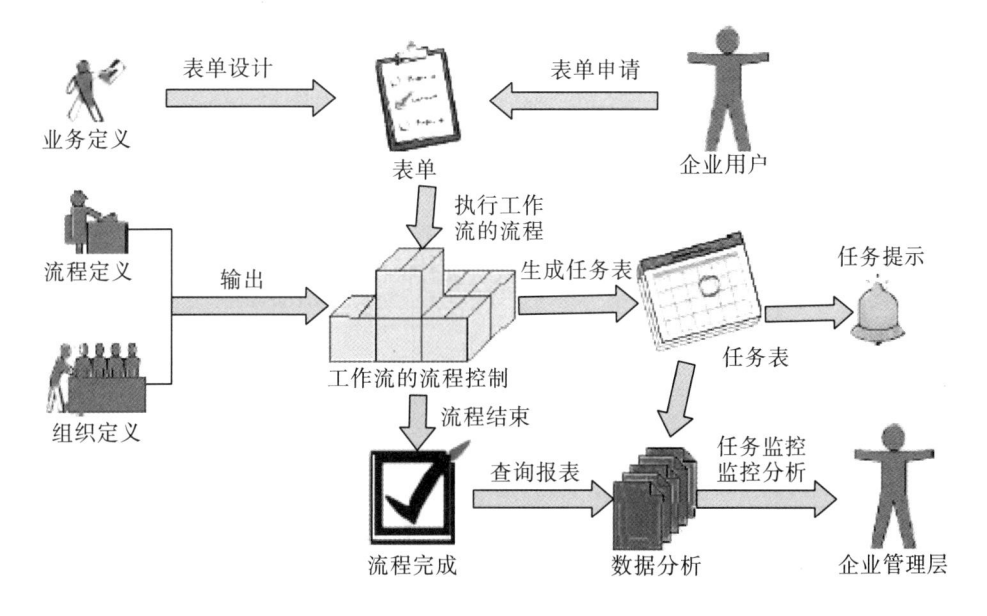

图 4-6　报装管理系统工作流程

4.4.3 表务管理系统及商业智能分析系统建设

1. 表务管理系统建设

表务管理系统就是将水务中的可用循环(新安装、更换、修改和拆装等过程)运用计算机和 GIS 技术在地图上全面展示,可实时查询和统计。该系统将复杂的信息传递链简单化,达到数据有效无损坏传输,提高工作效率,简化任务步骤,跟踪事件处理全程轨迹,使得管理信息更加合理和可视化,资料也十分完整。表务管理系统整体功能结构如图 4-7 所示。

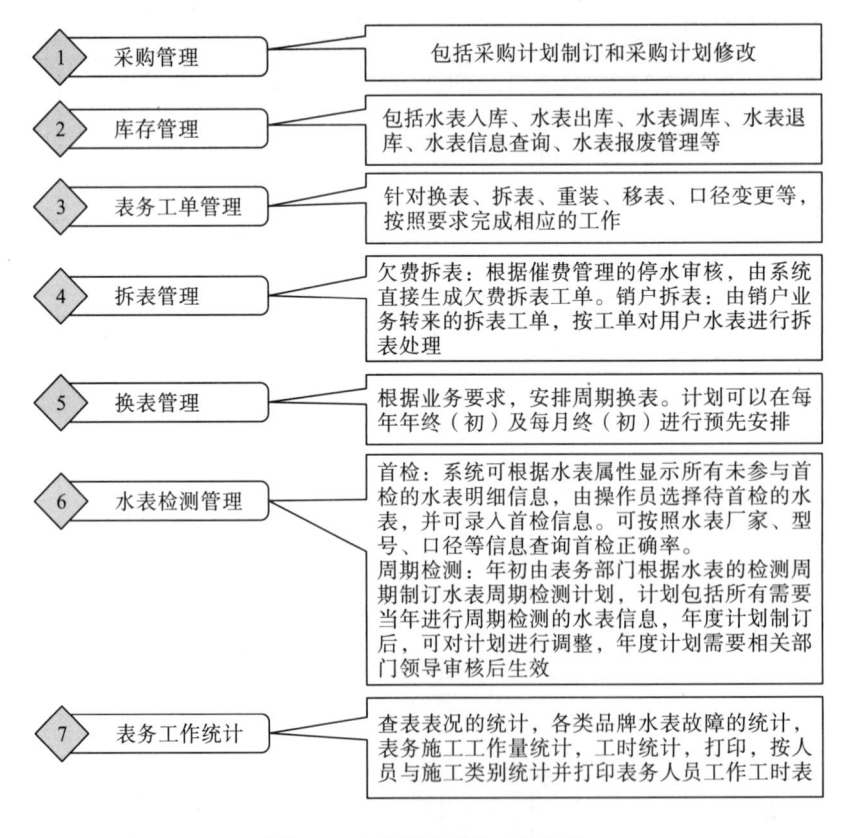

1	采购管理	包括采购计划制订和采购计划修改
2	库存管理	包括水表入库、水表出库、水表调库、水表退库、水表信息查询、水表报废管理等
3	表务工单管理	针对换表、拆表、重装、移表、口径变更等,按照要求完成相应的工作
4	拆表管理	欠费拆表:根据催费管理的停水审核,由系统直接生成欠费拆表工单。销户拆表:由销业业务转来的拆表工单,按工单对用户水表进行拆表处理
5	换表管理	根据业务要求,安排周期换表。计划可以在每年年终(初)及每月终(初)进行预先安排
6	水表检测管理	首检:系统可根据水表属性显示所有未参与首检的水表明细信息,由操作员选择待首检的水表,并可录入首检信息。可按照水表厂家、型号、口径等信息查询首检正确率。 周期检测:年初由表务部门根据水表的检测周期制订水表周期检测计划,计划包括所有需要当年进行周期检测的水表信息,年度计划制订后,可对计划进行调整,年度计划需要相关部门领导审核后生效
7	表务工作统计	查表表况的统计,各类品牌水表故障的统计,表施工工作量统计,工时统计,打印,按人员与施工类别统计并打印表务人员工作工时表

图 4-7 表务管理系统功能结构

2. 表务管理系统功能特点

表务管理系统特点有:表务系统与其他业务(如报装、销户、缴费和查表等)紧密结合形成信息共享机制,数据互通互享,提高办事效率(图 4-8);系统可以跟踪记录仪器的整个生命周期,从仪器的入库到销毁(或报废)全程跟踪,如对表务的型号、编号、口径和故障等全程跟踪管理;系统能明确对表务的分析,根据出现的异常状况进行实际排查和给出解决方案，并根据相关参数信息给出表务采集、型号、口径和采集厂家等信息；有着完善的进销存管机制，对仪器的进库价格、参数和仓库位置等信息进行管理，并可随时调取相关信息。

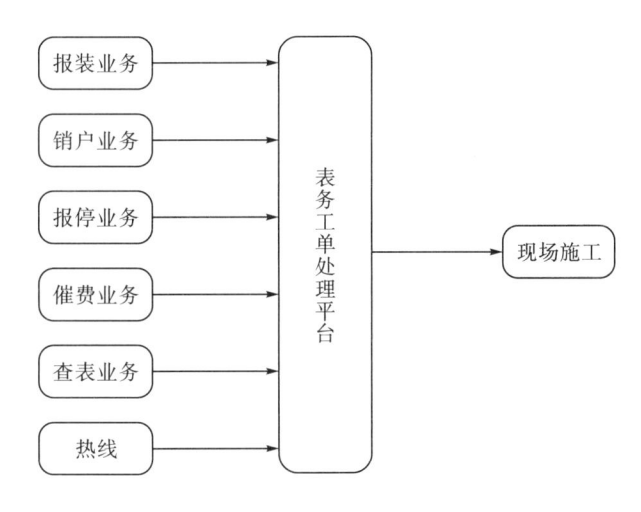

图 4-8 表务系统与其他业务集成过程

3. 商业智能分析系统建设目标

商业智能分析系统基于数据参数和分析对数据进行接收、分类、处理，对分析后的结果进行存储，为各部门之间的联动做出决策预警，帮助管理层对整体运行进行管控，使管理层做出的决策和投资符合公司的发展战略目标。

商业智能分析系统构建了 KPI 绩效评价框架和管理驾驶舱。创建管理员工的高端驾驶舱是为企业或平台提供统一的解决问题中心，面对任务的历史信息记录情况和走势分析，做出响应，以综合利润点为追求决策。同时 KPI 绩效评估体系能对这些决策和整个公司体系岗位人员进行绩效评估，带动各个岗位人员的积极性。在数据中心搭建综合查询平台不仅能实现业务查询，还能对项目进行分析。

4. 商业智能分析系统功能特点

商业智能分析系统可实现多项目之间的综合查询、项目分析、数据统计和趋势预测等高级功能。

4.4.4 协同办公平台及水资源管理系统

1. 协同办公平台建设目标

协同办公平台源于办公自动化，是数据科学管理的存在形式，也是融合信息管理的内在体现。根据对管理数据体系的创造，可开发出具有现代管理需求的复合软件办公平台。

该平台提升了管理部门对系统决策业务流程合理化，减少了不正式的决定，确保了高效、扩展和异构的软件支撑平台，提升了管理决策水平，防止权力滥用，可全面提升部门的反应决策功能，提升企业竞争力。

2. 协同办公平台系统建设

1) 平台架构

协同办公平台的构建基于互联网建设原则，在互联网的基础上使用 Web 端或服务器的架构来构建信息内部管理系统。基于互联网端进行构建的办公平台无须安装办公软件，运用浏览器模式对信息管理适用性能更838。特别是作为信息化单位，信息资源烦琐、部门众多，可能还有远程用户等，安装客户端软件造成大量的软件维护费用及客户流失，运用浏览器只需要登录服务网页，避免了各个业务访问启动的时间耗费，方便管理员得到各项业务信息数据。协同办公平台架构如图4-9所示。

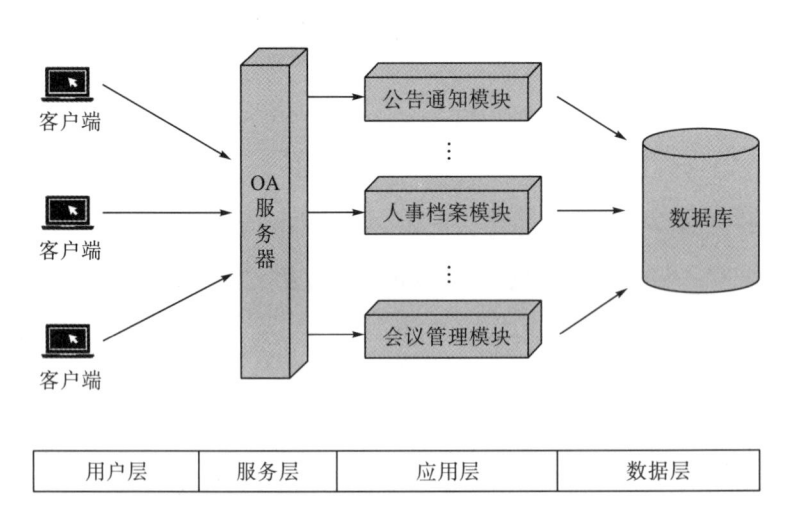

图 4-9 协同办公平台架构

2) 解决方案

信息门户提供公司和用户全面的信息，包含私人、企业、IT 部门、财务、营销、用户和供应商等；对企业流程的管理是建立一个快速反应运营体系，简化操作流程，形成高效的审批制度；企业知识文件管理中构建知识支撑体系和常用的知识工具；系统的集成简化操作流程，将财务、考勤、在线培训、管理驾驶舱等进行融合。

3. 协同办公平台技术支撑

协同办公平台构建采用 B/S 标准体系结构，运用三层体系架构方式。系统逻辑结构上采用 J2EE，以 Web、中间过渡件和大型信息库 N 层体系架为基础，使用 B/S 创造。整个体系由浏览器、Web 服务器、软件服务器、信息库服务器组成。

4. 水资源管理系统建设目标

水资源管理系统构建了水资源数据库，涉及信息存储、交换和共享等水资源的数据，同时制定相关的标准体系。该系统需要具备对水资源开发的许可证管理、地下水管理、排污管理、节水管理、饮水管理及综合信息统计管理等，构建水资源公开信息发布的网页或网站，提高水资源工作管理的透明度，提高工作效率，并辅助水资源的相关决策。

5. 水资源管理系统建设

水资源管理系统的建设主要由信息采取运送、计算机网络、数据存储库、支撑软件平台、信息管理、合理化管理和安全体系等系统组建。

4.5 支撑平台建设

1. 建设任务

对商用软件的开发包括数据库、GIS、ETL、报表软件、数据同步和工作引导等，保障了各层技术架构的统一，便于水务各环节之间的协同和交流。平台建设是以商用软件为核心，对通过统一认证的客户进行针对性设计和开发，实现平台的统一管理和识别，创造的数据过渡系统可以处理平台内网与外网之间信息互换的离群问题。应用支撑层系统结构如图 4-10 所示。

图 4-10 应用支撑层系统结构

支撑平台构建可采用市场占有率较高的软件产品实现重要功能，并提供自主开发的基础，同时也能对平台稳定性有很好的作用。

2. 支撑软件

支撑软件可用于支撑平台支撑层的创建，包含数据库管理软件、GIS 软件、信息集成软件、信息互换软件、门户关联应用及工作引导软件等。

3. 身份认证系统

身份认证系统以统一用户管理系统为基础，结合已有的身份确认(certificate authority, CA)系统，得到统一用户上线和应用系统浏览的控制权，可以单独登录，采取合理的用户和识别接口，从而达到与数据服务系统、管理流程系统、协调调度管理系统、应急措施管理系统、业务流程门户系统、非内网门户系统的集合。该系统能够与既有 CA 系统，由单点上线与 CA 的结合得到智慧水务数据平台的用户统一登录、统一身份识别作用，提升客户使用方便性和系统的安全性。

第 5 章 大数据共享机制概述

5.1 大数据共享的内涵

5.1.1 大数据共享的定义

大数据并不只是指数量庞大的各类数据，更加重要的是数据之间的交叉和流动，大数据之父维克托·迈尔-舍恩伯格曾经说过"大数据的核心要义在于共享"。各类数据只有通过开放交流、整合统筹、共享融汇，在充分成为大数据汇合体的前提下，才能够发挥最大作用。

大数据的发展基于计算机网络技术的日益进步与成熟，数据利用则是依附在信息资源的集成与整合之上，由此，可以得出结论：大数据的发展离不开信息资源的共享。早在20 世纪 80 年代，国内外学者就提出过数据共享，数据共享这一概念在不同体系下有不同的寓意和表现[39]。

大数据共享[40]的定义可以概括为：以整齐划一的规范、规定及准则为基础，将大量的来自各方的数据统一有序地整合在一起，通过规范化的范式来对这些异源异构的数据实现共建、共享、开放的工作，更好地利用这些数据获得的最大效率。大数据共享并不只是简简单单的数据使用主体的变化，还需要确保许多方面的合理性和安全性，如共享时间、共享地点、共享方式、共享内容、共享主体、共享用途，其主旨不可以偏离开放、共享、融合、避免重复建设等。

5.1.2 大数据共享的意义

大数据共享的程度反映了一个地区、一个国家的信息发展水平，数据共享程度越高，信息发展水平越高。各国都逐步颁布和制定了推动大数据开放的国家性策略与政策。大数据在中国发展的道路上和未来规划上的重要性是不容置疑的，数据的开放与融合共享则是大数据发展的重要主旨。

在这个大数据的世界中，信息资源日渐成了极为关键的生产要素和社会财产，信息获取的程度、信息筛选和运用的能力日益成了衡量国家竞争力的重要标准。当然，我国也一直推广开拓网络经济空间，促进数据资源开放共享，实施国家大数据战略的政策，陆续发布了《政务信息资源共享管理暂行办法》《"十三五"国家信息化规划》《政务信息系统整合共享实施方案》《公共信息资源开放试点工作方案》等文件。从顶层设计到具体实行，我国政府坚持不懈地促进大数据共享开放落到实处，争取逐日提高数据开放的质量，加大数据价值的影响维度。从细分上来说，大数据共享有如下意义。

1. 资源整合，提升资源利用率

统一数据存储、共享开放、安全管理等职能，消灭传统信息化平台建设中的"竖井式"业务、"数据孤岛"、重复建设、资源浪费等问题。各业务系统均由各平台自行建设，系统集成度低、数据信息分散，数据标准不统一。通过共享开放平台整合信息资源库，为平台用户的各类应用及各单位乃至国家的应用提供基础数据资源，实现资源整合与利用率的提升。

2. 数据共享，提升工作效率

提供数据共享开放平台，实现多用户接入、多应用支撑。通过大数据共享开放的有利条件，融汇大数据各个使用者之间联系的数据共享通道，为保障高效、有序、可信的数据融合与开放提供技术支撑。通过平台资源的有序融合与整理，在数据储存与切换体系中能够考虑到数据可用或不可见、数据储存不搬家、数据点对点不间接切换等模式，进一步加大了交换效率。

3. 业务快速上线，提升信息化效率

在 IT 技术信息化与业务能力办理紧密结合的背景下，业务的要求与需求逐渐具有了"周期要求短、需求要求异、标准要求简"的特性。传统的建设方式，购买的流程冗长，布置的时间过长，已经无法精确地适应业务需求变化。大数据共享开放平台允许支撑数据的业务系统以及与其相关的其他各类部门的业务实操系统的数据融合与交叉，在同一时间，也可以为业务系统的数据储存提供更安全可见的储存方式，使得业务系统的部署上线省去考虑各级别与种类的数据层面的可靠性、可融合性、透明保障性等难题与矛盾，同时也为各业务系统的进一步开展、深化、修改等提供了有效的平台级的服务保障，进一步提高了信息化的效率。

4. 大数据应用，节约公共资源

大数据的发展，有利于节约投资、加强市场监管，提高决策能力；经过进一步增加对大数据信息的搜集、融合、分析、决策，依据有关的法律法规以及各个部门的要求对信息资源进行同类型的安排和混合利用，能够加大设备资源的有效利用率、防止再次建设，减少了许多不必要支出。

5.1.3 大数据共享的原则

数据共享通常需遵循以下四大原则。

(1) 科学性原则：数据共享的方法必须以科学合理为原则，尽量达到数据使用方的使用需要。

(2) 统一性原则：同一数据提供方的分享方式要一致，公共数据的代码应该参照国家相关标准（GB）或推荐标准（GB/T）。

(3) 扩展性原则：数据共享在设计初期就应该充分考虑到数据范围的扩展、时间增量等一系列问题。

(4) 安全性原则：数据必须在双方制定的限制范围内分享。

5.2 大数据共享机制的挑战

5.2.1 客体挑战

实现大数据的共享与混合需关注以下几点：共享的客体、共享的主体、共享的方式和共享的情况[41]。大数据共享就是必须将数据进行共享与融合，因此要攻克阻碍，搜集到全体的、有效的信息，才可以进一步找到隐藏于数据中的信息，从而创造更大的效用。

1. 大数据垄断[42]

对于很多特定的数据来说，其属性预示着这些数据的享有者并不同意与其他人共享。各个大型数据项目的搜集与融合，直到最后的完成都是依靠整个团体长时间的精力与心血的投入。因此，这些数据背后所凝聚的成本是十分高昂的，或者这项数据的享有者拥有在这个行业的绝对优势地位，自身已经形成垄断，故而不愿意与他人共享数据。

2. 大数据的时间效应

在当前全球信息化快速发展的背景下，大数据技术正助力各行业实现持续稳定的进步。数据分析方法也在不断进化，以往的离线、批量处理方式，逐渐过渡到实时、动态的在线分析方法，这一转变使得数据的时间价值被广泛认可。然而，数据的时效性也在一定程度上限制了数据资源的共享与整合，这在某些场景下成为一个亟待解决的问题。

3. 大数据价值

毫无疑问，数据是拥有价值的，它甚至可以被看作一种资产。因而，数据共享就是直接通过使用这种资产而盈利。同时，数据的共享还需要花费很多时间和精力去维持保护，如果没有相关的制度或奖励，那么数据享有者主动向他人分享自己所拥有的数据是一个小概率事件。此外，在进行分享和交融数据时，这些数据本身的价值与之前相比就会有一定程度减少。

因此独自持有数据在一定时间内拥有竞争优势，这种绝对竞争优势会随着数据拥有者的不断增多而逐渐减小，从而对数据共享与融合造成巨大影响。

5.2.2 主体挑战

1. 没有进行大数据分享

首先,数据共享的首要障碍在于人们普遍持有的"数据私有化"观念。许多数据拥有者认为,他们掌握的数据是获取财富和竞争优势的关键,因而对数据共享持保守态度,担心共享会削弱其市场领先地位和潜在的经济利益。其次,数据共享还使拥有者有安全顾虑。一方面,数据提供方可能担心共享后的数据使用不当,可能泄露隐私信息,或侵犯知识产权,对数据的安全性和保密性缺乏信心。另一方面,数据接受方也可能对接收到的数据的完整性、准确性和安全性持怀疑态度。这种相互之间的信任缺失,进一步加剧了数据共享的难度。为了克服这些障碍,需要建立一套完善的数据共享机制,包括数据使用规则、隐私保护措施、知识产权保护及数据安全保障等,以增强各方的信任感,促进数据资源的有效共享和融合。

一项针对生物多样性领域科学家的调查揭示了对数据共享态度的显著差异。调查结果显示,超过 90%的受访专家认为数据共享对于科学研究至关重要,并且愿意分享已发表研究的相关数据。然而,同样有超过 65%的科学家对于共享未发表的原始数据持保留态度。这一发现反映出生物多样性研究者在数据共享的认识和技术能力方面面临多重挑战。首先,对于与同行竞争的担忧是阻碍数据共享的一个重要因素。其次,许多科学家认为他们未能获得与数据共享相匹配的适当补偿。此外,对数据存储机构的不了解和不信任,缺乏简便的数据提交流程,以及在数据管理和维护上的时间、精力和资金不足,也是导致数据共享障碍的关键原因。

2. 无能力参与大数据共享

在所面临的情况中,虽然有一部分主体愿意进行数据交流与交换,然而碍于信息交流与交换的重重阻碍,他们很难成功进入数据共享的过程。第一,自身的能力与技术不够成熟,如获得数据的方法十分有限,共享数据的质量不够高,运用的数据技术不成熟等,因而数据共享的过程有非常多的难题。第二,社会相关政策和文化的变化会对这些交流与共享造成很大的影响。如果社会大环境对于数据共享持否定的态度,那么在具体的操作中,数据共享技术是没有办法取得巨大突破的。

5.2.3 手段挑战

1. 共享技术不成熟

大数据相关技术作为数据共享这一活动能否成功开展和前进的核心前提,是十分重要的。如果技术支持不够有力,那么对数据共享所造成的挑战是无法估量的。对于传统数据共享技术,它们拥有文件传输协议(file transfer protocol,FTP)技术、Web Service(网络服务)技术等。

当然，这样就特别容易造成在共享数据后，碍于技术因素，无法访问原始数据。所以，对这些数据进行格式的统一和维护就很关键。此外，相比于小数据时代，大数据的共享与融通对数据传输量、传输速度、传输容错率以及数据接口有更高的处理要求，因而新兴的数据技术(如云计算、Hadoop架构等技术)不断发展，达到大数据共享与融合的要求。

2. 共享与交换平台缺乏[43]

数据共享不仅需要各种技术手段，还要具备各式各样的共享平台。这些平台可以提供数据发布、目录维护、系统配置等基础服务；并且能够改善数据传输的效能，支撑不同层级数据量的应用系统的数据输送；汇集数据共享申请、审核、交易等各项功能，实现跨越行业与区域的数据分享和应用分享。如果没有数据共享平台或缺乏统一的数据交换平台，就一定会造成投资的无效和重复，进一步增加接口的复杂性，更会让"信息孤岛"现象频发，进而阻碍数据资源的相互融合。

5.2.4 环境挑战

1. 安全与隐私威胁

安全与隐私两大问题，在大数据概念产生后就一直紧紧跟随其左右。大数据虽然能够十分有效地考察和判断出主体的行为以及整个大行业的发展趋势，但是也会伴随安全方面的困扰。在数据的运用过程中，充分保护隐私不被泄露，信息依然安全，成为首要的难题。毕竟，在进行了共享之后，一旦发生问题，就很难再对这些有问题的细微数据进行追踪和调查，因此，很难界定需要保护的信息的隐私范围。界定何种行为是侵犯，如何管理侵犯行为是大数据共享面对的最大阻力。

2. 知识产权模糊

在当今社会，各类数据的重要性正在不断地增强，尤其是在商业领域。随着这些数据价值的上升，其产权问题也应运而生。数据的产权是指个人或组织对数据拥有的独占权、获益权等。大数据具有4V[Volume(大容量)、Variety(多样化)、Velocity(高速)、Value(价值密度低)]特点，并不能自发地为人们总结出想要的信息与价值，因此这些信息必须靠人为地挖掘，那么在形式、结构、内容等方面，新的数据集成果是原创的，挖掘前的数据和共享后的数据都是原创的。所以产权归属问题就成为数据共享的基本要求，但是在当前的大环境之下，对于数据的产权归属问题还没有一个统一的认识。

3. 不良共享氛围

通过一系列的实践可知，在氛围有利的情况下可以促使数据共享，反之则会阻碍。比如，一些企业或个人为了在与他人的竞争中占得优势，很有可能会缺乏合作和奉献精神，形成一种数据利己主义。如果另一些企业或个人受到某些利益的诱惑而不坚持自己的立场，产生了不尊重他人劳动成果的行为，则会妨碍数据活动的共享进程。

4. 激励机制缺乏

如果缺乏足够的诱发数据共享的潜在能量的外部环境，以及没有相匹配的考核制度或者评价制度，那么数据的分享者就会因为没有得到认同而对于数据共享产生退缩的想法，从而失去进行数据共享的动力。

5. 标准与立法不完善

只有建立全面的法律体系才能够保障大数据共享。大数据立法应包含数据建设、数据保存、数据应用及隐私安全四个层面。

在数据建设方面，数据共享的前提是有统一的数据格式、数据建设分工及为促进数据交流而投入的经费等，因此要有相对应的行业规章制度对此进行约束；在数据保存方面，每个部门都有保持数据完整性的责任，而且应该有相匹配的规章制度来进行监督，以确保数据的安全；在数据应用方面，各个部门存在拒绝公开和分享数据、数据使用权限含糊不清的问题，应该通过制定相关法律使数据的公开和传递成为强制性要求；隐私安全需要明确划分，否则无法根据违法行为制定惩罚标准。

如果对数据立法和保护的力度过大，就会阻碍对数据的挖掘，影响数据的商业挖掘力度，一方面，管理用户信息的权利被严格控制，导致深度挖掘大数据带来的创新福利被明显减弱；另一方面，严格管理带来的高额管理成本（尤其是在跨部门跨行业的合作之间），也增加了运作成本。因此，政府应该在数据保护和数据融合之间找到一个折中方案。

5.3 大数据共享机制的国内外发展现状

5.3.1 国外大数据共享发展现状

很多发达国家已经认识到大数据带来的利益，从国家层面进行了战略部署。美国启动"美国全球变化研究"项目，目的是建设"全球变化数据信息网络"，最终建造成为最优秀的科学数据共享体系，将数据完全开放，数据管理过程中由国家统一筹划，充分发挥各部门的作用。日本在2013年6月发布了新IT战略——"创建最尖端IT国家宣言"，宣称要建立一个跨越各个部门的信息检索网站，有利于企业使用政府丰富的数据资源。其中比较隐私的公民信息等问题将由政府牵头成立专门的研究机构进行集中讨论。

5.3.2 国内大数据共享发展现状

随着时代的发展，我国越来越重视大数据的重要性。2015 年，国务院印发《促进大数据发展行动纲要》，要求重点推动政府信息系统和公共数据互联开放共享。通过加快政府信息平台资源汇总，明确各部门数据共享的范围和管理方式，明确各部门的责任和义务，依托平台进行部门之间的信息共享，消除"信息孤岛"现象，逐步推动中国转变为数据型社会。2015 年，贵阳大数据交易所顺势成立，致力于建设"中国数谷"，交易数据类型涵盖诸多方面，包括工商、专利、交通等。围绕"融合、开放、安全"的发展方向，中国已经走在了数据创新的大路上[44]。

5.4 相关技术简介

5.4.1 区块链技术

1. 区块链基本概念[45]

区块链(blockchain)是近年来以大数据为运用背景而发展起来的极具代表性的技术之一。经过不断发展，区块链由于去中心化信任、完全分布式等显著优势，彻底改变了传统的金融、医疗、物联网等行业，具有突破性的成就。区块链指的是可拆分为区块和链两种数据结构，块(block)指的是可以保存某个时间段内全部交易数据的数字区块；链(chain)指的是由很多个具有时间标识的块互相链接，形成一条没有间隔而且只有一种顺序的链式结构。从技术角度上说，区块链是一个公共的数据库，包括多种数据要素和技术组合。随着区块链技术的不断深入，已经可以根据不同的应用场景对其进行修改以适应不同的工作环境。

从参与方角度上分类，区块链可以分成私有链(private blockchain)、公有链(public blockchain)和联盟链(consortium blockchain)三种。公有链对全网公开，所有用户不需要经过授权就可以直接查看区块链节点全部数据并进行交易活动，这意味着区块链可以真正做到完全去中心化。密码学确保不可恶意篡改性，密码学验证与经济激励机制交叉应用保证其共识机制，使其形成完全扁平拓扑结构的信用机制。但是由于公有链不能确保所有的节点都是可信任、按照预定规则运行的节点，所以共识机制通常选用工作量证明和权益证明。用户在节点共识中充当的角色由它们所掌握的网络计算资源和占用资源的比率来决定。目前比较突出的公有链如比特币、以太坊等，由整个网络世界一起维护，安全性相对比较高，一般会使用在数字货币等领域。

联盟链由参与联盟的成员节点构成，成员和机构一起商量制定区块链网络的共识规则。此类网络想要在区块链上进行读写操作就必须要求获得联盟的注册许可，所以这类节点数量比较少,通常需要确保参与方都是可以被信任的。同时,因为它对交易延迟等的要求比较高,因此更多选用快速共识算法。其中具有代表性的应用场景有 R3 与 Linux 基金会的超级账本(Hyperledger)项目,都是为了解决特定场景下数据共享等的可信任问题。

私有链通常是非公有组织在使用,机构成员内部自行规定读写权限和共识规则,使各个部门间协调运作,实现一致的、可信任的交互是私有链最大的意义。

2. 区块链架构

《区块链:新经济蓝图及导读》认为可以从不同发展阶段角度来对区块链的架构进行分类,主要包括三种方式。

(1)区块链 1.0 架构。区块链 1.0 是最初期的虚拟货币的基础技术,可以进行多种数字货币基础业务,比特币预测未来的应用趋势是,比特币系统会比比特币白皮书出现得更晚,之后会逐渐改善板块的性能。区块链建立在 P2P 架构的基础上,只具有客户端,没有设置服务器端。之所以这样,是因为全部的客户端拥有相同的地位,只有专门应用于区块链 1.0 客户端的 JSON RPC 服务端才可以被称为服务器端,这个部分只用于面对区块链交接互联的 HTTP、JSON RPC 接口,并不是与网络有关。区块链 1.0 架构如图 5-1 所示。

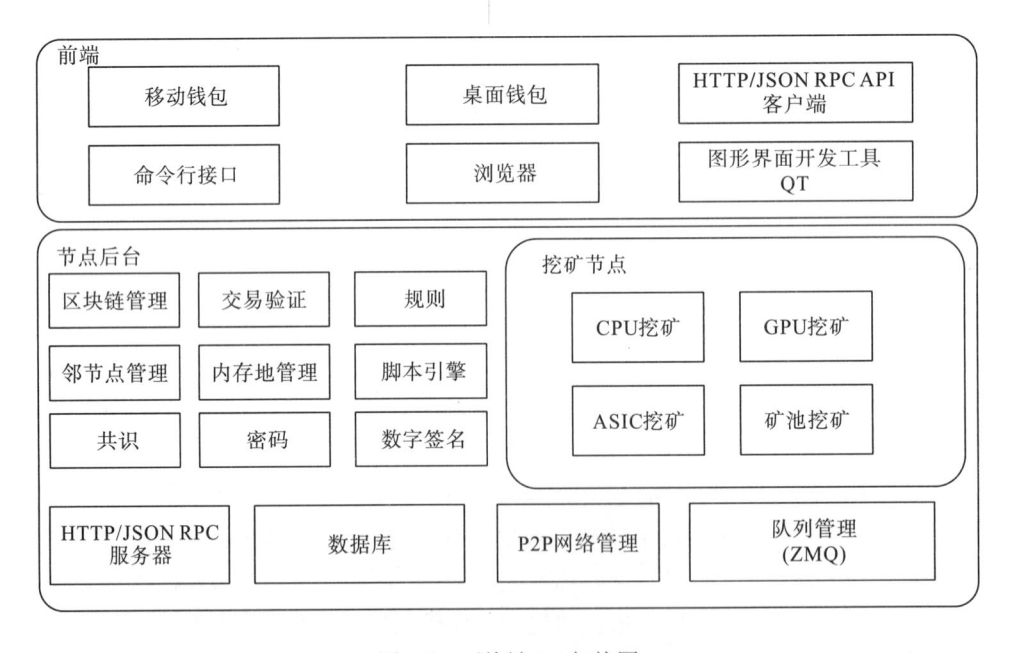

图 5-1 区块链 1.0 架构图

(2)区块链 2.0 架构。虽然 1.0 架构允许交易备注,使这种类型的区块链能够相对较灵活,但在数字货币以外的业务可以发挥的功能比较有限。这些年,IT 行业比较重视把区块链与其他行业进行融合,将其应用于现实问题。因此,区块链 2.0 应运而生,它的关键理念是通过智能合约,使得区块链具有可编程的特征,不只是将区块链当作对数字货币进行加密，而且通过添加新组件，带给使用者更多层次的业务体验。最典型的是以太坊区块链，结构如图 5-2 所示。

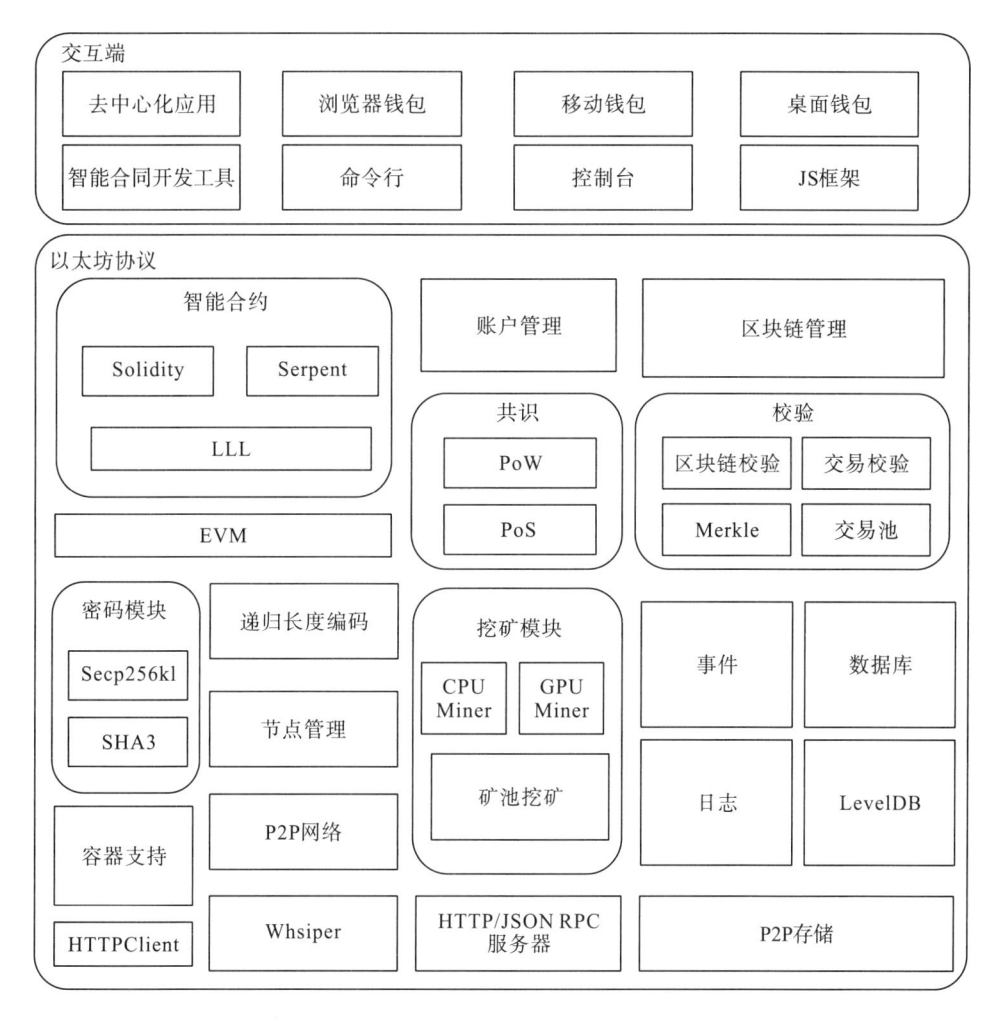

图 5-2 区块链 2.0 架构图

(3) 区块链 3.0 架构。区块链 3.0 通常表示除金融交易外的其他业务。这种类型的区块链是公司联盟链或私有链。但是直到现在行业内都没有出现一个运行良好、发展良好的区块链 3.0 平台，而目前比较满足区块链 3.0 定义的平台架构如图 5-3 所示。

3. 区块链应用

区块链的可使用范围非常广泛，包含多个领域，其中智能物联网、供应链自动化管理、产权登记的业务进展较快，比较实用。

智能物联网。通过区块链建立分布式的物联网信用制度，集中管理智能设施。典型的方案有建立在区块链基础上的电能管理等。

供应链自动化管理。现在因为各种安全问题，客户希望能够了解自己购买的食品从生产到运输到自己手中的变动情况。但是由于商品供应链较长、转手次数过多、管理方面很难协调好关系等各种问题，客户通常不能够及时得到货流信息。可以建立一个统一的管理平台，每个参加的人在平台上共享信息，每个参加的人不能修改或者利用供应链的信息，但是供应链可以追踪在供应过程中所有状态的变化情况。

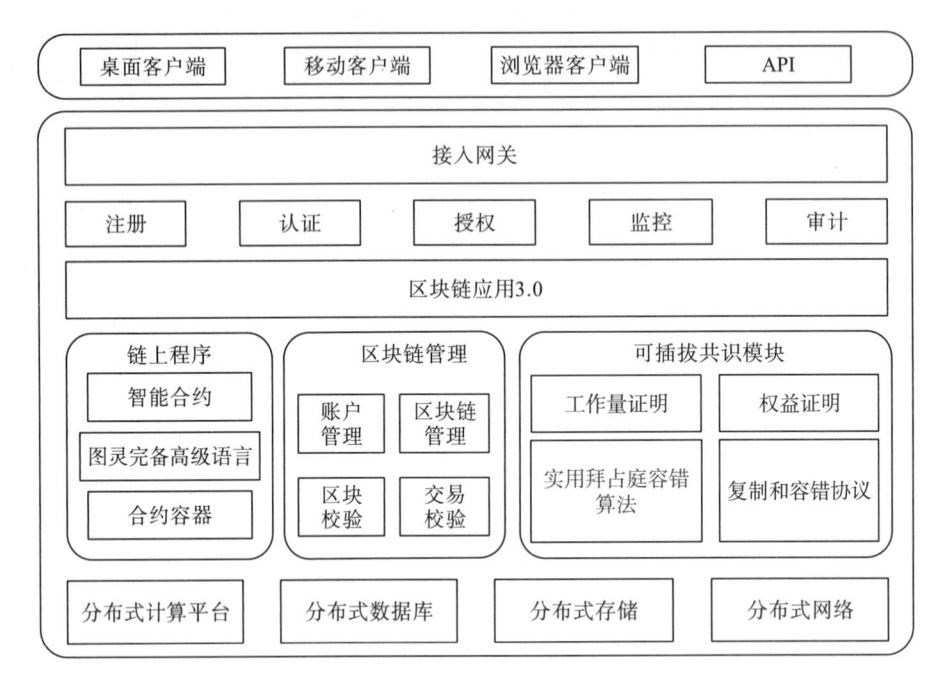

图 5-3　区块链 3.0 架构图

产权登记。动产、不动产等的信息都可以通过区块链技术来保存，这样可以确保上述信息的正确性、完整性，而且不会被随意改动并且可以进行审计工作。

5.4.2　以太坊

1. 虚拟机与智能合约

以太坊[46]的关键是"图灵完备的"以太坊(Ethereum)虚拟机，可以支撑各类算法，能够使用相对应的计算机语言设计应用。以太坊提出基于以太坊区块链的加密货币(Gas Token, GAS)的理念，即每次交易和产生合约应用都要求耗费 GAS。

GAS 的耗费有三种方式：①要求进行指定内部抽象运作时；②需要对合约进行 Create 或者 Call 运作时；③需要添加用户账号内存使用量时。

设 Ethereum 网络的 status 为 o'，合约运行残余的 gas 为 g，假如另外的数据都涵盖在元组 I 中，组件变动状态函数为 ξ，o' 为组件运转后情况，g' 为运行后残余的 gas，s 为终止操作的合约列表，l 为记录列表，r 为运行后返回的 gas，o 为合约运行的输出，那么以太坊合约状态运行后可以表示为

$$(o', g', s, l, r, o) = \xi(o', g, l)$$

智能合约[47]是计算机协议的一种，只要设定了即可以自行运转和检验，不需要对其进行过多的操作。以太坊上的智能合约是一段代码块，主要保存在区块链上而且能够在以太坊虚拟机(Ethereum virtual machine，EVM)上进行运算。与其他区块链平台相比，以太坊上进行合约编写非常方便。Solidity 因为具有高可读性、简单易用的特点而广泛流行，是以太坊合约支持的设计语言之一。

2. 以太坊应用

以太坊区块链的技术支撑者是创始人 Vitalik Buterin(维塔利克·布特林)带领的技术设计队伍，这个队伍成立于 2013 年底，在 2014 年 3 月发布以太坊第三版测试网络，在细心调校下，该团队在 2016 年 3 月发布以太坊稳定版本 Homestead，它是一个比较稳定的去中心化应用设计平台。

以下主要介绍这个团队为开发去中心化应用提供的几个主要技术，包括以太坊客户端、以太坊客户端连接方式等。

以太坊客户端又称为以太坊节点，它将以太坊制定的密码技术等区块链技术联系起来，是按照 Ethereum 协议运行在计算机操作系统上的程序。其中流传度和应用度最广的是 Go 客户端(go-ethereum)和 Rust 客户端，它们可以为用户与 Ethereum 交互提供挖矿、与不同地址的账户进行沟通交易等功能。

以太坊客户端是建立在 JSON-RPC 接口上与外界进行交流联系的，如果仅仅针对 JSON-RPC 接口进行设计，那么会给设计者带来很大的工作量，所以必须有 JSON-RPC 协议等的支撑。所以，以太坊行业内提供了众多库文件以便设计者进行交互开发，其中 web3.js 是最受欢迎和最实用的。以太坊还提供了很多代码调校和编译工具，最经常被使用的是在线编辑器 Remix，它可以随时进行合约编译运算和调校，而且支撑全部版本的 Solidity 语言。不只是编译功能，以太坊还提供了多个统一设计场景与架构，如 Truffle、Dapple 等。其中 Truffle 因为有比较成熟的开发场景、设计框架和资源管控，成为使用范围最广、发展速度最快的架构。

第6章 交叉行业数据共享需求与建设现状

6.1 总　　述

　　水资源安全成为当今社会的热点问题。目前，我国的水资源问题也不容小觑，人均水量的不足与水资源的污染给国家带来了巨大的压力，急需采取相应的措施来解决这些问题，同时还要方便居民用水，提升居民的生活质量。这就需要从问题的本质出发，通过管理或者工程的建设来解决水资源面临的严峻问题。因此，在此大背景下有一个行业如破竹之势般兴起，即水务及其相关的行业。位于长江、黄河两大流域的周边城市，水务行业便成为其产业支柱与经济支柱。尤其是地处西南的重庆，它邻靠长江及其支流嘉陵江等。同时，嘉陵江作为长江上游重要支流，为重庆等10余座城市提供饮用水源。因此，各个流域生态系统整体性保护工程具有重要意义。

　　过去数十年我们见证了工业时代的飞速发展，但工业发展也对江河、湖泊造成了严重的生态威胁。尤其是污染源临近流域的城市，由于饮用水取水多数以水源地就近取水为准则，且受污染的河流自修复能力远远不及被污染速率，导致沿江城市居民饮用水安全长期遭受威胁。就当前形势而言，应坚持重点凸显，全局防治，增强多项措施的强耦合性，以加快解决工业发展遗留污染问题，为居民饮水安全提供有力保障。尽管可以利用强化治理优势来推动各地经济与水务工程的发展，但是"先污染后治理"的模式是无法真正推动社会发展的，唯有在保护好生态环境的前提下发展社会经济才能顺应时代变化，因此在面临此类建设性问题时，必须稳中求进、稳健发展，在建设的同时也要保证生态环境的可持续发展。在发展的同时，也应该注意一些相关问题及其交叉行业的建设，在这个建设中仅仅依靠某一个团体或者某一个地区的力量是远远不够的。在信息化时代，各种信息及其传播媒介数不胜数，在建设过程中会产生各种各样的数据。在这些数据中，有些数据是我们所需求的，如何在短时间内最大效率地提取到我们所需要的数据呢？由此在这个建设过程中就出现了一个名词——数据共享，而本章所要阐述的就是重庆市水务及交叉行业数据共享需求与建设现状。

6.2 跨行业数据共享需求

　　什么是跨行业数据共享需求？如何实现？这个共享需求关系的现状如何？要想解释清楚这些问题，首先就要弄清楚什么是数据共享。通常我们所说的数据共享是指在不同地方使用不同计算机、不同软件的用户能够读取到其他人的数据并进行各种分析和操作运算，数据的获得简单、方便。数据共享的前提是搭建一套完整的、统一的数据交换标准，其格式必须规范化、标准化。而数据共享的覆盖面积或程度可以直接或间接地反映一个国家或地区的信息化发展水平，且数据共享程度与信息发展水平两者的相关性呈正相关。

数据共享的实现，可以为更多的工作者或业余爱好者提供更为全面的数据共享信息，在这个融汇大量数据的数据库里，每位用户都能够在最短的时间内找到自己所需要的数据，极大地提高了工作效率。水务工程在建设过程中需要大量数据信息，数据共享加快了该行业的发展。水务工程的建设又涉及很多交叉行业，所以更需要大数据的支持，因此对数据共享的需求更大，整个建设过程也与数据的共享息息相关。

6.2.1 水务行业-城市生态环境主管部门

水务行业指由水源管理、水源供应、水流排放以及污水处理等多个产能组合而成的一类拥有成熟产业链的产业。水务产业是包括中国在内的所有国家与地区最基础的都市服务产业之一，城市供水涉及城市生活的方方面面。随着中国城镇化的快速发展，水务产业的重要性越来越被国家重视，目前我国已经有相关的法律法规在对其进行监管，政府方面也在不断完善对相关部门的建设。在社会主义市场经济条件下，多主体参与是目前水务行业发展的主要方向，同时相关水务技术水平也在日新月异地发展，合理安排供水管网的目标也在逐渐实现。因此，水流供应的能力得到了极大的提升，水务行业产业化、市场化的进程也被提上日程，水务投资和经营企业的发展呈现出一片良好的局面。

水务行业具有其独特特征，使其在社会发展中独具优势，因此必须深入了解该行业与众不同的特征，才能使得水务行业更加稳定、快速地发展。水务行业特征见表6-1。

表6-1 水务行业特征

特征	主要内容
垄断性运营的属性强	水务行业大部分环节都是非常具有代表性的自然垄断环节。水务行业是资本聚集度很高的产业，而且自来水管网等固定基础设施的使用寿命通常比较长，水流供应处理设施一般可以使用25年左右，而输送配置水管线管网的生命周期通常是50年及以上，因此通常情况下一家公司进行水务经营就可以满足当地多年的水务需求，如果更多企业进入反而容易形成恶性竞争关系，造成不必要的资源浪费
变动较小，发展较为稳定	中国的用水结构一般变化不太大，工农业以及生活用水三者合计在98%左右。长远来说，对水源的使用效率会提高，工业方面对水的使用效率也会相应上升，而由于城市化的发展居民用水在未来的用水空间也会增大。而且由于供水行业的波动较小，价格由政府统一调控，所以即使在未来，中国的水务产业变动也会比较小
市场化程度水平低、行业盈利水平较低	①水务行业的创新化经营和市场化难度较高；而且由于种种原因，不少地区的水价远远低于实际供水所付出的成本，供水企业连年亏损 ②在计算城市水价时，一般只考虑到了水的纯粹成本，但供水环节中的各种基础设施成本和处理费用没有得到重视。水价处于一种偏离市场合理价格的状态。基于各种因素，我国的供水企业在经营模式上形成了"低水价+亏损+财政补贴"的经营态势，造成了目前市场化程度水平低、行业盈利水平较低的局面

生态环境主管部门是保障各城市生态环境的重要职能部门，其主要职能为开展环境污染事故调查，监督环境污染防控的落实，研究不同地区、不同污染形式的环境修复及保护策略等[49]。然而，2018年11月北京市在执行机构改革中将市生态环境主管部门的职责进行了调整：在保障全市生态环境的同时还需要承担市发展和改革委员会应对气候变化和节能减排的职责，并将市国土资源和房屋管理局、市水利局、市农业委员会等多个管理部门的有关职责融合组建成生态环境局，作为政府组成部门。

生态环境主管部门的机构职能与水务行业相互交流、融洽配合，使城市化建设更为和谐地发展。例如，重庆市需要新建一个大型工业厂区，建厂的前提条件必然会涉及供水问题、修建过程中不可避免的污染物排放与其他环境污染问题，以及厂区选址等一系列问题都应该与生态环境主管部门沟通，先由新建厂区所在地相关部门根据国家关于环境保护方面的法律、法规和政策来起草一份该地区相关地方性环境保护草案、政府规章草案以及污染物排放标准草案，交由上级生态环境主管部门审核，草案通过后，重新拟订一份正式的环境保护策略。然后，将供排水预算提交给水务有关单位并预算每吨水的合理收费，且严格按照环境保护政策实施方案，最后由生态环境主管部门进行监督。这些措施有利于社会经济发展的同时也能更好地保护生态环境。

某些重点流域污染的防治规划、饮用水水源地环境保护规划以及地方污染物排放标准和国家规定项目以外的地方环境质量标准，这些都是由城市生态环境主管部门来拟定的，然后交由水务单位实施并监管其可行性。除此之外，一个地方的环境保护制度和环境功能的区划都是由当地生态环境主管部门来进行拟定。以上例子可以清晰地表明，以单一的职能部门或行业维持社会各行业的长期发展并不能较好地服务于社会，相反可能还会成为阻碍社会发展的瓶颈。因此，多种行业的交叉运行是保障城市经济与环境协同发展的重要策略。

6.2.2 水务行业-城市住建主管部门

城市住建主管部门是管理城市建设、市政建设、市容卫生、绿化等多项事业的部门[50]。该部门的职责主要有：一方面，承担规范城乡建设管理秩序的责任；另一方面，推进统筹城乡建设的责任。由于各地均具有各自的特点，因此各地会根据自身的特点对其职能部门进行必要的调整。2018年10月，重庆市按照《重庆市机构改革方案》[51]要求组建了重庆市住房和城乡建设委员会，并将原有的市城建委的职责与其他多个部门的职责进行整合。新组建部门的主要职能见表6-2。

表6-2 重庆市住房和城乡建设委员会主要职能

职能	主要内容
负责勘察设计行业的监督管理	负责规范勘察设计市场秩序；负责建设工程勘察设计企业及从业人员的资质资格管理；负责房屋建筑和市政基础设施工程建设抗震设防的监督管理；指导城市地下空间综合开发利用和城市雕塑工作
统筹推进城市基础设施建设工作	拟订城市道路桥梁隧道及其附属设施等城市基础设施建设政策、规划并组织实施，负责项目的储备、前期工作和协调推进。协调推进房屋建筑和市政基础设施市级重点项目建设。负责对具有历史文化价值的建筑和街道进行保护建设管理工作并指导修复建设

续表

职能	主要内容
负责城市提升工作的全面统筹,强化统筹职责,提升统筹能力	拟订城市提升相关政策、规范、标准并监督实施。牵头推进城市提升行动计划,统筹推进城市提升相关前期工作和项目协调。负责统筹协调"两江四岸"规划、建设、管理等具体工作,拟订"两江四岸"建设管理办法及相关规范、标准并监督实施,统筹项目进度安排、推进实施、监督检查、效果评价等工作
统筹城市人居环境改善工作	对城市管线进行全方位的建设,制订城市管线全方面管理调控制度,统一规划城市综合管道走廊的建设与管理。牵头协调推进海绵城市建设、主城区"清水绿岸"治理提升工作
负责城镇排水与污水处理的监督管理	拟订城镇排水与污水处理政策、标准、规划并监督实施。负责城市污水处理厂建设、运行、管理和城市排水(雨水、污水)管网建设、维护、管理。负责城镇污水处理费征收的管理工作。负责城镇排水监测的监督管理。牵头负责城市排水防涝工作。指导区县城市排水与污水处理管理工作。指导乡镇污水处理管理工作
负责建设科技推广应用	推进住房城乡建设科技研究开发与成果转化。指导住房城乡建设新技术示范、推广、应用。承担行业信息化、智能化等管理工作。组织编制工程建设地方标准并监督实施。推进建筑产业现代化,负责工程建设标准化工作

总体而言,水务行业与城市住房和城乡建设主管部门均属于基础社会服务性质,与城市居民的生活息息相关。与水务行业-城市生态环境主管部门相比,水务-城市住房和城乡建设主管部门主要呈现出相辅相成、互融互通的局面。以污水处理为例,城市住房和城乡建设主管部门主要负责编制污水处理标准与实施规划,负责城市污水处理过程中的运行管理与处理费征收管理等各类工作;污水处理则是水务行业产业之一,污水处理过程需要相关的标准或政策为理论导则,工艺技术作为核心架构,运行管理作为调度策略,以实现污水处理的真正达标排放。水务行业与城市住房和城乡建设主管部门互支撑,为社会迅速发展提供了有力保障。

6.2.3 水务行业-城市规划和自然资源主管部门

重庆市规划和自然资源局与市生态环境局、市住房和城乡建设委员会类似,均是在机构改革期间新组建而成的政府职能部门[52]。它是将原重庆市规划局的职责与其他多个部门(如市国土资源和房屋管理局、市水利局等)的有关职责整合而诞生的一个更具执行力的综合管理单位。其主要职能见表6-3。

表6-3 重庆市规划和自然资源局与水务相关的主要职能

职能	主要内容
履行自然资源资产所有者职责和所有国土空间用途管制职责	贯彻执行国家对于自然资源和国土空间规划及测绘等方面的法律法规,制定相关规章制度
负责自然资源调查监测评价	起草与自然资源相关的调查监测体系和标准,构建集中标准的监督评估体系。对自然资源进行全面基本的调研、专项调查和监测。对公众公布调查到的自然资源的数据。对下级区县的自然资源等相关工作进行指导和监督
负责自然资源资产有偿使用工作	在全市范围内建立全体公民共有自然资源资产合计体系,对所有公民的自然资源进行计算并制作相关的资源拥有表,制定考察标准。担负自然资源评估的工作,并依照法律没收相关资产获益

续表

职能	主要内容
负责自然资源的合理开发利用	起草全市范围内的自然资源长远计划,建设自然资源使用规格和尺度并执行,制定由政府公布的自然资源价格公示表,预估自然资源等级、价格。对全市自然资源交易活动进行监督。组织探索如何才能实现对全市范围内的自然资源进行统一规划的政策措施
负责统筹国土空间生态修复	带领制定全市范围的自然资源保护和维修工作。对全市国土空间综合整治等工作进行认真处理。带头组建和执行生态保护补偿制度,制定合理利用社会资金进行生态修复的政策措施,提出有关重大备选项目

从职能的角度而言,城市规划和自然资源主管部门与水务行业两者之间存在既相互独立又紧密联系的关系。以表6-3中重庆市规划和自然资源局第一条职能为例,其主要职能体现在管制自然资源用途方面,而作为水务行业纽带的水资源则是自然资源中不可或缺的组成部分。

从两者相互独立的关系而言,城市规划和自然资源主管部门与水务行业各自履行着其独特的职能,如水务行业中的污水处理运营管理与城规划和自然资源主管部门的耕地保护监管职责;从相互依存的视角而言,两者存在着互相支撑、共同发展的关系,如城规划和自然资源主管部门对水资源执行测量工作后对其进行合理的规划与分配,资源分配完成后由各地的水务管理单位对资源进行合理的利用。因此,城市规划和自然资源主管部门与水务行业两者的交叉作用不仅可以为彼此带来更为广阔的发展空间,同时也能为社会的发展提供推动力。

6.3　重庆市水务行业数据共享建设现状

水务交叉行业的发展将会对彼此产生良好的经济效益,同时开展良好的交叉业务来往,对社会发展大有裨益。当然,交叉行业的实现必须以数据信息作为纽带,它将彼此的信息进行筛选、匹配,最终实现两者或多者的高度关联,因此数据信息的共享机制建设对于实现行业交叉是至关重要的。人类对数据信息的探索从未停止,IBM在1956年研制出人类历史上第一块机械硬盘IBM 305 RAMAC,这是人类在数据信息记录方面的一次创举。前人的经验与思想为后代学者对信息记载的研究提供了基础,使得数据存储技术得到飞速发展,且数据存储方式趋于多元化。在高度信息化的当下,水务行业相关的历史数据经历了数年的沉淀,其冗杂性与庞大性给水务工作者对数据的挑选与运用带来了巨大的挑战。例如,前些年我国的信息储备形式主要趋向于利用云计算机来实现,其主要媒介包含云计算机、GIS、物联网和社交化媒体,此类信息收集软件常常会涉及用户身份、时间、地点等一系列的数据。因此,在进行数据共享的网络链中,需要对数据类型进行一定的筛选工作。

目前,随着数据分析与处理技术的不断发展和某些数据软件技术的持续创新,国内的数据共享机制[53]主要是以大数据为依托的人工智能来实现。各地区依据当地特点制定了独具特色的云计算及互联网等产业的规划,但是由于人工智能技术还未普及,某些地区仍然处于信息堆积阶段。重庆市目前水务数据共享模式已启动大数据与人工智能协同处理数据以实现信息精细化处理,从而在一定程度上提高了数据的收集和处理能力,间接提高了水务行业的发展速度。尽管大数据与人工智能协同实现数据处理的方案与先前的云计算或GIS等方法相比取得了显著的进步,但是以大数据为依托的人工智能对数据进行收集、处理与共享的模式具有模型受限、价值偏低和路径狭窄等问题。

6.3.1 水务行业内部建设现状

水务行业是指提供和生产水务产品及其服务主体的集合,如再生水的生产与利用、污水处理后对所产生污泥的处理处置等。城市自来水服务与城市污水处理均是由水务系统提供的,此外,它还担任着公共服务中的主要角色,是城市化建设的重要组成部分,对社会经济发展的促进与城市居民生活质量的提升发挥着至关重要的作用。换句话说,水务行业仍隶属于社会服务业,而服务业的核心思想是以优质服务为主线,让用户享受更加便捷与更为舒适的服务过程,提高用户的生活品质。

水务行业的内部建设与其产业链存在着密不可分的联系。水务行业的产业链主要由制造、输送、零售与处理多个环节组成,其内部建设机构依据产业链环节组建内部建设领导小组、实施小组与监督小组的组织架构,各组织架构的职责分布见表6-4。

表6-4 水务内部建设[54]各组织架构的职责分布

组织架构	主要职责
带头小组	(1) 负责任务的整体规划和调控; (2) 对工作中的重大事项进行协调、管理、调整
执行小组	(1) 提出项目内部具体的工程计划和行动方案; (2) 组织各部门对项目进行整体的风险预估; (3) 建立单位内部的质量控制系统; (4) 及时处理在项目内部发生的各项事务; (5) 按时并及时向带头组长汇报当前的工作进程以及出现的问题和解决对策; (6) 编制内控体系建设目标并组织执行
管控小组	(1) 严格复检执行小组提出的内控体系的有效性、合理性和可执行性; (2) 编制内部控制和评估体系; (3) 及时发现项目内部出现的各项问题及并责令相关部门及时更改; (4) 编写内部监督和管理报告,及时向带头小组汇报; (5) 制定明确的内部监督流程、管理体系以及监管的时间、频率、措施和范围; (6) 对管控小组的监管结果和自我监管的成果进行内省和监察

从表6-4可以看出,水务内部建设明确了各个组织主要承担的工作内容,而各组织的工作内容必须建立在行业内部控制制度的基础上,只有这样才能体现出各项工作的价值。水务行业内部建设制度的主要内容可归纳为五部分,详细内容见表6-5。

表 6-5　水务行业内部建设制度的主要内容

制度	主要内容
建立良好的控制环境	建立水务行业风险观念[55]，分辨各个层级的风险水平，明确对这些风险的接受程度，制定好解决风险的具体步骤；提高对水利工程建设过程的监管力度，促使内控体系能够真正有效得到实施；加强从业人员对于内部质量控制的意识；增强从业人员的道德文化水平以及专业技能水平；重新规划水务企业的组织内部结构设计体系，建立真正有效促进行业健康发展的行业模式；对组织内部的权力和责任进行明确划分，做到权责到人，并且做到权力不滥用、责任要完成等
进行合理的风险评估	风险是把双刃剑，既存在获利的可能，也存在亏损的可能。而在内部控制中通常认为风险会带来不利的方面。通常外部因素构成外部风险，内部因素构成内部风险。而且由于风险的存在，风险评估会变得比较复杂，因为要随着不同风险的变化而变化，这使得企业内部可能因为没有及时察觉风险变化而做出错误的决策
实行有效的控制活动	真正行之有效的内部控制体系可以准确指导管理层发现风险，找出风险的解决措施并及时解决风险，保证工程能够顺利进行。进行风险评估是进行风险管控时必不可少的一步，而且必须是针对风险做出的评估。对于授权批准、业务经办等互不相容的工作分类，必须针对其工作特性进行职责分离，针对性地开展内部控制工作，否则很难进行
加强信息沟通，提高内部控制效果	相关部门必须与时俱进引进成熟有效的新技术，目的是提高水务行业的信息沟通能力以及信息收集能力，建设更高水平的管理沟通信息系统，确保各部门之间的信息共享和有效沟通，以提高内部控制的实际效能
内部控制的再监督与再评价	水务行业的相关主管部门应当适时对当前的内部控制方案进行评价并提出自己的意见，监督当前内部控制的实施效果。这项工作的核心是检测内部控制系统的有效性，先监督再进行评价，可以提出更加具有针对性的问题，并责令相关企业及时整改，这样才能真正体现出内部质量控制体系的效果

虽然重庆市水务行业内部建设正在逐渐完善，但是与建设内容相比仍然存在着明显的差距，造成显著差距的主要原因是执行力度不足以及相关监督管理部门监管不到位等。

6.3.2　水务与交叉行业建设现状

随着信息化时代的飞速发展，国内水务行业的市场发生着根本性的变化，数据冗杂且繁多等因素造成了发展饱和的状况持续发生，使得国内水务业不得不寻求新兴的运营模式，通过提升自己的核心竞争力来维持自己的优势市场地位。水务行业作为一类服务业支撑着各行各业的运营，如水务与餐饮行业、水务与医疗服务业、水务与机械制造业等，这些行业的发展与水务行业息息相关。由于水务行业具有区域垄断性、地域局限性、社会公共性等，因此其产品及服务的需求弹性小，受国家或地区调控较多，且受政策性影响较大。产品及服务所具有的一系列特点决定了水务行业的崛起是大势所趋，它作为多个行业的支撑产业，促进了水务交叉行业的发展。例如，国内刚刚兴起的智慧水务行业，并不是一个单一的产业，是由水务行业与信息通信技术(information communication technology，ICT)行业相结合而产生的一种新型行业。智慧水务行业的出现解决了仅依靠人工进行数据分类、信息提取和数据分析等问题，提高了业务范围的精确性与业务能力水平，为水务行业与ICT行业开创了新兴的业务前景。

现阶段，各地区水务行业所提供的水务相关业务都面临着相同的市场压力，迫使水务交叉行业应运而生。尽管目前交叉行业的优势还没完全展现，并且还存在着一定的不足，但在科技的不断创新下，相信在不久的未来，水务交叉行业必定会焕发出新的活力。

第 7 章　智慧水务理论多源异构数据共享模型

7.1　传统数据共享模型研究

我们现在所处的时代是一个信息高度化、数据多元化、资源丰富化的时代，在当前社会的发展中，没有任何一个企业或者产业能够仅仅依赖自己的力量长久并与时俱进地发展下去，所以有很多的行业都会通过与其他行业进行合作来使自己的企业在现在这个竞争激烈的时代生存下去。与我们生活息息相关的水务行业也不例外。

智慧水务是指水务行业与 ICT 行业的结合，然后通过以下方式实时监测城市供排水系统的运营状态，如仪器仪表、数字传感器等实时监控工具，并利用可视化的方式对海量的数据信息进行处理与分析的过程，通过分析结果针对性地提出处理建议，这一系列过程将形成"城市水务动态监控物联网"。它能够以更加契合行业发展的状态对该行业各个领域实施精细化的管理，从而实现真正意义上的智慧水务。想要很好地实现这个状态，就必须有各种大数据的支撑，而这些数据如何进行共享，有哪些共享模式就是本章所要探讨的内容。

7.1.1　中间件共享模型

中间件共享模型[56]是数据交换方法中相对较新的一种数据集成方式。中间元素之间的数据交换模式是基于全局可视化模式建立的，通过统一的数据整体的视图感知实现各个数据源系统之间的数据共享，用户通过中间件对所需数据进行访问。支持数据共享的中间组件是由各种不同的中间组件构成的中间件集合体，即中间件集成平台。中间组件是位于每个异构体源系统中的数据层和应用程序层之间以及每个子系统中的中间链接的独立系统软件或服务工具，提供了统一中间层的数据逻辑表示，该逻辑表示能够隐藏来自不同异构数据源的数据存储的详细信息，并在逻辑层面上将不同数据源整合到一个连贯的逻辑数据集中，以实现在逻辑表示中管理每个数据源的各类信息。

中间部分层的作用主要表现为：一方面，它为支持平台数据集成的应用程序系统提供一致的标准化数据和互通的访问接口，以实现数据共享服务；另一方面，向后一阶段调节每个成员的数据集成系统，建设每个成员数据与中间件层的可视化呈现形式，确保两者之间可靠的交流模式。总而言之，中间部分层是实现数据的规范化、转换与传输的重要介质层。而用于中间件的数据共享集成系统能够将结构化与非结构化的数据进行有效融合，从而为不同类型结构的数据应用系统创造更好的数据共享服务。此外，该系统还能为各个数据系统提供自修复能力以维持本地数据库的正常运营。

运用中间部分层的数据共享平台的系统框架主要组成部分为中间组件与封装设施。前者在该系统中将每一个数据源分配给各数据唯一适应的封装设施，以达到系统与中间组件的任一接口调用。封装设施中对数据的处理过程为中间组件部分接收到用户的数据需求，通过分析和数据预处理的方式对数据格式进行标准化的编码，随后进入数据库对用户所需数据实施检索请求，最后利用系统双向通道将结果反馈给用户。封装设施在数据共享中实现不同数据模式在该系统中规范化形式的转换，并对传输进入其中的数据执行封装处理，同时向中间组件层反馈标准化或规范化的数据访问路径。基于中间件的数据共享模型如图7-1所示。

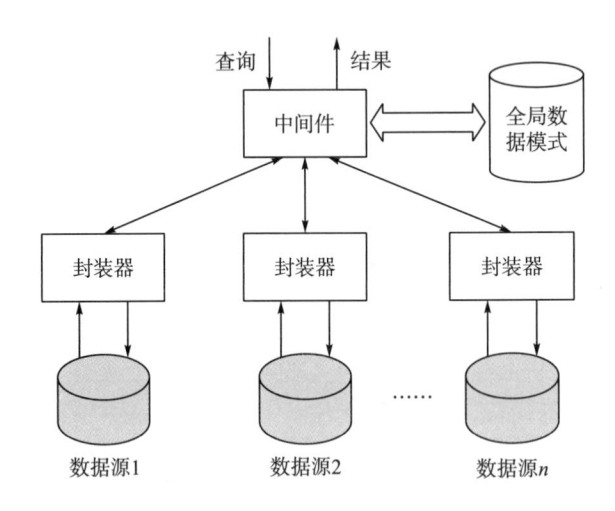

图7-1 基于中间件的数据共享模型[57]

运用本章提出的中间件数据共享模型对数据信息进行适当的处理，能够为数据共享系统提供更多的便利，具体优势见表7-1。

表7-1 基于中间件的数据共享模型的优势

优势	主要内容
透明性访问	在中间件数据共享中，一个软件程序访问另一个数据库时不需要经过数据库的同意，不触动数据库的防范信息。那么这样的数据库就是透明的，而当数据库发生修改或者信息增加与减少时不需要对数据库进行全盘改动，只需要修改一小部分的程序，这样就会减少数据库的复杂性，降低程序员的工作压力
数据源集管理简单	在使用中间件技术的系统中，由中间件部分对整个数据库进行全局的维护和保持，某一成员应用程序不对它访问过的数据库进行管理和记录，这样可以大大减少各成员应用系统的工作量和数据压力。对数据源集进行统一协调管理，有利于数据源之间的调整和管理
安全性好	由于中间组件的存在，各成员系统在进行访问时不需要进入各个系统，也不需要获得相应的权限，只由中间组件进行访问处理，因此各成员数据库的数据安全性得到了显著提升

以全方位的视角对模型进行审视,模型的运用过程总是会伴随着优劣共存的现象,该模型也不例外,其主要缺点见表 7-2。

表 7-2　基于中间件的数据共享模型的缺点

缺点	主要内容
系统发生故障的概率大大提升	因为在原有的系统中增加了中间组件,因此数据需要走过的路径相比而言会增加一部分,这会给系统带来一定程度的压力,所以通信链路发生故障的概率由一开始的 $a(a<1)$ 上升到 $2a-a^2$,即系统链路发生故障的可能性增加
中间件效率会有一定程度下降	由于在使用中间组件访问其他数据库或应用系统时,所有数据都要经过中间组件才能够上传,所以中间组件会形成数据的冗余和堆积,而且中间组件的损耗率和磨损率也会有一定程度上升。所以如何在保证中间件传输效率的同时降低损耗率是一个难题
中间组件只有只读状态	如果需要改变数据库中的信息,中间件方式通常不能做到,因此需要其他应用系统的辅助

7.1.2　数据仓库共享模型

数据仓库共享模型[58]由于其独特的存储方式而得名。数据仓库顾名思义为该模型中数据存储的公共场所。数据仓库并没有使用真正意义上的原始数据,它利用智能化模式将原始数据复制到数据仓库内形成数据副本文件为用户提供信息服务,以确保在系统故障时原始数据仍然完整且可再复制。该共享模型的信息共享模式将数据仓库内部存放的数据通过一定的手段对原始的数据副本进行规范化或标准化的转换而形成统一的数据访问接口,用户通过访问接口可以查询并获取自己所需要的数据源信息。此外,数据仓库不仅有全局性的服务特征,而且能对某一特定的领域发挥其作用。例如,它能够从海量的存储数据中利用数据挖掘技术提取出潜在的数据信息,为许多数据共享领域的应用系统提供帮助和支持。

数据仓库利用程序代码将各类异构的数据类型转化为统一的数据存储模式,实现了数据访问接口的规范化,从而便于多样化数据的仓库管理与数据共享。基于数据仓库的数据共享模型如图 7-2 所示。

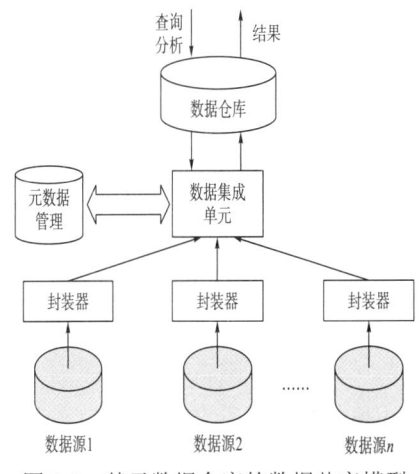

图 7-2　基于数据仓库的数据共享模型

数据仓库实现数据规范化的方法并不单一，它同时执行着多样化的方法，见表 7-3。

表 7-3　数据仓库实现数据规范化的方法

方法	主要内容
数据抽取	数据抽取指的是从不同的数据库中抽出想要的信息数据。但因为来源于不同数据源的数据有不同的运行规则，所以需要再对数据进行加工。一般而言只抽取符合共享数据要求的数据，不满足要求的数据将不会被抽取
数据转换 数据清洗	因为来自不同数据源的数据有不同的运行规则、编码程序，不同的格式和大小，因此需要对数据进行清洗，对重复、多余、不合格的数据进行清洗和剔除，对数据进行分离、重组，使抽取后的数据更符合规范化要求
数据加载	对数据进行转换和清洗后，要根据具体数据的功能和使用要求将其加载到不同的数据仓库，而且对不同性质的数据还有不同的加载方法

数据仓库共享模型之所以能够实现数据共享，是通过数据仓库将不同数据源系统进行有效的连接，从而实现数据信息的仓库化管理。然而，它也有缺点，其主要缺点见表 7-4。

表 7-4　数据仓库的缺点

特征	主要内容
性能缺陷	如果要对数据进行分析，只能到公共数据仓库中，然而每一个子系统新诞生数据都必须经过一系列复杂烦琐的操作，这对部分要求实时修改的应用很不方便
不全面	数据仓库的建设是有对应目标的，一般是用于整个公司级别的决策支撑系统，对于其他综合类别的数据只能起到单纯的管理功能，不能最大限度发挥普通数据的效能
可靠性问题	因为数据仓库选用的是数据共享的存储模式，所以各个应用系统可以很方便地直接从数据仓库中调取其他应用系统的数据，但也正是因为数据仓库的这个特性，一旦数据仓库发生意外，各个系统间就不能流畅地使用数据，极大影响系统的稳定长久运行
数据质量问题	由于数据仓库的数据来自不同数据库，数据仓库中的数据不能随着源数据库发生实时更改，所以在使用数据仓库中的数据时存在数据过时、不符合现有实际的可能性，而这样会给决策带来错误的数据分析结果

7.1.3　对等网络数据共享模型

由对等网络计算机技术发展而来的对等网络在资源共享过程中不存在数据存储的中间件环节[59]，其共享模型的独特之处在于采用了数据分布式的数据模式进行共享。对等网络技术实现数据共享的模式是通过直接访问数据的存储仓库而实现数据交互，其中，每一个被对等网络技术集成并共享的数据资源节点都可以被视为数据的一个输入与输出端口，每一个节点都可以在该区域内部通过自治系统进行自治管理，能够与其他的数据资源建立起局部或完整数据资源的映射关系并存储于本地数据库中。独立的对等网络数据资源共享的方法并没有全局性的数据模式，只有本地的数据形式并将其存放在本地的数据库内，当两个信息节点之间进行数据互通时对等网络技术都会为其开辟一条独立的数据服务通道。互联互通的数据资源共享方式是通过信息节点间各自端口建立的映射模式实现直接对多地区数据资源的共享，其模型结构如图 7-3 所示。

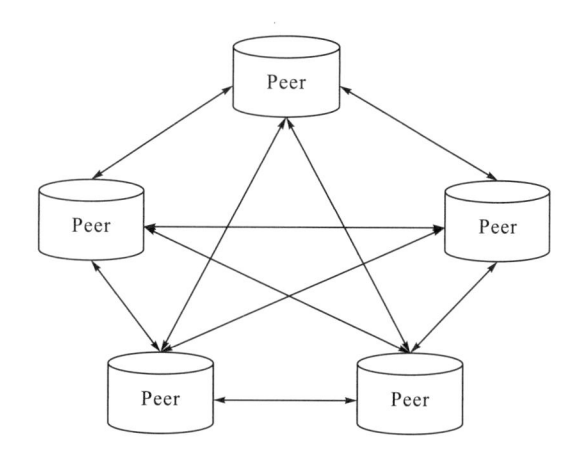

第 7 章 智慧水务理论多源异构数据共享模型

图 7-3 对等网络数据共享模型

注：Peer 即对等者。

建立在对等网络技术基础上的数据资源共享系统主要解决多样化的应用系统问题和实现在公共网络的边缘文件方面的共享机制，该技术并没有对远程的分布式保存方式给出明确的机制，它只是将数据信息存储于本地的数据库内，通过将各个资源节点连接起来并形成一个可以任意进入各节点的分布式数据共享模型。对等网络数据共享方式的优势与不足见表 7-5。

表 7-5 对等网络数据共享方式的优势与不足

优势与不足	特征	主要表现
对等网络的优势	对等性	对等网络是一种任意两个节点可以直接连接的双向关系，不会有其他的服务器参与其中，各个节点是能够提供数据共享服务也能够参与数据输入并保存的角色，因此其数据之间的信息交换是直接进行的，并且能够保障信息的时效性
	灵活的拓扑结构	对等网络技术中由于各个节点之间的自治化管理机制使得各信息节点上的数据不会受到其他节点的影响，可以随意在任意区域增减节点。在对节点进行添加操作后对相关的数据建立信息映射机制就可实现对原数据库的扩展或拓扑。针对这一特殊的性质，对等网络技术在数据共享过程中也是动态运行的
	分布式管理	由于基于对等网络技术的数据共享方式是自治管理的模式，因此没有统一的数据管理中心，各数据分布于多个区域或不同的行业，参与数据信息共享的所有数据的操作模式或是控制手段均采用完全的分布式管理
对等网络的不足	系统瓶颈	对等网络系统和其他系统有类似的地方，即访问量的饱和问题，如某 APP，每当节假日客流量突增时就会出现客车余票更新延迟、售票系统闪退、支付后无法取票等一系列系统崩溃的情形。当以对等网络技术为支撑的数据共享平台中某一信息节点被多个应用系统共同访问时，各数据节点的访问次数会增加，导致各节点提供的数据信息质量或服务面临瓶颈问题
	节点故障	随着拓扑结构的扩展，节点的数量成倍增长，对等网络技术中数据节点之间点对点的信息交互模式会导致系统越来越复杂。然而，单个节点的数据故障往往会影响与之相关的信息节点甚至是整个系统的映射效应
	安全性缺陷	由于系统之间采用匿名的形式进行互通，所以各信息节点无法确保信息的质量，而且数据之间的存储安全性会极大地下降，最终导致数据的交互方式缺乏安全性

7.2 常见的数据共享模型

随着信息时代的高速发展，数据资源的增长速度远远超过了现阶段数据系统的处理能力，导致原始的数据处理系统超负荷工作。因此，探索一种科学高效的方法解决数据处理过程中的相关问题，已经成为研究的关键课题。数据处理是指通过组件对主体多样的、跨区域性的异构数据进行处理，形成一个符合标准的数据接口，方便使用者可以简单快捷地访问数据。而现在的数据共享模式主要有三种，分别是基于联邦数据库的数据集成模式、基于中间件的数据集成模式和基于数据仓库的数据集成模式。

7.2.1 基于联邦数据库的数据集成模式

联邦数据库[60]是指将不同部门、不同区域的数据库通过某种方式改变数据库原始的分散状态，使之集中在一起并产生联系，从而构成的一个有机整体。数据集成通常以全局化的视野体现其应用价值，而集成对象往往是某一局限性的数据库，对此类对象进行数据集成是联邦数据库最为成熟的手段。通过联邦数据库集成后的数据对象让用户在视觉层面上判别数据库是一个统一的整体，从而可以实现客户信息集成的目的。

由若干个成员数据组合而成的便是联邦数据库系统，各成员数据库之间是分散化的、多元化的、异构化的，是彼此相互协作且相互独立的数据库系统，它们依靠统一数据接口实现数据的相互沟通。多个成员数据库能够组成一个成员数据库，它的模式形态分为分布式的、集中式的或其他形式。联邦数据库系统的组成如图 7-4 所示。

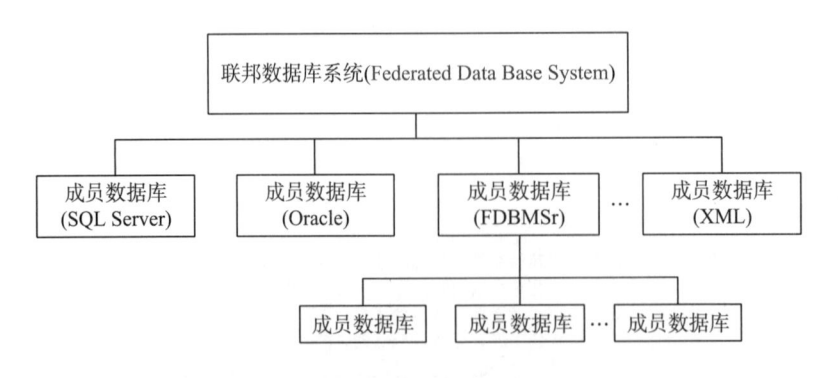

图 7-4 联邦数据库系统的组成

联邦数据库系统利用全面统一的数据形式对本地的数据类型进行描述，从而避免了不同数据源带来的数据结构多样化的问题。联邦数据库系统通过创建数据字典中心对所有成员数据以映射的形式进行访问；以字典语法一一对应描述数据库内部的每个数据，其核心包含两类映射表和一类信息表。最初的数据库内，数据只有部分数据能够为用户所用，其输出的数据集形式可以看作原始数据库内的一个子集。联邦模式能够生成对用户透明的数据库，并为使用者提供全局性数据接口，用户可直接在联邦数据模式上对需求信息进行检索或查询。联邦数据库系统体系结构如图 7-5 所示。

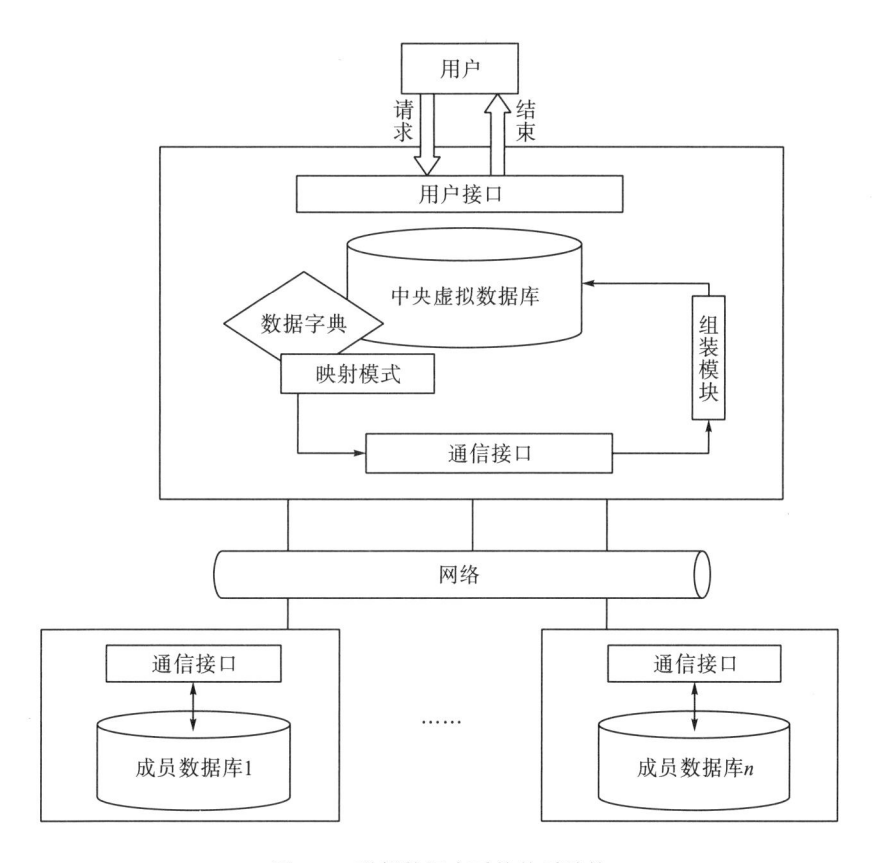

图 7-5　联邦数据库系统体系结构

该联邦数据库系统以数据集为基础实现数据交换与透明访问，不需要变更联邦系统数据库的其他数据模型。但是联邦数据库系统也只有结构化数据能够结合在一起，互相独立的是地方成员数据库，利用数据接口实现数据交换。如果更改数据库成员，则需要更改所有成员数据库的相应数据方案。因此，联邦数据库系统不适合大幅面的数据库合并。

7.2.2　基于中间件的数据集成模式

独立实用程序或者系统软件即为中间件，它能作为其他系统与应用系统和数据库间的通信道[61]，其原理是产生一个协议或者集成接口用来连接分散环境中的互异应用层与数据源。数据的分布性、多源性、异构性是数据集成中最大的阻碍，这些差异已经成为一个日益复杂和不可小觑的问题，使用中间件技术可以在数据集成过程中有效地屏蔽不同源数据库的不同属性,最终使其他应用系统的开发更加简单并通过相互连接的技术软件收集数据。中间件集成方法通过不同应用系统与数据源系统间一致的全面视图,将数据源的每个数据细节进行掩藏,实现应用层所需的标准统一接口,保护应用系统间的数据集合,并且用户可以看到作为一个整体的各种不同的数据源,实现对数据资源的公开与可理解性访问。基于中间件的数据集成模型如图 7-6 所示。

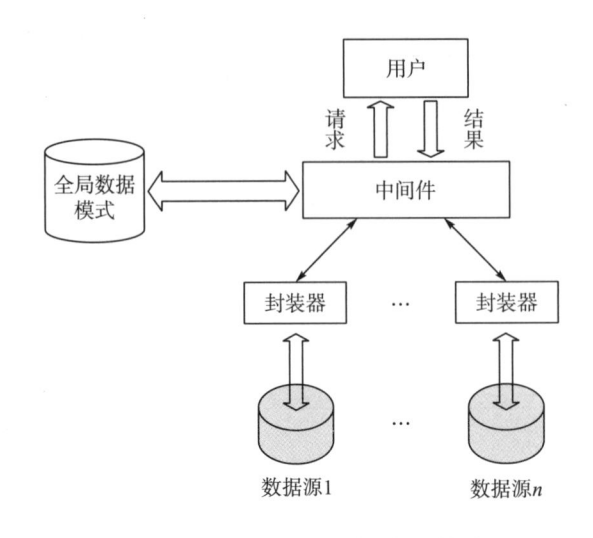

图 7-6 基于中间件的数据集成模型

各数据结构之间的异构特性,使得每一个数据库系统之间相互独立,通过中间件技术将这些相互独立的数据联系起来并为用户提供数据访问接口,极大地提高了数据资源共享的安全可靠性。此外,通过中间件技术屏蔽各数据资源分布式信息的分离性从而访问本地资源和远程资源,并且能够实现数据资源的便捷式集中管理。然而,中间件技术在某些方面仍然存在着一定的缺陷。例如,中间件作为各异构数据源间的连接通道,随着访问量不断增加,系统负荷增加,从而影响中间件的互通效率。此外,中间件的加入造成相异应用程序间访问链接数增长,最终导致整个系统出现故障的比例上升。

7.2.3 基于数据仓库的数据集成模式

通常,数据存储系统包括数据源、数据源数据库和映射规则[62]。采用数据仓库集成的方法,对数据进行转换和载入数据库,是处理多源复杂的数据集合体的一种手段。基于数据仓库的系统模型能够实现多源数据异构的共享,从而实现对数据决策系统的支撑服务[63]。数据仓库集成方式按照数据相关的复制与映射规则对数据进行高效的处理从而获得全新的数据集,从用户的角度来看,其如同一个完整的数据库系统,能实现使用者便捷、高效检索数据并为相关项目提供决策支持。数据仓库集成模型如图 7-7 所示。

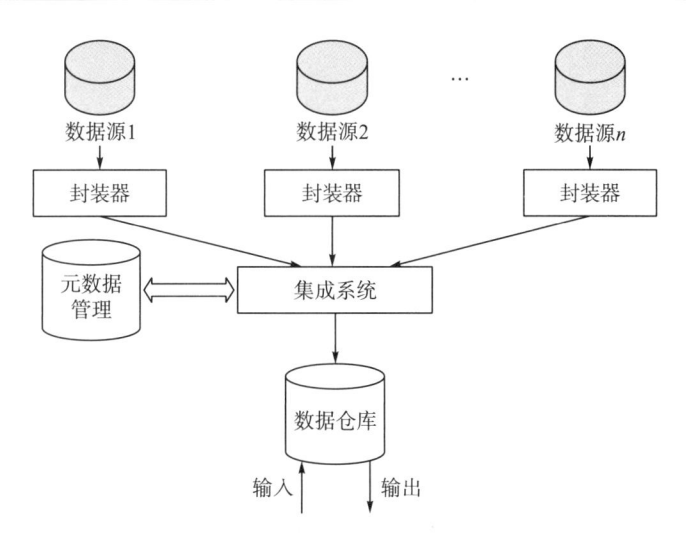

第 7 章　智慧水务理论多源异构数据共享模型　　87

图 7-7　数据仓库集成模型

数据仓库将各式各样的数据通过一系列处理方案后输送到本地数据库内，从而达到数据集成共享的目的。数据仓库集成数据方式保存了数据库间原本的自我修复能力和相互独立的特性；同时，数据仓库集成模型式样对数据分析具有主题明确性与特指性；而且数据仓库集成的方式需要预先处理各类数据达到数据检查搜索速度倍增效果。其缺点主要体现在数据重复部分较多，对数据容量与数据更新的要求较高。

7.3　基于 Web Service 的多源异构资源传输模型

随着水务数据的多源性、异构性等特点的逐渐凸显，水务行业内的资源类型并不是千篇一律的，恰恰相反，它们的类型千差万别。资源广义上可分为公共资源与私有资源，其简单介绍见表 7-6。

表 7-6　资源的类型

类型	简述
公共资源	公共资源是指数据库内存储的信息对各个用户是完全开放的。其组成包括各个用户公开的可以完全共享的资源数据和主系统自身的资源或子系统中的资源
私有资源	私有资源是涉及隐私权或知识产权的相关数据，即保密性数据，用户不愿意将此类数据提交到数据库内实行共享，可以通过相关服务对其他成员执行共享机制的灵活分配

综上所述，资源类型的截然不同意味着其实现资源共享的途径或方式必然不同。然而，现阶段若想实现资源的共享必须突破资源多源化、异构化的瓶颈，这也是信息共享的难点之一。资源共享的方式主要包括如图 7-8 所示的几类。

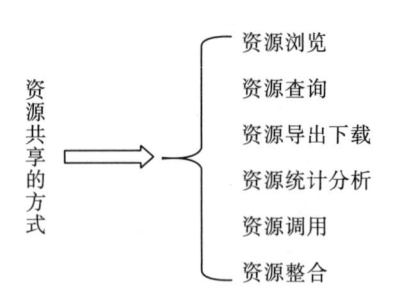

图 7-8　资源共享的方式

针对不同的资源共享方式，其所实现的共享途径也迥然不同，各类资源共享的实现途径见表 7-7。

表 7-7　资源共享的实现途径

方法	概念
浏览资源	系统内各成员间能够相互浏览阅读彼此或者第三方成员上传的公开性科技资源
查询资源	通过系统对用户供给的查询接口完成单个成员或整个系统的部分与一类资源的查询
下载导出资源	对自己所需资源完成线上导出报表、下载资源等
分析统计资源	分析线上统计查询检索出的指定资源和全部资源，或通过图形表格等实现探究剖析目的
调用资源	调取除自己外其他成员共享的公开科技资源来使用，如对文献和科技资源及人力资源等的调用
整合资源	对理论上存在而实际上分裂的数据资源进行整合，这些整合的资源将会促进自身成长或是获得自己所需的某一领域的资源

综合上述共享方式可知，无论以何种途径来实现资源的共享，都有一个共同目的——使各数据信息的作用发挥出最大的利用价值，以节约成本，从而促进水务行业的进步，甚至是社会的进步。

不同类型的数据资源需要依托 Web Service[64]服务系统来实现资源共享。引用社会共同资源来说明，完成社会共同资源结构互异数据的传送或提取的惯性思路为对来自不同数据源且不同数据格式的资源利用可扩展标记语言(extensible markup language，XML)[65]与 Web Service 对数据进行格式转化并存储到数据库内，从而实现了数据资源的共享。实现异构数据库的集成数据需要由该行业内部协商讨论后提出符合数据提取范围、传输转换格式以及存储数据类型的相关标准，从而实现各子系统间数据最大限度的兼容[66]。基于 Web Service 的多源异构资源传输模型如图 7-9 所示。

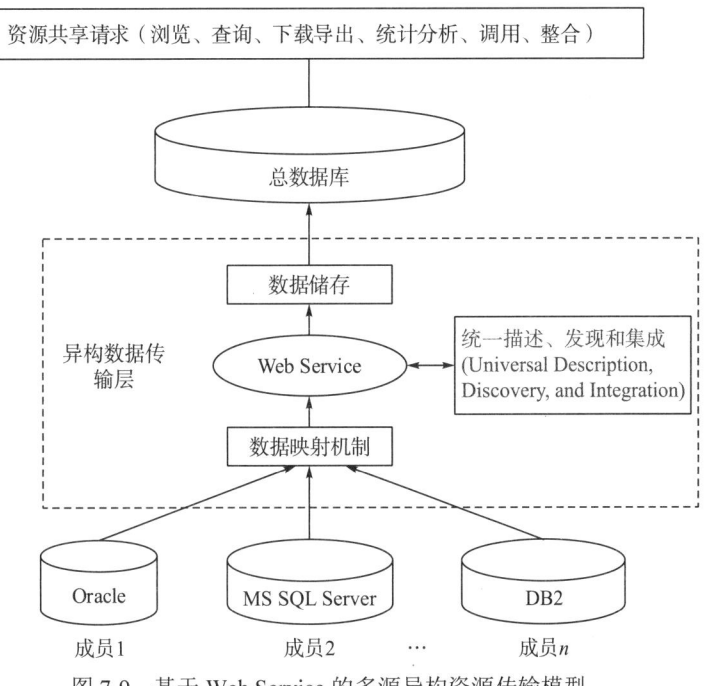

图 7-9 基于 Web Service 的多源异构资源传输模型

7.3.1 XML 技术

XML[67]是可扩展标记语言的简称，它是一种标记性质的语言。计算机通过 XML 的标记形式对不同数据源的各类信息进行处理，从而使得错综复杂的数据形式变得更加简易且易于计算机内部修改。由于这种标记符号的存放单元以文本形式存储，因此能够实现多样化数据内容的通用标记。XML 的标记规则并不是单一的，用户根据 XML 涉及的若干规则来创建数据的标准化文件，并通过 XML 内部的相关应用程序对其中的数据进行处理或检索。从某种意义上说，XML 优于 HTML 形式的标记语言，如 XML 能够迅速提取自己所需要的资源，且易于扩展和具有较强的可读性，但 HTML 无法解决这类问题。XML 作为一种适应性较强的标记语言，其特征见表 7-8。

表 7-8 XML 的主要特点

特点	描述
自描述性	XML 文档中自带的一个类似于文档类型的相关声明不仅能让计算机独立处理内容，还有助于人们对 XML 文档的理解，因此该文档是具有自描述性的。由于纯文本类型的 XML 文档处理文本类型的能力较强，因此文本型软件对数据进行分析、处理和提取等操作时都是针对 XML 文档执行的
灵活性	XML 文档提出了一种基于结构化的数据表示形式，使得数据资源能够与相似形式的数据信息进行分离。因此，对于 XML 文档的形式可以根据所需要的内容样式进行自定义
可扩展性	XML 允许研究者新建并使用系统自带的语言标记集，即允许用户对 XML 元语言实行开拓或扩展，因此，它可以作为一种开拓其他标准的基石
简明性	尽管 XML 是从复杂的标准通用标记语言（Standard Generalized Markup Language，SGML）中简化而来的，但是它却承载着 SGML 大约 80%的功能，并且操作更加简单、易学。XML 通过不断总结相关领域的经验，并注入自身的创造性活力，从而为数据浏览开辟了一条全新的路径。由于其具备各种特点，因此 XML 拥有独立的操作系统及编程语言，而这也为多源化、异构化的数据形式带来了崭新的处理技术

从表 7-8 可以看出，XML 最为关键的两大特点便是元标记语言和以数据为核心。两者紧密的关联性为多源数据的共享机制提供了前所未有的解决办法，为社会发展注入了新的动力。

7.3.2　Web Services 远程调用服务

利用 URI 进行标记识别的软件应用即为 Web Service，它的绑定形式和接口能够使用 XML 关联的标准完成下定义、描述与检测搜索，它还可以实现对网络通信协议和 XML 消息的利用，实现各个平台之间数据的交换及信息的公开享用。使用到的基础相关技术有：①对数据信息的统一描述，发现相关数据并对其进行数据集成；②对简单的应用对象赋予数据访问的相关协议；③利用 Web 服务对相关数据语言进行描述。Web Services 特点见表 7-9。

表 7-9　Web Services 特点

特征	关键内容
平台的跨越	Web Services 利用准确一致的规范协议解决跨平台、跨领域下不同编程语言的互动问题。利用 Web Service 的数据可以通过规范化的手段将用户所需的数据提供给指定的需求对象，指定对象在对数据进行应用前不必考虑数据原始的系统或最初的编程语言，只需要调用相关服务便能实现数据的阅览，极大程度降低数据集成时间和集成成本
松耦合性	Web 服务以 UDDI 等规定准则的使用为基础，实现非静态明确及绑定于另外的服务，这种类别的服务体系中服务的供给方与需求方被完全分割开来，即使数据信息供给方的业务流程或数据编码方式发生改变，也不会改变信息需求方对该服务的使用
封装性	Web Service 可以作为具有较好封装性能的网络对象，从而导致服务的需求者对该服务的功能获取只有显露在外的部分

服务注册中心、服务提供者、服务请求者为 Web Services 体系结构的主要组成部分，包括对应的查找服务、发布服务、绑定服务这三个 Web Services 操纵运作系统。Web Services 体系结构如图 7-10 所示。

图 7-10　Web Services 体系结构

注：SOAP（simple object access protocol，简单对象访问协议）

根据图 7-10 能明确各角色之间存在的明显关系，即服务请求者为了实现自己所需求的特定功能向服务注册中心发出相关的查找请求，通过在服务注册中心查询适合的服务并获取 WSDL 对特定信息的描述内容，从而实现访问服务；服务注册中心是连接服务请求者与服务提供者的桥梁，是数据存储的过渡区间，允许服务请求者在数据存储库内使用相应的服务，并将服务请求者的请求发布给服务提供者；服务提供者是服务的创建者或管理者，它将服务的描述内容发布到服务注册中心供服务请求者访问或下载。服务注册中心通过一系列的循环接口满足服务请求者的功能要求与信息需求。

基于公开的标准化基础，可以开发出与 Web 服务兼容的应用程序，从而使得基于 Web 服务的平台能够实现采用不同技术构建的服务。这种标准化方法促进了技术的互操作性和创新，允许不同的系统和服务在统一的框架下协同工作。Web Services 与语言和平台无关的性质使得它在处理异构数据过程中可以消除数据信息由于语言或平台间产生的异构特征，加之 Web Services 能够提供动态化的数据接口以实现资源的交互、共享，这使得在不同数据源之间建立联系变得更加安全和灵活。数据仓库能够实现跨行业的公开共享决策数据，这主要依赖于对有效数据源的准确绑定。通过这种绑定，可以确保数据的可靠性和一致性，从而为决策提供坚实的数据支持。其中，根据各行业内部协商决定的数据共享协议对多源异构数据传输层的元数据与成员数据库之间创建相关的映射机制，将数据通过 Web Services 提供的动态化数据接口从成员数据库内提出来并利用传输通道使数据到达数据总库系统的存储数据块以实现数据标准化的分析处理，最终输入总数据库而达到资源集成共享的目的。

异构数据的传输层采用基于可扩展标记语言和网络服务的设计理念，从而保障了数据资源的通用性。传输层内部的统一描述系统对多源异构数据注册了传输过程所需要涉及的资源共享服务，其大致过程如下：从成员数据库中把初始异构数据提取出来，然后送到主要数据库，使两者间信息传递交流。它还可以通过 Java 数据库从数据库内部提取记录，直到数据被映射到具有哈希映射的多个实体类数据集上，这些数据映射通过可扩展标记语言的简单序列转换为 XML 文件并将其返回给请求的客户机。鉴于数据传输层对数据共享具有重要意义，因此对异构数据传输层的详细结构进行描绘，如图 7-11 所示。

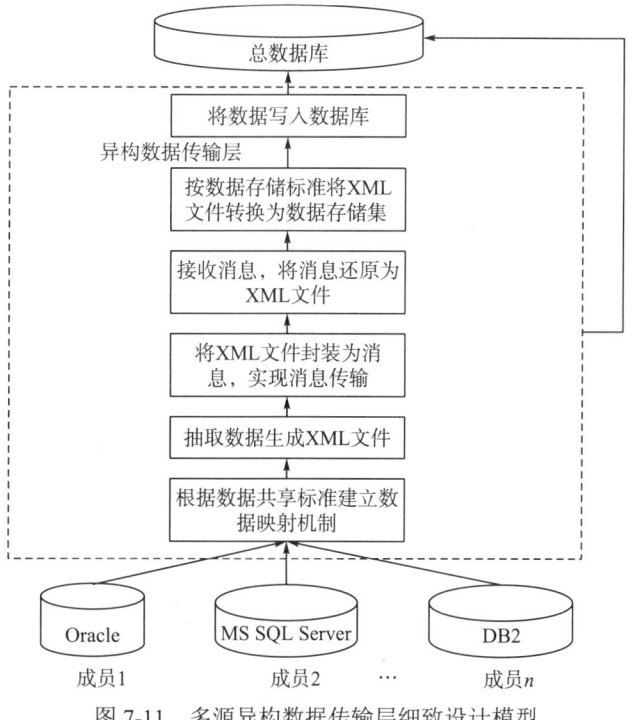

图 7-11 多源异构数据传输层细致设计模型

根据图 7-11 可知，多源异构数据传输层设计流程包括：①成员之间参考数据公开共享协议方案将各式各样的数据资源通过信息连接方式筛选到成员数据库；②通过构建的数据映射机制将数据映射到数据集内存储；③通过 XML 协议对数据语义进行统一化并生成 XML 文件；④将生成文件进行数据封装并通过 Web 服务对数据进行传输作业；⑤总系统数据存储模块将接收到的消息还原为 XML 文件；⑥以有关的转换标准为参照把这类型的文件进行序列化的解析，使得到的数据存储集的数据格式达到数据存储标准；⑦将规范的数据集写入数据总库内便于用户读取。

7.4 基于 XML 和 Web Logic JMS 的远程异构数据共享模型

多源异构数据的集成交流面临着多种多样的挑战，其主要问题见表 7-10。

表 7-10 多源异构数据的集成交流的关键问题

名称	简述	
	分类	定义
数据交换模式	$N \times (N-1)/2$ 的数据交换模式	它是一种设计的数据交换接口：位置在间隔的两个系统之间，这种数据交换方法成本非常高。例如，当有 6 个系统在这种模式下需要进行相互转换时，就需要 15 个数据交换接口进行对接
	N 的数据交换模式	通过引入规范化的数据统一标准，构建一中间数据结构，数据库内异构数据以中间结构作为最终转化目标的一种数据交换模式。基于此类模式的数据交换中，N 个异构系统只要 N 个接口，成本和复杂度较 $N \times (N-1)/2$ 数据交换模式都有很大程度降低
数据异构性	系统冲突	系统冲突指数据的多样性造成的数据库管理系统出现操作系统和应用系统等环境变量间的矛盾冲突
	模式冲突	数据库系统的不断发展形成了各种各样的数据模式的数据库管理系统。尽管某些模式是相关联型的数据库，但它们的类型绝不是单一的，不同开发商提供的相关性数据库所采用的数据定义模式也不完全相同
	命名冲突	各机构在建立各自业务数据所需要的系统时，都会使用各自机构内部熟悉的命名规范准则，同时，各种数据库保存下来的信息也是不完全一样的
	格式冲突 — 类型冲突	各种数据处理系统中，同一含义的字段所采用的数据类型也是存在差异的。常见的数据类型有字符型和数字型
	格式冲突 — 长度冲突	不同的数据库系统中对同一类型的数据管理存在着不同长度范围的设定
	格式冲突 — 精度冲突	在不同的应用系统中查询相同概念的字段可能存在精度的差异
	格式冲突 — 度量冲突	应用系统不一样，则需要的度量单位不相同
分布式系统之间存在的通信		跨区域跨部门的企业之间的业务往来具有非定时性、异构性等多样化特征，加之企业间数据资源分布的错综复杂性使得实现数据交换需要多层次的互联网给予支撑，因此，适用于多种软件平台且包含规范化的协议与统一接口的技术应运而生——分布式系统间的通信，利用数据接口来解决异构数据系统内繁复杂乱的操作步骤，从而实现一致网络协议，达到实现异构数据相互交流的目的

综上所述，多源化、异构性的数据集成技术存在着诸多的问题，中间件的异构数据共享模型（XML 与 Web Logic JMS 结合）可以有效解决前述相关数据集成问题，其数据共享模型的系统层次结构如图 7-12 所示。

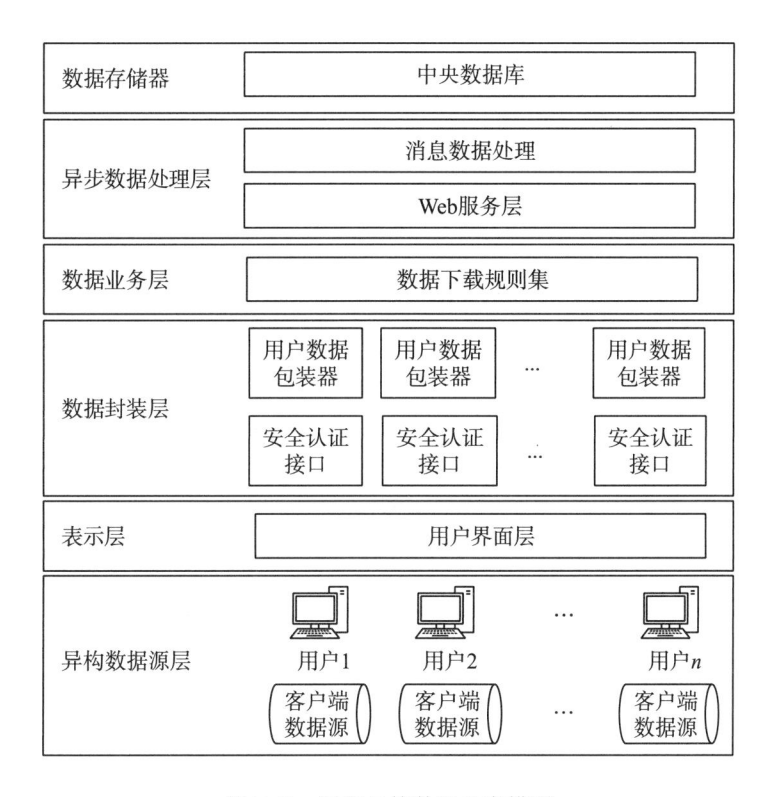

图 7-12　远程异构数据共享模型

数据存储层、异步数据处理层、数据业务层、数据封装层、表示层和异构数据源层是远程异构数据共享模型构架的主要层次。各层级分别执行着各自的功能，完整的层级间相互协作构成了公开模型系统。这个系统的开发使用的是 Java 语言，它的 Web 服务器[68,69]则为 BEA 公司的 Web Logic。这个系统内部主要的数据配置文件呈现多样化的形式。

远程异构数据共享模型中全部的业务数据皆位于中心数据库中以同样的文档形式存放着，共享数据通过对数据形式进行转化或复制掩藏底层数据的物理特征，从而通过统一的数据接口为用户提供信息。用户访问数据库中的数据便能获取中心数据服务器内的共享资源。该模型中参与数据共享的数据库可以依据客户的业务数据需求向存储数据的库中输入或提取自己所需的相关数据。其应用程序通过对不同程序间的复杂逻辑关系进行拆分，从而使得各程序应用间的相互关联性达到最小。

7.5　基于关联数据的水务数据共享模型

7.5.1　基于关联数据的水务数据共享研究必要性

关联数据信息共享[70]是指将有关联的数据通过一类数据库表示，并将相关数据进行一定的处理后实现信息共享的机制。关联数据信息共享模型与水务数据有机结合，不仅能够为水务交叉行业的跨领域优化发展提供有利的数据资源，还有利于水务行业自身的发展。因此，基于关联数据的水务数据共享模型[71]是推动社会进步的潜在力量，同时也是科技发展的必然趋势，其具体表现如下。

1. 为跨行业水务异构数据提供标准化数据接口

跨行业水务数据共享的局限性主要表现为数据分散化、多样性，以及异构特征等因素导致的数据在共享阶段缺乏统一的接口。然而，关联数据正好解决了这一难题，其核心理念是帮助物联网中涉及的相关数据信息进行合理化的处理，从而实现用户对数据的检索。一方面，对跨行业水务数据的统一数据接口的处理能够为多样化的数据提供标准化的统一接口，在一定程度上避免了异构特征在数据共享上的理解歧义；另一方面，统一接口后的数据仍然具有关联性，它能够与其他具有分散化、多样性以及异构特征等的数据建立关系，有利于为用户提供更为全面的数据检索服务。为了水务行业更为广阔的前景，水务行业中的数据共享系统引进数据关联技术，通过使用符合计算机语义识别的模式将个性化的数据转换为统一接口数据模式，完成跨行业和跨区域共存的水务数据共享机制。

2. 利用不同水务数据间的关联对数据间潜藏的价值进行挖掘

社会的发展推动着各行各业的逐渐转型，水务行业也不例外，从传统的水务数据管理到信息化的行业数据管理，这是水务行业发展的质变过程。独立的、封闭化的、单一部门的数据采集已无法推进行业发展，唯有跨行业、跨领域的数据互通、互享才能适应社会发展。数据常以碎片化的资源形式存在，对零散的碎片资源进行整合或集成并进行合理的处理便能发现其中一定的相关性，为行业的发展提供数据支撑。水务行业有效地利用关联数据将原本分散的数据关联起来，一方面，通过多个关联通道将水务数据编织成一张巨大的数据网络，将海量数据中隐藏的历史性数据的价值充分解读出来，从而实现水务数据更为广泛的服务效能；另一方面，利用数据支撑作用将分散的水务数据进行有效的关联，避免数据关联或支撑的重复作业，提高水务数据的资源化利用率。

3. 促进水务数据管理与共享的有效手段[72]

伴随着物联网的突破性发展，数据冗杂性已经成为水务行业的常态化，从而导致相关管理工作者难以把握数据的可靠性。水务数据在各机构之间相互独立使得此类数据在相互检索的过程中缺乏一致的搜索渠道，无法真正意义上实现数据共享。水务数据年报上面的数据逐渐进入物联网，为不同机构、不同区域的水务管理者和研究团队提供了数据交流的通道，使得科研人员对水务数据的真实性更加信任，促进了水务数据的有效管理，但是仍然缺乏适应性数据保障机制。因此，构建一类提升水务数据的管理方案就显得尤为重要，它可用以保障水务行业一切数据的可靠性。关联数据技术正是能够解决这一难题的关键技术，其核心内容是将物联网中所有的数据赋予唯一可行的识别接口，且被规范化的数据接口有据可行。将强大的关联技术与水务数据共享实践有效融合，不仅能够从数据源头保障水务数据的真实性，帮助用户解决数据真伪难辨的问题，还能为用户提供更为广泛的数据资源，从而间接提高水务行业的管理水平与水务行业中数据资源有效的使用比例。

7.5.2 水务数据共享流程

一般而言，水务数据的共享流程[73]大致包括以下几个阶段：数据输入、数据吸收、数据利用、数据输出和数据反馈，其示意图如图 7-13 所示。

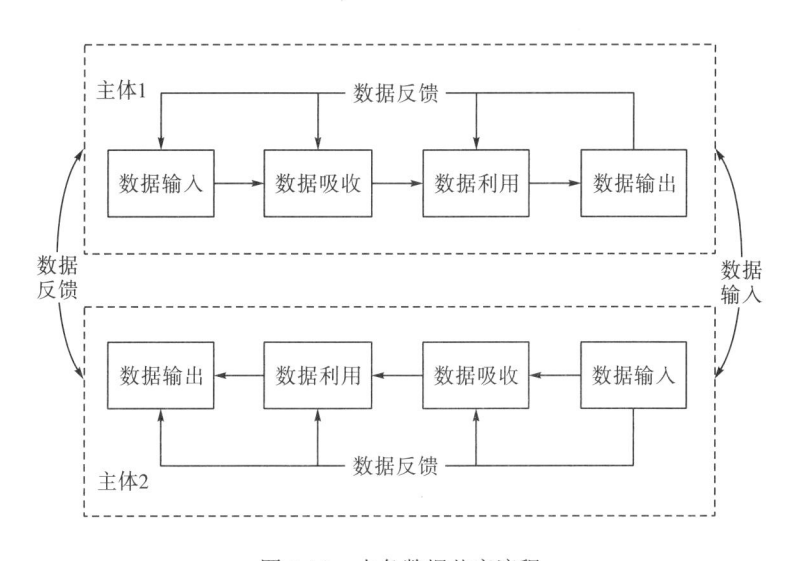

图 7-13 水务数据共享流程

对于主体 1 或主体 2 而言，第一阶段是水务数据的输入。水务数据输入是水务数据共享实践的基础，主体在物联网环境下找到自己所需要的数据资源，若找到与所需内容相似的信息或是查询到相关数据的资源条目，则通过水务数据源获取相关的资源信息并对其进行相关数据的输入。第二阶段是水务数据的吸收。水务数据的吸收作为水务数据共享实践中的重要环节，主体通过一定的手段接收并存储来自水务行业的数据源。第三阶段为水务数据的利用。它主要是以前两个阶段为基础，并且将调研的课题内容和自己本身初始拥有的数据储备结合起来，然后对其进行更高阶段的数据处理，从而使得原始数据变成对调研课题内容有利的模式，这个阶段是实现水务数据价值、深入探寻其潜质的过程。第四阶段是水务数据的输出。水务数据的输出是水务数据共享的最终目的，主体根据一定的形式展现出之前充分吸收、利用后的数据，然后利用有效渠道将其传送到另一些对相应的数据有需要的主体，从而实现数据共享。第五阶段水务数据的反馈是验证水务数据共享能否实现正常运转的关键环节，对整个水务数据共享实践环节进行效果评估。通过水务数据共享的双方主体能够准确地把控水务数据的共享效果，通过系统反馈信息对水务数据进行合理的改进，从而实现数据质量不断提升，更好地为水务数据共享系统服务。与此同时，主体之间在各流程中的每一个环节都可能发生不同程度的互动行为，并就某一问题展开交流与开拓，通过在交流过程中不断进行数据的反馈与实时沟通水务数据资源，即实现数据的交流与反馈，从而确保顺畅的交流与良好的水务数据共享行为。

第8章　多源异构数据共享的关键影响因素

8.1　水务体系在城市发展中的地位和作用

随着科学技术与传媒软件技术的发展，数据共享的建设也在逐渐地完善。现阶段，水务行业各企业间[74]水务数据库的建设均处于一种相互独立的状态，这种状态主要表现在不同企业或企业各下属单位之间。实际的工作中，各单位依据自身的特征与切实要求开展各项相关工作，若单位之间或企业之间缺乏信息互通或数据共享机制，就不能全方位地考虑不同单位或企业的实际需求，产生的水务数据信息就很难在其他部门或企业之间被很好运用，从而导致水务数据在多个层面呈现出杂乱无章的状态，此外还影响着数据信息的准确性、实时性以及一致性等，最终导致数据信息的共享与统一管理变得更加艰难。

若此类情况长期持续，就会产生"孤岛效应"[75]，其中最为突出的就是"信息孤岛"现象，它不仅使城市化建设的进程受到阻碍，还会使人们生活幸福指数下降，最主要的是对政府的执政能力产生了或多或少的影响。因此，对城市水务行业数据信息集成软件的研究与共享平台的完善，是当前阶段的首要任务。当这个艰巨的任务完成后，它能够为社会多层面提供便捷服务，如各企业或单位可以足不出户实现所需信息的智能检索、采集服务、共享业务等；为公共服务业的强化奠定坚实基础；对城市的管理水平也有一定的提升作用。

众所周知，人们生活的基本物质需求离不开水资源。城市水务体系作为城市的基础设施系统之一，其主要职责就是保障城市的供水、排水等基本问题，为城市的发展注入充沛的活力。只有实现城市水务基础设施数据信息化管理，才可以有效地提升社会各个职能部门的策划和管理能力。此外，水还是建设城市生态系统、提高城市生物影响力、实现人类与社会和谐共存的必要手段。加强对城市水务行业数据信息的集成与共享平台关键技术的研究，已成为当今社会发展的必然趋势与迫切需求。

水是人类生活以及社会文明发展中不可或缺的资源，而水务体系作为城市的"生命体系"，自然而然地承担着非常重要的责任，并且还与居民的生活密切相关，在城市社会发展过程中发挥着显著作用，这主要体现在以下几个方面。

1. 水务体系是城市赖以生存和发展的物质基础

水务系统负责城市水务数据的传输、供水产业的流体运输、废水处理以及救援与救灾，是城市基础设施的重要组成单元，是居民生存与持续发展的物质基础，也是社会经济与城市稳定建设、相互协调和可循环发展的首要基础与保障。水务体系的作用能同人的"神经系统"与"血液循环系统"相媲美，因此，它被称为城市的"生命系统"。某一时段某城市的水务体系发生瘫痪，那么整个城市的运转都会受到很大的影响，首先是人民群众的生活问题，其次是城市中各个依赖水资源而生的产业，这些产业的运转将会因为供水量不足而停滞。所以水务体系的建设和完善有利于社会的发展，也是社会发展的基础物质条件。

2. 水务体系与居民日常生活密切相关

伴随着我国突飞猛进的城市现代化发展进程，城市水务体系的构建也在发展，然而在发展的同时，诸多和城市水务体系有关的问题暴露出来：如水源受到污染而产生的恶臭对居民的生活与城市的面貌产生了巨大影响；因排水管道的堵塞或者非人为因素导致的道路积水甚至城市水涝事故层出不穷；人为因素导致管线的破损而引发停水、停电等一系列的事故。想要解决这些问题，就必须加强、加快完善水务体系的建设，防患于未然。只有一个健全的水务体系才能给人民的生活带来幸福感，巩固政府的执政能力，优化城市基础设施。

3. 水务体系是城市安全的可靠保证

城市水务体系作为保障城市安全的重要基础建设，其安全性应该受到重视。比如，人为因素或非人为因素造成失火事故时，需要充足的水源供给，才能保证控制火势从而扑灭大火，减少社会公共财产的损失，保障城市居民的生命安全和财产安全；整个水务体系的安全不仅仅表现在水的安全上，也表现在供水管线的安全上，供水管线问题并不是仅对城市居民的用水安全存在潜在的威胁，某些水源处的病菌也可通过自来水管网输送而威胁居民的身体健康；在某些恐怖事件中，一些大型的水域或相互交织的水域容易被恐怖分子作为恐怖袭击的目标。因此，对于城市管网存在的安全隐患进行监督检测、评价预估、排除与监管是必不可少的举措。

4. 水务体系信息是城市管理和应急抢险工作的数据支撑

精确管理水务体系数据信息对社会进步与城市经济发展有深远而重大的意义。城市规划部门只有掌握了水务体系各项准确信息，才能为城市化建设提供科学合理的近期和远期规划，从而降低规划决策偏差率。另外，城市水务体系数据信息整合与共享平台的建设，可以服务于城市应急指挥及抢险系统，在此过程中，共享平台作为其根本数据支撑，为抢险救灾与应急指挥等类型的突发性事件提供有效且精确的数据服务，从而也提升了紧急情况下所做出决策的有效性。在城市管理和应急抢险工作中，首先要保障其所需的基本物资的供给，而水务体系作为城市基本必需物资之一，就更应该及时维修、检查，确保其供给流程的通畅，而这一切都要依赖水务体系的数据信息管理。

8.2　多源异构数据共享的影响因素

随着互联网技术的突飞猛进及其在国内外应用的快速发展，信息化管理时代迅速崛起，各行业、企业以及部门之间均已实行了信息化管理。但各个组织之间基于各自需求和运用数据的目的不一致，形成了多层次的、分化的信息数据和管理系统，以至于出现大量重复劳动，消耗巨大。这些信息各自组成了一个在地区上分散化、管理上独立化、模式上多样化的数据源，而这些异构数据和组织之间的信息存在着较大差异，从而形成了一个庞大的多源异构数据库环境。

多源异构数据共享[76]是对数据外部特征和内部特征进行全局或局部的调整、转化、合成、分解等，其目的在于提高水务数据利用率和对共享数据进一步加工，这是在网络强国战略部署下解决水务多源、异构数据的集成、互换、共享的最有效方法。随着网络强国战略的不断推进，数据信息共享已经成为当今社会发展的一种必然的趋势。互联网推动着多源异构数据朝着普及性发展，与此同时也为多源异构数据的共享与交流提供了一个良好的开放式平台。

数据信息共享、迫切需求统一管理数据信息是目前需要解决的问题，客观层面来讲，该需求是通过统一应用体系，对诸多多源、异构的数据存储系统以及生成的数据整合以实现共享，促进水务行业对来自不同源、不同系统的数据进行无阻碍的浏览与借鉴。然而，多源异构的水务数据为数据整合运用和数据共享的实现带来了诸多问题。

8.2.1　多源异构数据的协同系统集成问题

1. 协同系统集成中涉及的"多源异构数据源"集成问题

随着互联网技术的飞速发展，水务数据的应用涉及多部门、多学科，在城市规划、城市建设、交通、科学研究及教育等多个领域均得到了广泛应用。然而，水务数据的采集生产部门难以满足不同区域的特定需求，从而导致各区域不得不依据自己的特定需求来采集、生产数据，造成对同类数据进行重复采集，最终导致数据来源的多样性；加之各个区域之间各自需求和运用数据的目的不一致，形成多层次的、分化的信息数据和管理系统，不同软件采用各自的操作系统、文件系统、数据库以及数据结构等，造成了数据异构性。水务数据的多源异构性主要体现在以下几个方面。

(1) 数据获取的多源性。随着新兴技术的不断涌现，新的产品层出不穷，水务数据的获取方式趋于多样性，从而使得数据的多源性越来越突出。

(2) 数据存储格式的多样性。不同的水务信息系统采用不同的数据结构模型和数据储存格式，从而造成现阶段水务数据库诸多不同结构、不同格式的异构数据类型。

(3) 数据区域的分布性。水务行业数据在多个领域得到了广泛的应用，不同的领域根据自身的实际需求，运用了各自适合的水务信息系统。因为不同地区的地形地势以及发展情况等均不相同，因此要构建一个统一的水务信息系统，并将这个系统中的数据运用于各个地域是难以实现的。

(4) 数据结构的异构性。计算机的系统组成包括硬件系统和软件系统。计算机系统中的硬件系统又涉及系统硬件架构和网络环境的差异等；而其软件系统又可以细分，其中操作系统既可分为 32 位、64 位，又可分为 Windows 和 UNIX 等，然而不同操作系统同样存在不同版本，水务系统平台大多也是如此。各个水务机构之间对各自的需求和运用数据的目的不一致，从而形成了多层次的、分化的信息数据和管理系统，以至于平台数据源在不同的平台上使用着不同的操作系统和不同的通信协议以及不同的数据传输方式等，这些数据信息各自组成了一个在地区上分散化、管理上独立化、模式上多样化的数据源，而这些数据和平台之间的信息存在着较大差异，从而形成了一个庞大的异构数据库环境。

综合上述水务数据多源异构性的特点，虽然互联网推动着多源异构数据朝着普及性发展，但是这个发展过程不是一蹴而就的，与此同时它也为多源异构数据的共享与交流提供了一个良好的开放式平台，但是水务数据的多源异构性为数据整合与数据共享带来了前所未有的难题，从而制约了多源异构数据共享的步伐。

2. 协同集成系统的数据随需性问题

水务多源异构数据的整合需要在访问数据的过程中做到最大限度的随需性，其随需性与数据整合程度、系统功能完善程度以及访问数据的难易程度有着密切的联系。若数据随需性增加，数据整合程度增加，系统功能完善程度越高，数据访问时越便捷。为了提高数据随需性，需要把所有存在差异化的数据访问操作尽可能地不在用户访问端口呈现，即将操作系统和通信协议以及数据传输方式等方面存在的差异一并封存于系统内部，对需要服务的用户提供统一的数据访问接口。

科学技术的进步在做出巨大贡献的同时，也带来了诸多潜在的风险，数据的多源异构性便是其中最为突出的问题。多源异构数据库的逐渐壮大对数据整合系统的随需性提出了巨大挑战。

3. 协同集成系统的数据安全和移动智能访问终端的安全问题

在水务数据整合体系中，需要确保数据的传输过程、转换过程、处理过程准确无误执行，加强该体系的稳定性、安全性，防止体系内某部分数据异常而导致数据乱码或是数据丢失。更为严重的是，水务数据整合体系还面临黑客攻击的安全隐患。同时，水务数据整合体系针对企业层面来讲，数据整合中的相当一部分数据会涉及企业机密，那么访问权限就显得尤其重要。

综上所述，在水务数据的整合过程中，既要保证数据的完整性不被侵犯，又要确保水务数据在整合过程完成后的可用性，也就是说在数据集成系统处理完成后，原始的水务数据信息是完整的，并且没有被外界干扰，同时，授权企业或用户可以正常访问水务数据信息系统。而针对访问端的安全问题，则需要做好机密数据的保密性，仅为授权企业或用户提供水务机密数据信息的访问通道，非授权企业或用户则禁止访问。上面所述的都是与协同集成系统的数据安全和移动智能访问终端有关的安全问题,而这些问题的解决已经迫在眉睫。

4. 协同系统[77]集成用户优化和数据展现问题

水务行业多源异构数据通过整合系统处理后,理论上来说会出现一个简洁明了、所查内容重点突出的界面,但是大部分企业的窗口都是简单呆板的栏目和内容,而且没有重视用户的使用习惯和体验,也就不能充分利用数据中隐藏的信息给企业创造更高的价值。

8.2.2 水务数据化技术水平存在的问题

1. 信息化发展水平不均衡,信息化建设水平不高[78]

随着国家网络强国战略的不断推进,以计算机网络技术为主的智能化工具为诸多行业、企业及部门带来了福祉,各行业、企业及部门从获取数据信息到处理信息的能力也不断提升,目前依托信息化载录的数据信息量在信息总量中占比较大。然而,各区域信息化的不均衡发展主要体现在各企业或部门分散于不同的区域,信息化的不均衡发展最终导致了水务行业同一数据的种类、结构、来源等形式多样,从而致使水务数据跨区域、跨部门共享难以实现。

各行业的信息化建设[79]指企业利用现代化的信息技术来管理企业的途径。自新时期以来,社会的发展常伴随着"网络化""信息化""全球化"这几个方面的特征,使社会资源配置方式、人类的工作方式以及人类的生活方式等发生着极其微妙的变化。在当前,信息化已成为社会发展的必然趋势,其不局限于企业利用现代化的信息技术来管理企业以实时进行优化,也能在各种功能条件协同作用下实现企业甚至是行业内部或跨行业间的长远发展。

然而,水务行业在信息化建设方面还有待提升,大部分企业缺乏对信息化的进一步挖掘,仅停留于企业文化建设的宣传,对水务数据整合体系重要性的认识还处于低水平阶段,目前只有少部分水务企业意识到了这一严重问题,而初步建成的水务信息整合体系由于缺乏各管理层级间的多维度系统集成,最终还是导致了信息化建设水平低,没能体现出水务信息数据库为社会发展所带来的价值。

2. 信息基础架构不受重视,"孤岛效应"明显,数据集成度低

在水务行业发展的初期阶段,大多企业对水务数据的认识局限于眼前的发展或企业内部的短期发展,并未设想本企业的数据信息将会被用于整个行业或影响行业外的其他企业,导致早期水务企业对数据重视的程度不够,从而进一步造成数据库建设不足、数据信息冗余。此外,还缺乏一个既满足基层水务工作人员又满足中高层水务管理人员的水务数据一体化的基础信息管理构架。

随着国家推行大数据战略、网络强国战略[80]、"互联网+"战略等，将互联网技术引入水务行业已成为水务行业建设的一项重要内容。但是各区域水务行业的独立运行导致其数据信息没有规范统一的记载标准，因此出现了各水务行业的数据记载方式千差万别的现象。由于技术或各地区需求不一致等，各地区在不同时期引入了不同的信息载录系统，而这些系统之间彼此存在着一定程度的差异且各自相互独立，从而导致不同区域水务行业数据信息无法同步处理，在行业范围内逐渐形成了数据信息的"孤岛效应"。

信息"孤岛效应"使得行业内部的数据具有显著的分散性和异构性等特点。随着信息化时代的不断推进，各行各业的数据不断增加，当然，水务行业信息数据也不例外。但是，日益增多的水务数据信息的分散性与异构特性造成数据集成程度低，数据共享困难。

3. 计算机智能决策表现不佳，集团总部的管控和决策能力相对较弱

与人工智能相比，计算机智能[81]涵盖的层面更广泛，既可以模拟人的思维方式，又能模拟某些自然定律。在水务行业中的计算机智能决策主要运用计算机模拟人类的思维进行推理判断。基于现阶段水务行业数据信息不具有连贯性，加之"孤岛效应"显著，数据整合共享体系还没有建设完善，从而造成了数据处理综合能力不尽如人意，未能较好地实现互联网自主查询与智能决策的功能。

水务行业中各企业由于各种内部因素或外部因素的影响使得其下属子单位分布于不同的区域，业务类型与职位能力存在着明显差异，与此同时各单位部门与企业的信息系统完善程度受时段性、技术性以及人为要素等因素的交叉影响，最终导致各单位已建设好的水务数据信息系统之间互相隔离，大量的数据信息无法实现共享，整合汇总成为一大难题，从而造成企业总部管理层不能做到及时、准确地读取与企业核心业务相关的数据信息。此外，即便是企业已经获得了各子公司成千上万的数据，当企业对各下属部门进行重大结构调整或讨论重大的抉择性问题时，也不能对这些海量数据进行操作，进而也导致数据的利用价值无法体现。

8.2.3　水务企业采用的管控模式问题

1. 难以兼顾成员企业的差异性

水务行业中各企业的下属子单位由于业务类型的多样化而存在着较大差异，因此在数据信息管理方面也会体现出较大差异。通过连续化的约束，其管理章程和实施细则的制定必然会出现"因人而异"的个性化需求。若集团总部对各下属单位采用"一刀切"的管理模式，那么将会导致各下属单位失去其独特的价值，同时也无法跟随社会市场快速发展的步伐。但是，若集团总部过分地强调各下属单位之间的差异性，将会导致难以有效调节各下属单位的数据信息资源，难以发挥企业的规模效应。

2. 难以发挥集团企业的整体优势

水务行业中各企业的下属单位数据信息间的"孤岛效应"所导致的"信息孤岛"使得

其信息交流受阻现象明显，造成有效资源无法实现合理的配置问题，从而难以实施企业整体优化的方案。此外，在其他方面也很难发挥整体规模效应，如人才资源、技术储备、资金周转等。

3. 集团成员企业之间的信息化基础差距比较大

水务行业中各企业的下属单位可能存在跨领域的现象，其中水资源的处理、水资源的供给、市政管路的铺设等都是典型例子，它们之间的信息化系统建设模式与考虑到后期发展的思维方式层面上均存在着较大差异，并且数据信息的规范化体系和安全性维护体系的建设相对于其他先进领域仍然还存在着较大的差异，这样的状况十分容易造成获得关键信息的滞后性，从而给企业整体的利益造成不可估量的损失。

8.2.4 城市管网信息化建设问题

随着当今社会经济和科学技术的快速发展，城市化的发展、城市道路的建设、高层建筑的修建以及水务、电力和网络系统的发展带来的是城市管网管段数量呈指数级增长，管网的新建、扩建和改建工程不断扩增。作为城市建设基础设施的城市管网系统是城市供水系统的运输纽带，在城市的建设和发展中起着举足轻重的作用。管网在水务体系中的作用更是无法取代，它作为水务系统的生命线，如同人体血脉系统一般，将"营养液"通过管网体系输送到各个居民家中或各种公共场所。管网的信息化建设不完善会给水务系统造成巨大的威胁[82]。

1. 行业标准不规范、技术落后、维护不足，安全事故不断

20世纪80年代，我国的大规模管网建设工程正式开始投产，由于政府部门对管道铺设的规范化研究与建设工作的不合理，最终导致我国的管道建设水平普遍低于海外管道应用领域的研究和开发标准，设备在长期的运行且缺乏保养检修的情况下逐渐老化，加之技术的落后，最终造成安全事故频频发生。依据安全事故的相关统计数据，每年我国管道损坏造成了上亿元的经济损失。

现有数据表明，2009年中国城市污水处理率仅相当于1985年美国的城市废水处理水平。截至2010年末，中国人均排污管段长度仅为0.57m，远远低于德国与美国的人均排污管长。据不完全数据统计，2013年雨季造成全国范围内14个城市出现了严重的洪灾。根据《中国城乡建设统计年鉴(2010年)》报告，由于自然因素或人为因素的影响，全国约10个省会城市在供水过程中损失的水量约为$6\times10^9\mathrm{m}^3$，其漏损率超过13%，严重的漏损现象导致了水资源的浪费。

2. 管理监督不足

在城市管网构建发展的早期阶段，人们未意识到合理设计和综合全面规划管网系统的必要性。由于每个类别的管道分别属于相应部门管制，这样的一种分散管理的手段导致不

同类型的管网管理权被划给不同的管理部门,并且不同部门之间缺乏协调,严重削弱了对城市管道功能的调控,从而难以建立统一的城市管网监管系统。因为缺少一个类似于全城管线实时监管的部门,所以在铺设管线前期无法对整个管网铺设情况进行全面统一的掌控,导致铺设工程难度增加,甚至会导致原已安装的管线被人为损坏,如城市管网中管线交叉且布置不当等,给城市发展带来了严重的安全风险。若想保证城市管网建造发展的有序性,就得进行科学的、长远的统筹规划与合理设计。

3. 数据档案不完善,信息不畅,资源配置不均衡

由于各地区经济发展水平不一,加之信息化管理水平不完善等,我国的城市管网信息不健全、部分资料数据缺少等问题非常明显,这与城市经济和社会规划的高水平发展不匹配。当前城市管网布局模糊的状况在我国屡见不鲜,翻阅相关文献可知,截至 2011 年,我国构建了城市管线基本数据资料档案的城市仅占 3%。

城市化进程的进一步加快导致城市管线成倍增长,从而使城市空间更加拥挤。重视技术而不屑保护,重视建造而不屑监管,这种行为是管线基本档案资料缺失、信息质量受影响的根本原因。管网的管理大多各自为政,各个部门均是以自身需求为出发点,依据已有的学识及开拓的思维对管线进行建设;同时基于切身利益以及商业保密性等多方面的因素考虑,各个企业对信息进行封锁,造成关联数据信息源只归属于相关部门,数据的流动几乎不可能,"孤岛效应"随之形成。管网档案体系仍有待完善,归纳整理档案信息和共享难度偏大。这些管线信息资料呈现出仅属于"部门私有"的现象,给城市管网信息资源集成与共享造成极大的阻碍,从而使得管线信息数据的准确性和时效性降低。

4. 共享机制不健全

由于缺乏相关的政策、法规支持,数据规范上的差异与运行机制等都是阻碍城市管网布局信息难以实现共享的关键因素。例如,城市的供水管网系统归属自来水公司,而排水管网系统则属于污废水处理公司,多个相对独立系统的形成就是部门之间独立管理造成的;另外,不同的职能部门没有关于行政级别方面的从属关系,制约关系在普通情况下也是不存在的。我国已经在 100 余座城市构建起了城市管网治理体系——管网信息综合管理系统,然而因为各个部门或组织间的沟通与协调机制不完善,管网全局管控体系存在着短板,使得无法及时对管线的动态变化情况进行准确调控。换句话说,与城市信息管网建立有关的诸多问题已经对城市化进程造成了严重阻碍。

第9章 水务及交叉行业业务模式创新

9.1 PPP 模 式

业务模式,即产业链中各个环节[如终端提供商、设备制造商、运营商、互联网服务提供商(internet service provider,ISP)等]在整个产业生态环境中的位置及其相互之间的交互关系,包括捕捉机会、制定对策、建设能力、实现卓越四个步骤。

捕捉机会:及时了解客户需求变化,实时掌握业务模式发展趋势,准确把握机会。

制定对策:把大范围专业定制业务模式作为基础底线,将需求具体化,朝着需求化方向,采取定制服务化、投资化、市场化、人力资源化、制造化、销售化、产品化等相应的应对策略。

建设能力:通过信息技术对核心业务流程和支撑管控组织进行重组和重新设计,构建整个供应系统链条环节上的管控组织能力。

实现卓越:通过提升产品质量和改进服务,满足客户需求,使公司的发展得到质的飞跃。通过对管理的完善,管理层更加注重对战略与文化的双重管理,让公司在新一轮的业务模式创新中处于领先地位。

水务行业是指由原水、给水、节水、排水、污水处理及水资源回收利用等构成的产业链,是城市重要的服务行业之一,水务行业几乎涉及所有的日常生活、生产活动。随着水务行业的发展,产生了多种业务模式,包括公共私营合作制(public private partnership,PPP)、建设-经营-转让(build operate transfer,BOT)、营业权信托(turn over trust,TOT)模式、委托运营、股权收购、合资合作、设计-采购-施工(engineering procurement construction,EPC)、建设-拥有-经营(build own operate,BOO)、设计-建设-经营(design build operate,DBO)、代工生产(original equipment manufactuce,OEM)等模式。

PPP 模式[83]是指政府以竞争的方式选择社会资本进行投资、运营和管理。交易双方通过洽谈确定合同,清晰规划各自权利、义务、责任和风险事宜。社会上的公开性服务都是由个体或团体之间的关联——社会网络、互惠性规范和由此产生的信任,也就是人们在社会结构中所处的位置给他们带来的资源而提供的,国家以社会上的公开性服务为支付标准,确保所投入的资源可以得到相应的反馈。PPP 模式的本质是合作,公共部门和私有部门的关系是合作伙伴关系,合作双方共同的目标是以最低成本、最低消耗来实现更多、更好的公共产品的供给和服务。合作双方在合同的约束下,共同实现目标,获得项目最大效益,且合作伙伴关系中双方利益共享。PPP 模式的项目具有社会性,是带有公益性质的项目；PPP 模式的项目也具有市场性，它与私人部门经济利益有关。PPP 模式合作双方共同承担风险，公共部门需承担政治、法律及政策变更的风险，私人部门则承担建造、运营及技术风险，合作双方应将项目风险最小化。

政府部门进行公开招标，中标单位得到政府的特许支持组成项目公司，并签订相应合同。项目公司负责筹集资金(可从银行及金融机构贷款)，以及项目建设、运营和移交。为使项目公司能够顺利取得贷款，政府通常会与相应金融机构签订合同，这个合同不是对项目公司的书面担保，而是向金融机构承诺支付合同相关费用的文件。PPP 模式典型结构图如图 9-1 所示。

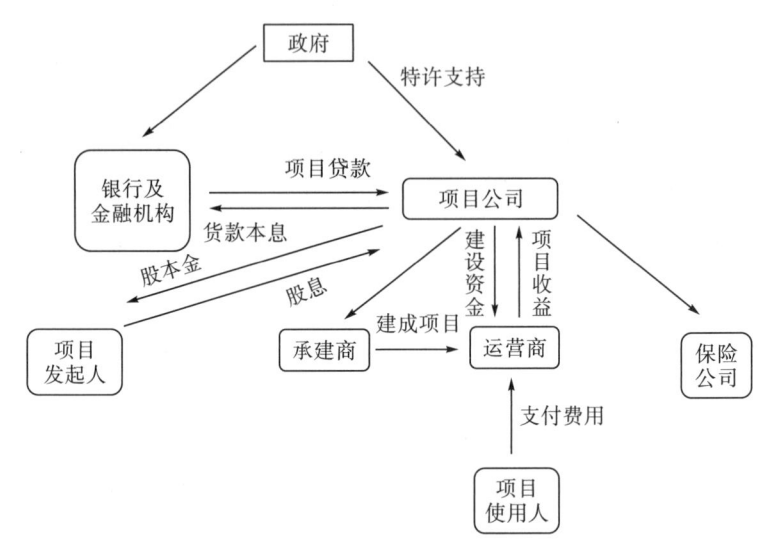

图 9-1　PPP 模式典型结构图

9.2　BOT 模式、TOT 模式

1. BOT 模式[84]

BOT 的概念是 1984 年由时任土耳其总理厄扎尔提出的，指政府部门与投资企业签订特许经营协议，给予其承担公共基础设施以及基础工业的建设项目，并对其进行融资、操作和维护。

BOT 模式作为一种新形势下的投融资模式，具有如下特点。

(1) BOT 模式下项目设计、建设、运营效率高。与传统模式相比，用户接受的服务质量更高。

(2) BOT 项目可能存在的风险多且复杂，整个项目生命周期较长，而在这较长的生命周期内可能存在大量的问题，导致项目不顺利，因此有必要做好项目的风险评估及预防措施。

(3) BOT 项目投资规模巨大，且直接关系国家的整体发展，故只许成功，不许失败。

(4) BOT 项目的实施过程复杂，项目实施过程中可能存在诸多问题和矛盾，尽力协调、妥善安排实施各阶段的工作非常重要。

实际运作中，BOT模式有多种表现形式。

(1) 标准BOT，即建设-经营-转让。项目建成后，投资企业拥有一定时间的经营权，然后将整个项目转让，由相关公共机构或政府部门经营。

(2) BOO[85]，即建设-拥有-经营。投资方获取政府特许，对建设完成后的基础设施拥有所有权，而不需要将其转让给政府部门。

(3) BTO，即建设-转让-经营。对于铁路、机场、发电厂这种公共性很强的项目，投资企业不应享有其所有权，项目建成后，需首先转让其所有权，而后期由项目公司负责其运营维护。

(4) BOOT，即建设-拥有-经营-转让。整个项目建设完成之后一定期限内投资企业拥有项目所有权及经营权，待期满后将整个项目转让给政府机构。

2. TOT模式[86]

TOT模式是指政府将国有企业或政府项目的经营权或产权转让给社会投资企业，以获得建设新项目的大量资金投入。投资企业在合同签订的期限内，对相关项目持有经营权。合同期满后，投资企业将项目重新转让给相应的国有企业或政府部门。

TOT模式在水务行业中具有下述优势。

(1) 具有带动产业发展的潜力且风险低。由于污水处理项目的前期工作周期长、投资大，且环境、法律、政策等因素对其具有较大的影响，故而投资风险较高，一般社会投资企业不愿投资城市污水处理行业。而项目前期由政府介入建设污水处理设施，建成后运作TOT模式，转让项目运营权及产权，收回相应资本。此时，社会投资企业无须承担停建、缓建及成本超预算等各种建设过程中的风险，这将吸引原本不愿涉足此行业的社会投资企业进入此行业，从而促进行业发展。

(2) 盘活存量资产，拓宽融资渠道。TOT模式有助于盘活国有企业、搞活国有资产。在我国，TOT模式一般用于污水处理、水厂、电厂、公路、桥梁等基础设施项目。政府将这些基础设施项目转让给社会投资企业，收回部分资金，收回的部分资金可用于城市其他基础项目的建设。因此，采用TOT模式引进资本，一定程度上可以对我国基础设施建设的资金压力有所缓解。

(3) 减轻政府财政负担。污水处理项目建设的资金需求较大，且投入运营后资金回本周期长，因而还债压力大。采用TOT模式将项目转让给社会投资企业，回收部分项目建设投资成本，以偿还项目建设时产生的债务，同时可以减少一部分财政补贴，在很大程度上减轻了政府的财政压力。

(4) 提高污水处理设施运营的社会、环境和经济效益。采用TOT模式将项目转让给社会投资企业后，企业在保证水量水质的前提下，为追求利润最大化，必然淘汰落后的管理模式、管理体制，采用国际上先进的运营管理办法，提高效率、降低成本，使得污水处理设施产生更多的社会、环境和经济效益，同时有助于污水处理行业运作结构转换机制。

9.3　委托运营及 EPC 模式

1. 委托运营

委托运营是指政府将存量公共资产的运营维护职责委托给社会资本或项目公司,社会资本或项目公司不负责服务用户的政府和社会资本合作项目运作方式。

这类模式中,地方政府保留资产所有权和建设权,只向社会资本或项目公司支付委托运营费。在此模式下,政府主体的经济业务比较简单,其经济实质就是政府主体通过支付一定运营费的形式,委托社会资本方或项目公司代为运营、维护,各类项目的资金输出均由政府主体直接承担,也就是直接形式的地方债。

该方式下政府主体支付给社会资本方或项目公司的委托费,实质上是对公共资产进行运营和维护所发生的费用。

2. EPC 模式[87]

EPC 模式为设计-采购-施工(交钥匙)模式,即工程总承包模式,一般情况下,由承包商实施所有的设计、采购和建造工作,完全负责项目的设备和施工,雇主基本不参与工作,即在"交钥匙"时提供一个配套完整且可以运行的设施。

EPC 总承包模式主要包含以下几项内容。①工程项目全阶段的组织实施统一策划、组织、指挥、协调,并且实行全过程控制方案。②工程项目全阶段之间是合理、有序且相互交叉的,有利于保证工程质量、缩短建设工期、降低工程造价。③对工程项目全阶段进行整体优化,提高经济效益。④将采购工作纳入设计阶段,设计工作的开展要充分考察工程的可施工性,实现工作的交叉,使设计与采购、施工密切配合,保证设计文件及采购设备、材料的质量。⑤实施工程项目全阶段全过程的进度、费用、质量、材料控制,确保项目目标的实现。

9.4　案例——盐城市某水环境综合治理项目

9.4.1　项目概况

项目建设[88]的主要内容包括水域环境项目(湿地、河道环境恢复)、水域景观项目、知识水务项目、水利项目以及水域生态项目(清淤疏浚、泵站、污水管网、生态湿塘、黑臭水体、雨污分流、底泥处置)。运作内容包含确定性经营工程以及非确定性经营工程,工程收入来源主要是黑污水的处理费用、水上游览费用、公园服务用房出租、场地特许经营费、广告收入、停车费等。

第 9 章 水务及交叉行业业务模式创新

PPP 运营模式采用 O&M+DBOT，也就是绿地工程[89]，"设计-建设-运营-转让"+存量项目"委托运营"，工程的合同期为 15 年，其中建造期 5 年，运作期 10 年。

工程预估总投资金额为 56.45 亿元，资本金比例为 21%，融资比例为 83%，股权结构为政府方出资 10%、社会资本方出资 90%，项目交易结构如图 9-2 所示。

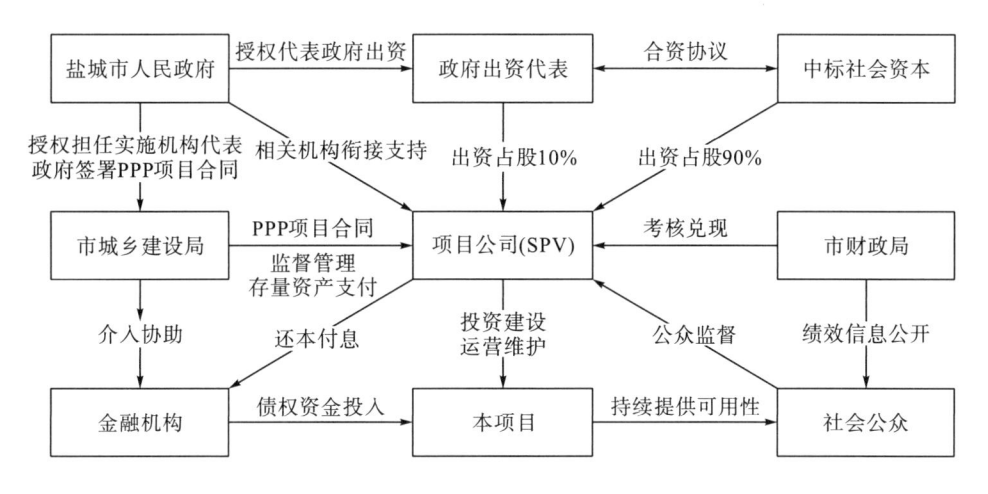

图 9-2 项目交易结构图

注：特殊目的机构/公司（special purpose vehicle，SPV）

工程项目的整体目标是通过对水域环境和生态的系统治理，扩大生态体积和面积，改善生态环境，将水域污渍去除，提高水域水质，提升水域安全级别，使水域两岸景观优美，充分展现当地水域文化，创造并实现"水韵盐阜、碧水畅流、河海安澜、湿地之都、岸绿景美"的美好期许。

9.4.2 项目简评

1. 工程种类绑定化

工程中涵盖 27 个子工程，包含众多方面，如水域的景观、水利、智慧水务、生态及环境等，子工程相互之间有关联。假如每个子工程单方面执行 PPP 模式，就容易产生很多个主体、复杂的流程且考核困难。把子工程一起绑定，然后统一执行，就可以选择各个方面实力相对较强的资金方，这对整个地域的水域生态环境工程的统筹和监管都是十分有利的。

2. 社会资本综合化

这个工程把各类子工程绑定在一起，然后统一执行。由于涉及的子工程特别多，这个工程对来自社会网络的资源（也就是资本）有明确的要求：联结成员必须小于或等于 4 家，"领头羊"企业不可以是金融机构，只能是同时具备市政公用工程和水利水电工程施工总承包一级及以上资质的执行方；负责规划的主体还必须具备的资质是工程设计综合甲级；在竞价指标方面，建安费用的下浮比例要高于10%，同时运维费用下浮比例要高于10%。而想要符合以上要求，不是一家社会资本方就可以承接的。因此，通过很多家社会资本方联合组成一个整体，然后统一承接，是最有效的途径，如财务投资人、运营单位、施工单位、设计单位等都可以是成员之一。但是，在工程执行中，如果参与人比较多，那么他们之间会涉及复杂的利益关系，也经常发生很难协调的情况。

3. 付费机制复合化

这个工程中每个子工程的特性有区别，因而支付方法也是不同的。主要的项目和非流量资本使用可实施性漏洞挽救制度，同时根据下面的公式去统计可行性缺口补助：

$$可行性缺口补助=主体工程可用性付费+主体和存量资产运维绩效付费-主体工程使用者付费$$

式中，主体工程可用性付费主要包括项目总投资、融资成本、税费及合理回报；主体和存量资产运维绩效付费包含运作保护支出、税务支出和必需的适当回馈。主体工程使用者付费指场地使用费、水上游览费用、广告收入、服务建筑出租、停车费收入等。

对于有些子工程，会采用使用人支付的回馈制度，如处理污水的工厂子工程，工程公司会通过使用者支付去把投入的资本回收，同时得到适合的回报，而这些费用主要来自国家向使用自来水的顾客以及处理污水的公司收取的污水处理费用。而污水处理的服务费用主要有两个方面，分别是污水处理基础服务费和污水处理运维服务费。

4. 国家监管全面化

行政监管、公众监管以及履约监管等都是这个工程主要的监管方式（图9-3）。行政监管一般是由各个部门承担，如旅游、环保、建设、交通、国土、规划、水利、城管和安监部门；公众监管一般是要接受媒体、协会、最终用户及非政府组织（non-governmental organization，NGO）等的监督，同时收集社会民众对工程公司的意见和建议；履约监管一般是需要核查协议的执行状况，通常需要发改、财政/审计和国资监管部门以及工程执行机构来负责。

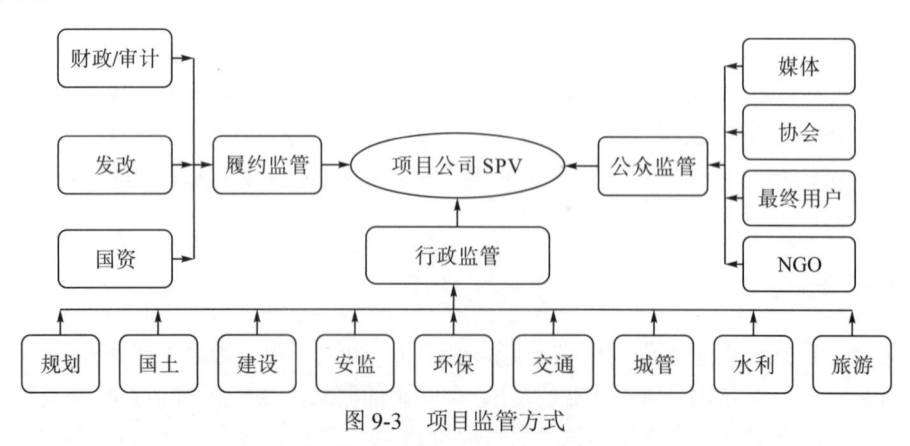

图9-3 项目监管方式

第 10 章　大数据共享原型系统设计

10.1　基于区块链的大数据共享模型

10.1.1　在区块链基础上的数字化共享模型

基于区块链的数字信息共享模型[90]如图 10-1 所示，由数据需求者、去中心化数据共享平台、数据拥有者和数据源四部分组成。数据需求者是指对共享数据有需求的研究人员、团队或机构等，数据拥有者是指对数据拥有绝对管理权限的个体或机构，数据源是指可以提供远程数据访问的各类载体，包括具备数据库管理系统基本功能的云端、作为数据处理节点的中端处理器，以及用于数据交互的互联网客户端等。

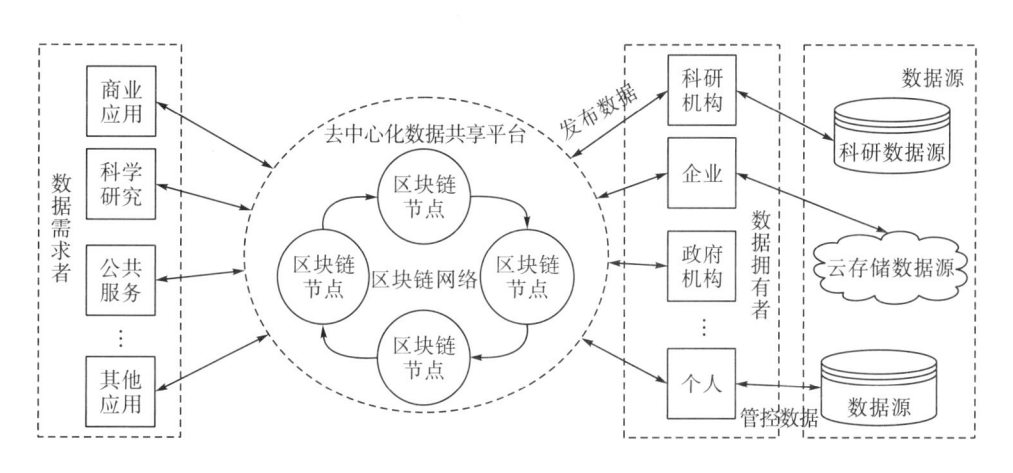

图 10-1　基于区块链的数字信息共享模型

在构建的模型中，每一个主体独立存在，同时可以彼此依托、彼此转变。数字信息所有者作为信息流的起点，通过分散的数据共享平台上传数据。然后，双方人员能够搜集数字信息、查看数字信息品质以及估算、公布数字信息的阅读需求等。最终，双方可以基于平等、透明的原则，凭借可信的数据权限在共享平台上进行交互和数据分享。区块链在维持生态体系模型的稳定、常态运营方面是有优势的，并且还十分值得信任。再者，假冒伪劣、品质低下的数字信息被完全暴露于区块链中，对于质量优良的数字信息共享的生态环境的建构具有优势。

区块链技术是结合多种技术来满足当前大数据对信息安全、数据可靠性和可扩展性需求的一种新技术。基于区块链的网络大数据共享模型的主要特点如下。

(1) 分散化：区块链网络的信息记录和更新由各分散主体共同完成。各主体相互之间的关系对等，有着相同的数据需求。

(2) 透明不可更改：主体可以通过任何一个网络节点查看整个账本，所有记录在册的信息均透明公开。区块链系统采取完全冗余的策略，保证数据不可更改。

(3) 智能合约：智能合约是存储在区块链中的脚本，具有唯一的地址。共享的那种非虚拟的实体是由智能合约代表的，也就是说智能合约不用依靠外部干预，它能够自动化、智能化地履行合约。智能合约可以提高交易质量，由代码定义，且由代码强制执行。

10.1.2　基于区块链的大数据共享信息连接模型

1. 基于区块链网络的数据源存储模型

大数据共享需要数据描述、使用者信息等具有整体条理的事物数字信息以及医疗方面、农业方面和气候方面等广泛的数字信息集和存储信息。当前的很多模型使用聚集式存储管控措施。

基于区块链网络的数据源存储模型非常容易管理、维护和操作数字信息，使用者可以直接通过页面进行数字信息的处理工作，几乎不需要考虑储存方法和集合系统保护以及维持的问题。可是其中还存在一些数字信息的认可度问题，共享的整个过程不是在可视范围下的，同时它的展开性相对较差，所以出现了区块链网络的联结模型。

与集中式管理模型不同，该模型将数字信息的管控和数字信息的来源隔开，不需要双方以外的机构提供数字信息的管控和整理服务，数据由用户自行存储、管控。参与各方通过区块链公私钥进行交互，公钥是公开信息，私钥则由用户自行保存。使用者对广播的数字信息有需求时会使用私钥对数字信息设置密码，保证信息真实。若双方需要进行授权交互，可对私密信息进行公私钥加密。

所有交互流程在区块链网络上都是公开透明的，而为保证其不可篡改，则必须由区块链共识算法进行验证记录。用户的非透明数据及原始数据无须交给第三方机构进行管理，不会发生泄露，如果存在版权纠纷，用户可以通过对自己的权限进行追根溯源，从而进行数字信息的维权。

2. 基于区块链网络和分布式文件系统的连接模型

区块链上多余的数据量会使效率下降，从而增加各个节点存储和计算的费用，可通过引入分布式文件系统来解决这个问题。大数据源、区块链网络、分布式文件系统三者存储内容见表10-1。

表 10-1 在区块链与分布式文件系统基础上的数据连接模型存储内容

存储方式	存储数据内容
大数据源 (政府、科研机构、企业、个人设备)	不同领域与场景采集的大数据集
区块链网络	数据概要、数据类型、数据归属关系、数据权限交互信息流、数据质量评估统计数据、非关键信息的分布式文件访问方式
分布式文件系统	非关键信息文件(如用户信息详情、数据具体描述与共享协议、数据评论等)与加密后的数据源访问方式

模型中，数据提供方负责各类数据源的维护和管理，以文件形式将共享协议及详细描述存入文件系统网络，并发布数据概要，绑定所有权。其他数据需求方只需根据关键词或类型检索，通过文件系统找到数据描述，完成数据交互。

10.2 基于区块链的大数据共享模型分层架构

共享模型在架构上的分层[91]：数据、控制以及管理平面。数据平面包括数据存储和数据路由层，主要针对大数据的大量、高速、多样及价值等特性，将传统的数据存储层分为数据路由和源数据存储两部分；控制平面包括区块链层和合约层，通过智能合约能够编程的特点，把数字信息共同分享联系的事物条理打包，把关键信息和程序储存在区块链网络上；表现层和服务层都属于管理平面，需要把控制平面上的效能接口封装成有区别的数字信息管理控制服务，同时全面地向使用者公示大数据共享层面的管理效能[92]。

10.2.1 数据存储层

数据存储层[92]包括各个数据源，主要负责存储及管理原始数据，并提供各类数据的远程访问服务。而大数据的结构差异性大，没有共同认定的指标，有区别的结构的数字信息适用于有差异的数据来源，所以数据的来源一定要有确定的基础效能，也就是数据的定义、操作、管理、保护、传输能力。

数据库管理工具发展迅速，大数据中半结构化及非结构化数据所占比例越来越大，方便对原来一些难以存储管理的数据(如录音、录像、图像数据等)进行数字化管理。选择合适的数据源可以减少不必要的存储费用，提升管理控制的能力。

1. 联系型和非联系型数据库的主要特点

结构化、半结构化以及非结构化是数据的结构化特征，一般使用非关系型和关系型数据库进行存储，二者对比如下。

(1) 相比非关系型数据库，关系型数据库的理论性更强。关系型数据库是基于数学模型建立的，因而更加适用于数学关系更强的数据。

(2) 与关系型数据库相比，非关系型数据库的数据规模极大。非关系型数据库的数据规模随数据量的增多而增大，关系型数据库的数据规模随数据量的增多而变化，因而非关系型数据库更适用于超大型的数据的存储。

(3) 关系型数据库采用固定的模式，非关系型数据库采用可扩展的模式，因而关系型数据库更加适合于预定义的模式化数据。

(4) 关系型数据库的检索速度快，非关系型数据库能够更加高效地进行简单检索。关系型数据库可以经由检索来确定所查数据的位置和范围，非关系型数据库虽不具备此能力，然而它的投影检索方式用于简单检索效率可观。

(5) 关系型数据库遵循 ACID[原子性(atomicity，或称不可分割性)、一致性(consistency)、隔离性(isolation，又称独立性)、持久性(durability)]特性，一致性强；非关系型数据库遵循 BASE[基本可用性(basically available)、软状态性(soft state)、最终一致性(eventual consistency)]特性，一致性较弱。

(6) 关系型数据库扩展起来很困难，非关系型数据库的扩展性较强，通过最新增加存储节点就能够迅速扩容。

(7) 关系型数据库的可用性不如非关系型数据库。关系型数据库受限于一致性特性，故其可用性会随着其数据量的增大而有所减弱，非关系型数据库遵循的是 BASE 特性，一致性较弱，因而其可用性相比非关系型数据库会更好。

(8) 非关系型数据库没有遵照结构化查询语言的标准，但是关系型数据库具备。

(9) 支持关系型数据库的相关技术比较多，但是支持非关系型数据库的技术相对较少。

2. 结构化数据存储工具

条理化数据，即行数据，一般经由关系型数据库进行存储和管理。目前主流的关系型数据库工具包括 MySQL、SQL Server、Oracle 以及 DB2。其中，SQL Server 适用于 Windows 平台，MySQL、Oracle 以及 DB2 可适用于多个平台；MySQL 和 SQL Server 安全性一般，而 Oracle 和 DB2 安全性较高，可达到 ISO 的最高标准。四种关系型数据库工具性能由高到低依次为：Oracle>DB2>SQL Server>MySQL。四种关系型数据库工具可操作性由高到低依次为：SQL Server>MySQL>DB2>Oracle。

3. 半结构化数据存储[93]

半结构化数据，即以自描述文本形式记录的数据，其没有严格的结构和关系。半结构化数据存储的方式主要包括：转化为结构化数据存储，使用 XML 格式处理和存储。转化为结构化数据存储有利于主要信息的搜索，可是它的数据没有办法扩展，也就是我们必须在存储时期确定全部的主要信息，并且不能变更；使用 XML 格式处理和存储可以任意扩展，可是它的搜索速度相对较慢。

4. 非结构化数据存储[94]

非结构化数据，即数据结构不完整或不规则，无法用数据库二维逻辑表来表现的数据。主要采用 NoSQL 数据库工具进行存储。非关系型数据库主要分为四类：键值数据库、列数据库、文档数据库和图形数据库。键值数据库主要采用哈希表，哈希表中有特定的键和指针指向特定的数据，其主流数据库有 Redis、Riak 等；列数据库主要用于分布式存储的海量数据，仍然存在特定的键，但其指针指向多个列，其主流数据库有 HBase、Cassandra 等；文档数据库是基于 Lotus Notes 办公软件发展起来的，类似于键值数据库，适用于存储具有索引的半结构化数据，其主流数据库有 CouchDB、MongoDB 等；图形数据库适用于具有图形关系的数据，其主流数据库有 Neo4J、InfoGrid 等。键值数据库查找速度快，但其数据无结构化，通常只被当作字符串或二进制数据；列数据库检索高效，可扩展性强，但其功能相对比较局限；文档数据库对数据结构没有严格要求且表结构可变，无须预定义表结构，但其查询性能不佳，没有统一的查询语法；图形数据库利用的是图结构的相关算法，如 N 度关系查找，通常要对整个图形进行计算才能得到目标信息。

10.2.2 其他层

1. 数据路由层

数据路由层的主要功能是存储数据定位信息，其具有分布式连接作用，即通过数据定位信息准确获取目标数据信息。数据路由层主要解决区块链冗余数据量过大及数据源的扩展性不佳两大问题。分布式文件系统连接节点和计算机网络，使用者没有必要知道数据具体在哪里，只要进入网络就能够上传和得到目标的信息，同时能够非常容易且完美地实现数据的互相交换和分享。

2. 区块链层

全部共同分享模型的中心层就是区块链层，主体效能是储存数据信息访问地址以及关键业务逻辑的交互过程。区块链的本质是一个去中心化的分布式账本数据库，为数据共享提供去中心化信任。系统安全，区块链可以有效避免恶意攻击、单点失效等问题；管理数字信息的权利限制，链上的数字信息公开透明，同时涵盖时间戳，可以在交互期间提高时间维度，使交互程序追根溯源起来更加简单，同时避免被盗取或修改；数字信息私密防护，区块链中全部节点阶级相同，数字信息的归属权属于数字信息的拥有者。

区块链层的具体功能包括：①降核心化信息存储，使用分散式节点获取核心数据，储存数字信息透明、无法篡改且可追溯；②为账户体系加密，可以通过公私钥技术保护用户隐私，并保证数据信息真实可靠；③可靠且高效的共识机制，通过共识算法实现去中心化信任；④支持可编程的逻辑扩展，在链上进行自动验证并自动执行合约。

同时区块链技术也有一些局限，包括：①共识速度滞后，虽能真实完整地记录所有数据，但这个过程会带来大量计算成本，降低共享的速度；②安保问题，区块链保护信息安全的方式主要是使用非对称加密算法，同时公钥地址完全暴露于公众，用户私钥一旦被破解，其全部内容都可能被窃取。同时，51%的算力攻击经常发生在小型区块链网络上，就算是现实网络中一个网络节点到达整个网络的攻击效益远远低于51%的算力成本，这种安全隐患仍然存在。

大数据共享模式的开放度在不同环境下有所区别，对性能和安全的需求也不相同，系统的安全稳定性能、可维护性能以及扩展性能等会受到区块链选型的影响，因此需要针对不同的需求选取合适的区块链。

3. 合约层

事务条理层面的中心是合约层，由多种用数字平面确定的智能合约组成，通过区块链确保参与多方一起运营业务、实施代码，以及保持资源和状态相同。合约层中，智能合约具有账户体系、数据管理、数据服务、数据质量评价及后台管理等功能。几种主流智能合约的比较见表10-2。

表10-2 几种主流智能合约的比较

区块链	编程语言	开发工具成熟度	开发难度
以太坊[95]	Serpent、LLL、Solidity	成熟	一般
Fabric	Java、GO、NoedIJS	成熟	一般
Neo	Python、C#、Java 等	不成熟	容易
BCOS	Java	一般	难
EOS	C++	一般	难

4. 服务层

与被合约层确定的函数交换互动是服务层的主体效能，同时为表现层提供相关的服务逻辑接口，把详细实施和效能确定分开。经由服务层，合约层只要观察大数据共享领域的需求和条理的实现，避免对应用层中细粒度服务的过度调用，并解耦客户端与业务逻辑之间的关系。

5. 表现层

表现层通过使用服务层的接口，给使用者提供能够在有区别的终端（移动端和PC端）的数字信息共享的服务。表现层终端类型、技术及功能应用见表10-3。

表10-3 表现层终端类型、技术及功能应用

终端类型	技术	功能应用
PC端	Bootstrap、HTML5+CSS+Javascript	所有应用
移动端	iOS、Android	数据检索、账户管理、数据查阅、数据质量评价等展示型应用

10.3 基于以太坊的大数据共享原型系统设计

10.3.1 账户体系、数据管理模块

如图 10-2 所示，基于以太坊的大数据共享原型系统涵盖了五大功能，分别是账户体系、数据管理、数据服务、数据质量评价以及后台管理。

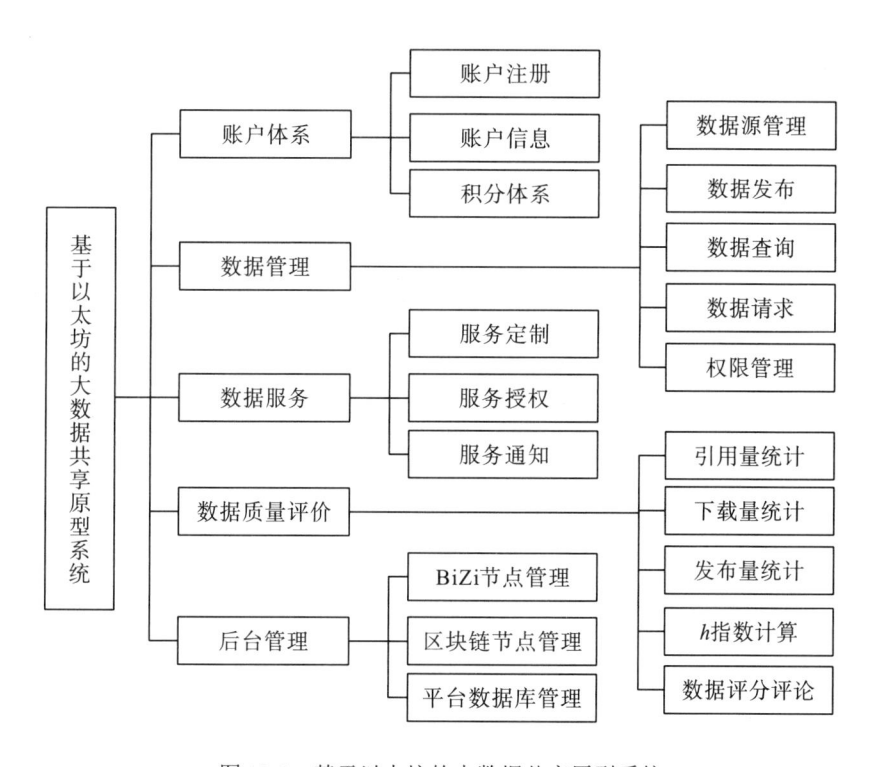

图 10-2 基于以太坊的大数据共享原型系统

（1）账户体系模块。该模块提供两个功能，分别是用户准入和安全交互。区块链基础上的账户密钥技术能确保账户的安全，同时使用分布式文件系统储存账户详细信息。使用者的账号名、使用者地址（公钥）和使用者的积分以及信息之间的关系都涵盖在账户管理合约记录里，同时还有两个函数，即信息更新函数和注册管理函数。前者负责信息的更新和综合账户的绑定管理，后者负责账户的创建与审核。

（2）数据管理模块。该模块主要实现数据的储存以及操控隔离，从而让数据所有权方享受管理控制权。管理的流程：首先，数据相关信息被数据发布者存入分布式文件系统内，调用数据发布应用程序接口填写数据相关信息，存入区块链。然后，数据需求方通过检索查找到数据集，并根据数据拥有者相关要求写入分布式文件系统中，向平台发出请求。最

后，数据发布者收到数据需求者的相关请求后对其进行授权，获得授权后向数据源发起请求，确定信息后就能够安装并且看到相关数据集合。

10.3.2 其他模块

1. 数据服务模块

数据服务包括服务定制、授权及通知三大功能。服务定制是指服务需求方根据相关数据类型和关键字定制有联系的数字信息服务。有关系的订阅合同由服务授权功能公布，在出现满足要求的数据集合时它会自动向数字信息拥有者传递请求，同时给他们授权。在完成全部授权后，完成的消息就会被服务通知功能向指定方传送。详细流程如图10-3所示。

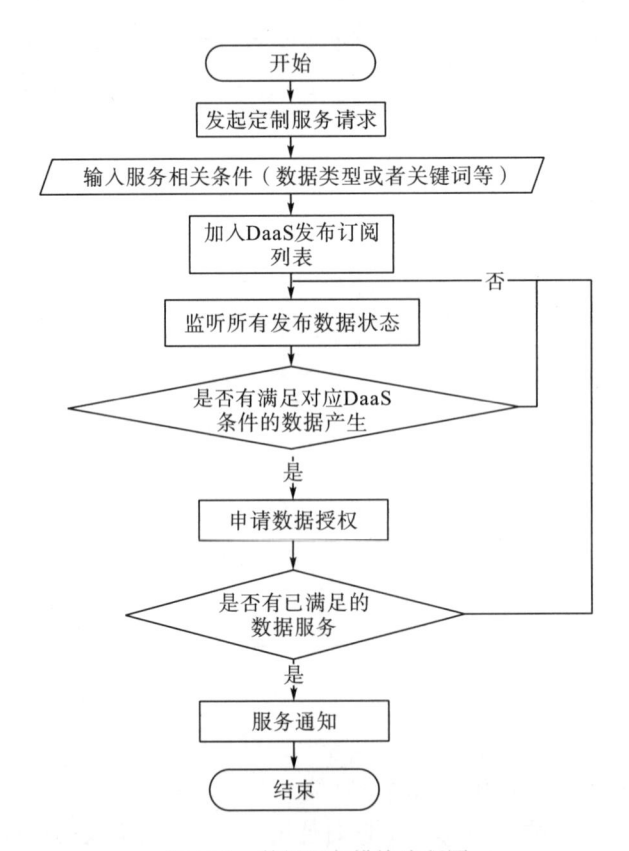

图 10-3 数据服务模块流程图

2. 数据质量评价模块

数据质量评价模块通过引用相关数据和评价来反映体制情况。其中，品质评价包括公布者提供的两个方面的评价，即数据集质量和影响力评价。如数据被下载或引用，则表示数据使用者认可了该数据及数据发布者。在数据管理和数据共享中，数据的评论反馈对数据质量的改善有着重要作用。h指数是指数据的被引次数大于或等于h的文章数。

为使数据集唯一，方便学者检索以及引用，数据需按照 BibTex 标准进行格式命名，且数据集应与其名称一一对应。

3. 后台管理模块

该模块由联盟管理员或相关机构负责，不直接参与交易，主要负责系统的运营维护。网络节点的更新、增加、删除等运营维护由 BiZi 节点管理负责；区块链节点管理可以避免超过 51%算力攻击；负责平台部署的个人或机构负责平台数据库管理，采用本地数据库参与数据缓存，有助于存取效率的提升。也可以通过 Web 接口获取数据，把获取到的数字信息录入当地数据库。所有的管控信息全部写在协议上，区块链确保它不能够被修改，以此保证其安全性。

第11章　重庆自来水厂生产状况可视化分析

11.1　业务场景介绍

重庆市自来水有限公司主营城市公共供水服务，承担着重庆市南岸区、渝中区等区域约 500km^2、600 万人口的供水服务，服务范围接近 97%。重庆市自来水有限公司下属众多自来水厂，各个自来水厂各自负责一定区域的自来水生产供给任务，某一片区可能由某一个自来水厂单独供应，也可能由多个自来水厂共同供应。

重庆市自来水有限公司北碚水厂(简称北碚水厂)负责北碚老城区、城北、城南及歇马、澄江片区的供水服务，服务区域覆盖人口达 30 万人；重庆市自来水有限公司渝中区水厂(简称渝中区水厂)主要负责渝中半岛和九龙坡黄沙溪区域的供水服务，服务区域面积达 15km^2，服务人口达 60 万人；渝南自来水有限公司江南水厂(简称江南水厂)负责南岸区及李家沱地区的供水服务，服务区域面积约为 50km^2，服务人口约为 70 万人；重庆市自来水有限公司沙坪坝水厂(简称沙坪坝水厂)供水服务范围涉及沙坪坝区、渝中区、高新区、九龙坡区等主城区，服务区域面积约为 110km^2，服务人口约为 100 万人；重庆市自来水有限公司丰收坝水厂(简称丰收坝水厂)供水服务范围包括大渡口、中梁山、百市驿、二郎科技城一带，服务区域面积达 70km^2，服务人口达 50 万人；重庆市自来水有限公司和尚山水厂(简称和尚山水厂)主要负责九龙坡区部分区域、沙坪坝部分区域以及渝中区部分区域的供水服务，服务区域人口 80 余万人。

重庆市自来水有限公司为重庆市几大主城区提供自来水供水服务，供水服务由公司下属七家自来水厂共同完成，自来水的生产由七家自来水厂负责，而自来水生产过程中各项指标、参数等种类繁多、数据量巨大，如自来水生产进厂水各项水质指标实时监测数据、出厂水各项水质指标实时监测数据、日常生产过程、厂区用水用电情况、自来水生产工艺流程运行情况、厂区日常维护情况等。公司生产状况数据繁杂、分散，企业领导难以通过这些初始数据对企业生产运行状况有快速准确的了解，无法及时准确掌握企业近期状况。因此，有必要对这些生产数据进行可视化分析。

11.2　典型示范区画像建模

11.2.1　数据介绍

重庆市自来水有限公司下属各个自来水厂制水原水取自长江或嘉陵江，水处理采用二级处理工艺,如江南水厂的制水工艺采用了传统絮凝、沉淀、过滤、消毒工艺,工艺成熟完善。自来水厂拥有一套完整有效的水质检测监督体系,全方位监测和评价原水、出厂水和管网水的水质情况;厂化验室负责原水、出厂水和管网水的监督监测,负责控制净水过程水质以及出厂水水质;运行班组负责制水过程的水质管理;机修组负责制水过程的机组安全运行。

本项目所有数据由重庆市自来水有限公司提供,数据包含公司各个下属自来水厂近三年生产活动中的所有数据,包含自来水生产过程中进厂水及出厂水的各项水质指标实时监测数据,小时平均、日平均数据,出厂水达标率,厂区生产日常消耗用水用电情况,自来水处理工艺,加药量等。

1. 原水水质

自来水厂对制水原水进行了实时监测,以及时了解水源水的水质变化情况,尤其是水质异常现象。水源水检测项目包括pH、溶解氧、化学需氧量、生化需氧量、浊度、氨氮、总磷、铜、锌、氟化物、硒、砷、汞、镉、铬(六价铬)、铅、氰化物、挥发酚、石油类、硫化物等。自来水厂取水处属于集中式生活饮用水地表水源地一级保护区,其水质标准应满足《地表水环境质量标准》(GB 3838—2002)Ⅱ类水标准。通过水源水质监测数据,可采用单因子指数法和综合指数法分别评价单因子对环境的影响程度以及水质综合环境质量现状。

2. 制水工艺过程水质

自来水厂对制水过程中各个构筑物的出水进行了实时检测,以了解各工艺流程的运行情况,及时洞察水处理异常情况。对于水处理异常情况及时采取相应的应急预案,及时解决问题,保障自来水出厂水质达标。制水工艺过程水质包含了絮凝沉淀池出水、滤池出水以及消毒池出水水质等。检测项目与水源水检测项目相同。

3. 出厂水水质

自来水厂出厂水经过一系列供水设施及供水管道送至指定区域,供区域内居民日常生活、企业生产使用,因此必须保证出厂水的水质安全。自来水厂出厂水水质需符合《生活饮用水卫生标准》(GB 5749—2022)要求。依据《生活饮用水卫生标准》,出厂水水质检测项目包括:色度、浊度、臭和味、肉眼可见物等感官指标,pH、总硬度、氰化物、氟化物、氯化物、余氯、硝酸盐、硫酸盐、氨氮、化学需氧量、铬、铅等化学指标,以及大肠菌群数、细菌总数等微生物学指标。通过检测值和标准值的比较,即可判断出厂水水质达标情况。

4. 能耗

自来水厂生产过程中必然会产生一定的能量消耗,如加压水泵提升水位的电能消耗、加药设备运行过程的电能消耗、反冲洗过程的电能消耗等。

5. 药耗

自来水厂采用的是传统絮凝、沉淀、过滤、消毒的二级处理工艺，工艺运行过程中不可避免地会向水中投加药剂，如絮凝阶段需向絮凝沉淀池内投加絮凝剂，消毒阶段需向消毒池内投加消毒剂。

11.2.2 实施方案

1. 模型总体结构

模型的整体设计采用结构化的设计思路，整个模型由多个相对独立的模块构成，并尽量减少模块之间的相互联系。结构化设计遵循自顶向下原则，将整个系统当作一个大的模块，按功能的不同依次向下细分成更简单、更具体的模块。基于以上方法与原则，模型整体分层结构如图 11-1 所示。

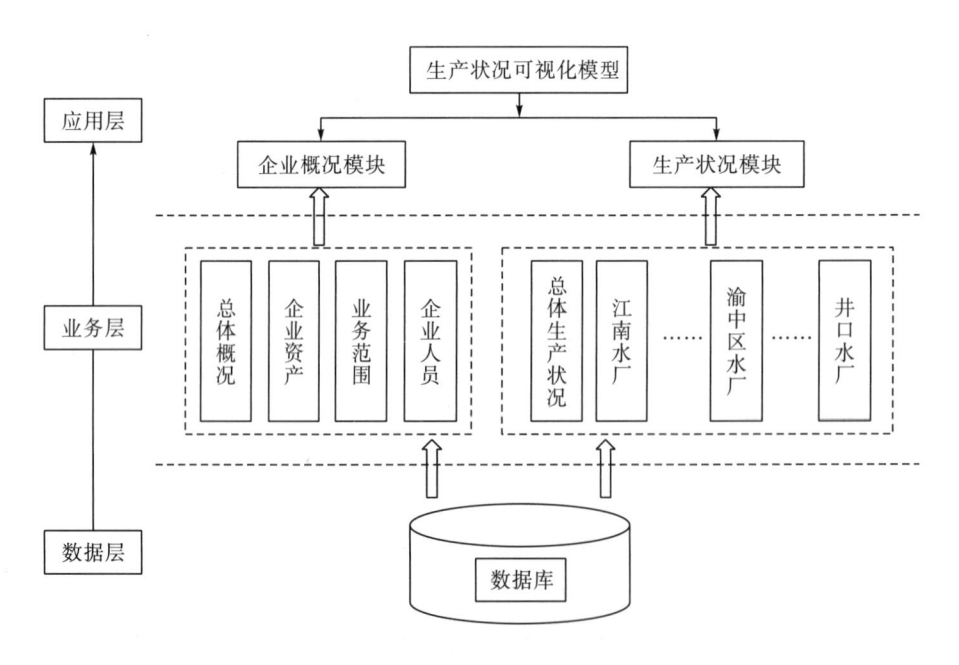

图 11-1 生产状况可视化模型分层结构图

如图 11-1 所示，模型整体结构分为三层：数据层、业务层及应用层。①数据层是整个可视化分析的基础，整个模型结构都是基于底层的数据库进行的。因此，要想模型准确有效，首先必须保证数据层中存储数据的真实有效性。数据层的功能是提取、存储、分析数据，是业务层及应用层的基础。②业务层建立于数据层之上，是连接数据层及应用层的纽带。层中包含多个模块，每一模块实现不同的功能，模块之间相互独立，互不影响。同时某一模块可能又可以分为几个不同的子模块，子模块各自实现自己相应的功能，几个子模块共同实现其上一级模块所需实现的功能。③应用层，即界面层，是用户直接接触到的界面。它将业务层功能相似的模块进行集成，然后归结于特定的界面（企业概况界面、生产状况界面）。

2. 分层模块设计及其功能

1）用户界面设计

用户界面，即人机交互界面，是用户与计算机进行信息交流的接口，是人和计算机相互交换信息的桥梁，起连接和协调的作用。用户界面的设计需要考虑用户日常使用习惯及界面美观性，本模型用户界面设计遵循如下原则：①以人为本，以用户为中心，充分考虑用户的特性；②界面整体布局应充分简洁；③界面整体操作应充分简单，用户只需单击鼠标即可完成操作；④界面整体布局应协调一致，界面布局顺序从左上角开始，符合人们的阅读习惯。

2）企业概况模块

企业概况模块呈现企业人力、物力、财力等总体状况。用户通过企业概况模块可对企业基本状况进行全面了解，包括企业背景、企业发展过程、企业经营状况、企业人力物资状况等。企业概况模块分为总体概况、企业资产、业务范围及企业人员四个子模块（图 11-2）。

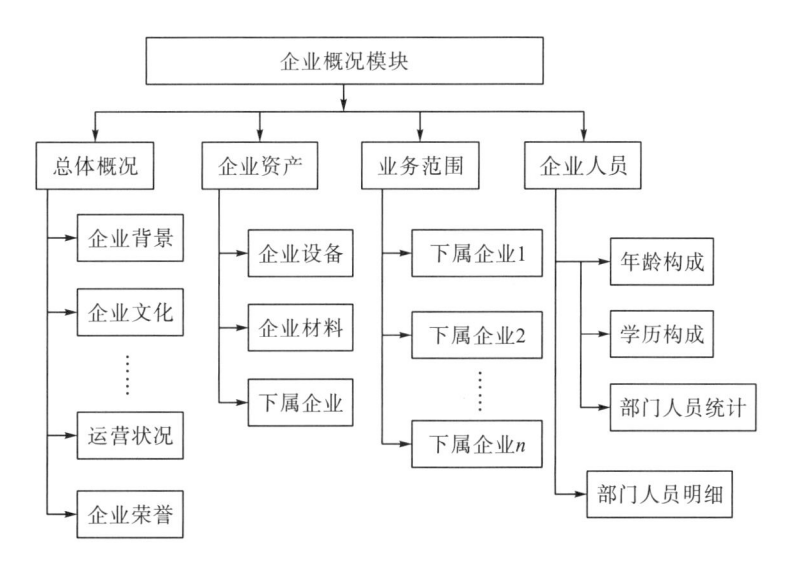

图 11-2　企业概况模块结构图

企业概况模块各个子模块所需实现的功能如下。

(1) 总体概况模块。总体概况模块的主要功能是展示企业背景、企业发展历程、企业文化、企业荣誉、企业运营状况以及企业发展目标或方向等企业总体状况。通过总体概况模块，领导(用户)可以对企业有一个宏观的了解。

(2) 企业资产模块。企业资产模块的主要功能是展示企业所拥有的资产，包括企业设备、企业材料及下属企业等。用户通过企业资产模块可以了解企业拥有设备的具体情况，如设备类型、设备数量、设备运行状况、设备使用年限、设备折旧、设备维护状况等；企业库存材料的种类、库存数量、材料规格、材料成本等状况；下属企业的运营总体状况及资产状况等。

(3) 业务范围模块。业务范围模块的主要功能是展示企业的业务范围、下属企业的基本状况及其业务范围。用户通过业务范围模块可以了解企业及其下属企业经营的业务范围。

(4) 企业人员模块。企业人员模块的主要功能是统计企业总体及各大部门职员的结构状况，包括各个部门人员学历职称状况、年龄构成、数量以及企业所有职员的基本信息等。

3) 企业生产状况模块

为方便用户理解，企业生产状况模块按照企业经营生产活动流程进行展示。重庆市自来水有限公司下设沙坪坝水厂、江南水厂、丰收坝水厂、北碚水厂、井口水厂、渝中区水厂及和尚山水厂七家自来水厂，江南、九龙坡及沙坪坝三个综合营管所。企业生产状况模块中，重庆市自来水有限公司各个下设企业分别设置一个子模块，另设置一个总体生产状况模块，其功能结构如图11-3所示。

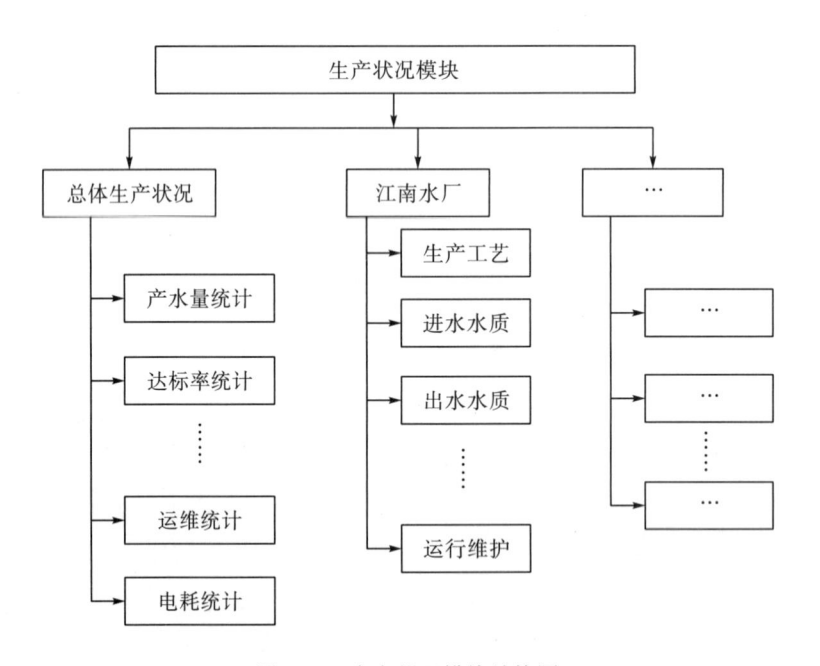

图 11-3 生产状况模块结构图

企业生产状况模块中各个子模块所需实现的功能如下。

(1) 总体生产状况模块。总体生产状况模块的主要功能是展示重庆市自来水有限公司下属各个企业生产状况的汇总数据,如各个自来水厂的日产水量汇总,各个自来水厂产出水的各项检测指标数据及达标率汇总,各个自来水厂供给厂区日常生产消耗的水量和电量汇总,各综合营管所的生产状况汇总等。用户通过总体生产状况模块即可快速地对企业的生产运营状况有一个大致的了解。

(2) 各子企业对应的子模块。以江南水厂为例,江南水厂模块的主要功能是介绍江南水厂的生产运营状况,包括自来水生产工艺流程、取水处、供水范围、产出水水质状况、自来水生产量、自来水日常生产中的电力消耗量、自来水生产成本等。用户通过江南水厂模块即可充分了解江南水厂的自来水生产状况。

3. 生产状况可视化数据处理

可视化数据处理是指通过适当的方法对收集的数据进行适当处理,使其能为后续数据可视化所用。数据可视化是指以图形或图表的形式将结构或半结构数据展现出来,利用清晰的、易于理解的图像方式展现数据与数据之间的关系,使数据直观地呈现出来。水质评价分析处理方法如下所示。

(1) 单因子指数法。单因子指数法是通过单一污染因子对水质进行评价。将所有污染因子的监测值与评价标准中的标准值进行比较,从而判断水质类别,所有污染因子中最差的污染指标所属类别即为待评价区域水体综合水质类别。其计算公式如下:

$$P_i = \frac{C_i}{C_0} \tag{11-1}$$

式中,P_i 表示水体第 i 种水质指标的污染指数;C_i 表示水体第 i 种水质指标的实测值,$mg \cdot L^{-1}$;C_0 表示水体第 i 种水质指标的标准值,$mg \cdot L^{-1}$。

单因子指数法中,由于 pH 和溶解氧(dissolved oxygen,DO)的特殊性,其计算方法有所不同。第 i 种水体 pH 的污染指数 $S_{pH,i}$ 计算公式如下:

$$S_{pH,i} = \frac{7.0 - pH_i}{7.0 - pH_{sd}}, \quad pH_i < 7.0 \tag{11-2}$$

$$S_{pH,i} = \frac{pH_i - 7.0}{pH_{su} - 7.0}, \quad pH_i > 7.0 \tag{11-3}$$

式中,pH_i 表示第 i 种水体水质指标 pH 的实测值;pH_{sd} 表示评价标准规定的 pH 下限值;pH_{su} 表示评价标准规定的 pH 上限值。

在单因子指数法中,若计算得到的污染指数值大于 1,则表示水体的该项水质指标超标,值越大说明超标越严重。在水质评价过程中,通常采用多次检测的平均值作为某项水质参数的数值。若要突出监测最大值的影响,可采用内梅罗指标(Nemerow index)作为该水质参数的最终值。内梅罗指标计算公式如下:

$$C = \left(\frac{C_{max}^2 + \bar{C}^2}{2} \right)^{\frac{1}{2}} \tag{11-4}$$

式中,C 表示内梅罗指标,$mg \cdot L^{-1}$;C_{max} 表示水体第 i 种水质指标最大实测值,$mg \cdot L^{-1}$;$\bar{C}$

表示水体第 i 种水质指标的平均实测值，$mg \cdot L^{-1}$。

(2) 综合指数法。综合指数法即对各单因子指数的平方和开根号，既突出对水体水质影响最严重的水质参数，又考虑到了其他影响水质的参数，计算公式如下：

$$PI = \sqrt{\sum_{i=1}^{n}\left(\frac{C_i}{C_0}\right)^2} \tag{11-5}$$

(3) 其他数据处理。自来水厂生产过程中的其他数据，如电耗统计、药耗统计、出厂水达标率等数据的处理方法较为简单，此处不作过多叙述。

4. 生产状况可视化呈现方式

1) 生产工艺简图

图 11-4 为宁海县供水有限公司供水工艺流程简图。通过工艺流程图，可以清楚地了解其制水过程采用了何种处理工艺，了解生产过程中所涉及的构筑物、设备、管道等设施。方便用户对企业的生产运营状况有大致的了解，很好地实现了公司生产业务的可视化。因此，本项目也可采用生产工艺简图对重庆市自来水有限公司各个水厂的生产运营过程进行可视化呈现。

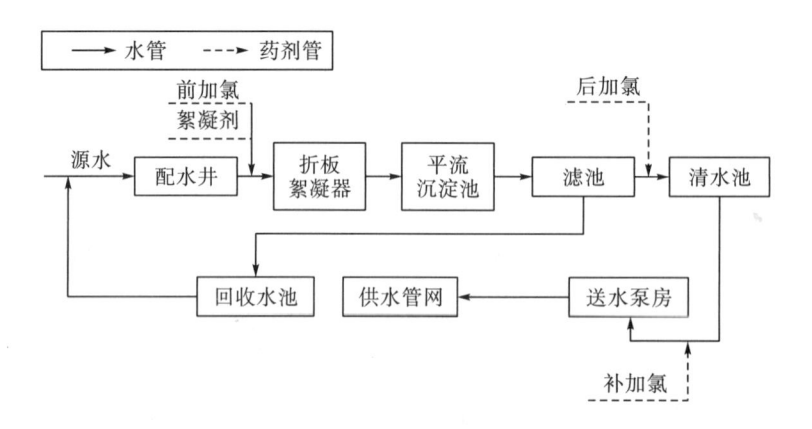

图 11-4 生产工艺简图示例——宁海县供水有限公司供水工艺流程

2) 散点图

散点图也称点图，是指用圆点的大小和同样大小圆点的多少或疏密来表示统计资料的数量及其变化趋势的图。散点图多用于显示和比较工程数据、统计数据及科学数据等。图中数据点越多，比较的效果越好，比较结果也越可靠。

散点图可为用户提供的信息有：①散点图横纵坐标所代表的两个变量之间是否有关联趋势；②若两个变量之间存在关联趋势，两者是线性相关还是曲线相关；③散点图中个别与大多数的数据点相偏离的点称为离群值，通过散点图，可以很容易地识别离群值，从而进一步分析产生离群值的原因，分析其对整体的影响。

若只考虑两个变量之间的相互关系,绘制二维散点图即可,若需考虑三个变量之间的相关关系可绘制三维散点图,通过三维散点图往往可以识别二维散点图中无法发现的重要信息。

本项目中水质监测数据量巨大,很适合用散点图对其进行可视化分析。对于单一水质参数的可视化分析,可以直接以时间为横坐标,以水质参数测量值(实时监测值、小时平均值或日平均值)为纵坐标,在平面直角坐标系中绘制散点图。

通过散点图可以直观地了解水质参数监测值的主要分布范围以及离群值等。可在图中以标准中的水质参数限值绘制一条平行于时间轴的直线,若数据点位于标准线以上,则表示该水质参数在该时刻超标,反之则未超标。

若需同时对多个水质参数进行可视化分析,可使不同水质参数在散点图中的数据点呈现不同的颜色,以区分不同的水质参数。考虑到不同水质参数的标准值不完全相同,为使最终图像呈现更加直观,可首先采用11.2.2节介绍的数据处理方法进行数据处理,然后以处理过的污染指数值为纵坐标绘制散点图。

3) 饼状图

饼状图常用于统计模型中,用于呈现单一数据系列中各个单项所占系列总和的比例。本项目中,重庆市自来水有限公司下属企业中包含七家自来水厂,对于七家自来水厂的产水量情况、电耗情况,各个自来水厂生产过程中各个工艺流程段的能耗情况等,均可采用饼状图进行可视化呈现。

通过饼状图可以直观地了解自来水有限公司的自来水生产总量(或电能消耗总量等)及其各个下属自来水厂所贡献的自来水生产(或电能消耗等)所占的比例,采用其他的呈现形式(如条形图、柱形图等)也可达到相应的目的。饼状图只能呈现一段时间内的总量情况,而无法实现数据随时间的变化趋势。若要呈现其随时间的变化趋势,可以采用其他方式(如折线图、柱状图、条形图等)进行可视化呈现。

4) 折线图和柱形图

折线图,即将散点图中的各个数据点按照一定的规则顺序逐点连接而得的图像。折线图可以直观地呈现数据的变化趋势。通过折线图可以呈现某单一主体多个数据系列(如水质各项参数)随某一变量(如时间)变化的趋势;通过折线图也可以呈现多个主体某单一数据系列(如上述产水量、电耗等)随某一变量(如时间)变化的趋势。

柱形图,将数据以柱体形状呈现出来,柱体的高低代表着数据的大小。

5) 箱形图

箱形图也称箱线图、盒式图、盒状图等,主要用于呈现一组数据的分散特征,可以用于多种数据分布特征的比较,因其形状如箱子而得名。箱形图中通常包含六个数据节点,即上边缘、上四分位数、中位数、下四分位数、下边缘以及异常值。

绘制箱形图时,需首先将上边缘、上四分位数、中位数、下四分位数、下边缘找出,然后将上下四分位数连接箱体，上下边缘分别与上下四分位数连接，中位数则位于箱体中间。箱形图中，箱体越小，说明数据分布越集中，反之则数据越分散。箱形图中异常值是值得特别关注的，需对异常值的出现原因进行分析，以免影响分析结果。

本项目中，自来水厂生产过程中的水质监测数据、加药量统计、出厂水等数据信息，均可用箱形图进行可视化呈现。若呈现结果显示，箱体小，各数据节点分布紧凑，则表明水质参数、加药量等数据变化波动不大，自来水生产运行过程长期稳定。反之，则变化波动大，运行过程不稳定，生产运行过程需要调试。

11.2.3 可行性分析

1. 模型设计原则

1) 实用性原则

模型建立的目的是使企业的生产状况可视化，模型建立的首要目标是实现可视化。建模过程中应始终坚持开发与应用相结合的思想，与各类专业及管理人员密切合作，与领导沟通交流，结合具体应用，启迪思路，不断完善和扩充开发内容，以满足决策层、管理层的信息需求。

2) 简单化原则

在能够满足功能的前提下，模型结构需尽可能简单、清晰。在可视化方面，模型向用户展示的信息应尽量简单清晰、有层次感，不宜太过繁杂。在程序设计及用户界面设计方面，同样应在满足功能的前提下尽可能地简洁。

用户界面设计需简洁美观，符合用户的使用习惯，用户界面的操作宜简单，用户应容易上手操作；程序设计方面，程序实现不宜用复杂的方式实现，尽可能地少用（如嵌套、递归）繁杂、易错的程序结构，少用汇编语言。结构简单化有利于提高其易维护性和可读性，降低调试难度，提高总体开发效率。

3) 模块化原则

模块化原则，即对模型的结构进行规划，将整体模型逐级划分为多个小模块，各个模块分别实现不同的功能，模块之间相互独立，多个模块组合共同达成目标功能。模块化的模型相对更易编写及调试，同时修改及扩展功能也更易实现，利于多人员协同研制。

4) 标准化原则

标准化原则，即建立模型时使用统一的模型描述方法、数据模型、输出格式及模块接口等。模型标准化有利于模型后续的推广及应用。

5) 可靠性原则

可靠性原则,即当系统软件出现计算的中间结果包含非法数据、输入错误数据以及用户误操作等非正常情况时,软件应具有自我保护的功能,且应充分考虑所有的非正常场景,保证程序的可靠性。

6) 易维护原则

维护指对模型进行必要的补充或完善,以及进行适当的修改以适应用户的需求或运行环境。为满足易维护原则,通常需要注意的有:①增加模块性,在满足功能的前提下,对可继续细分的模块进一步细分,增加模块化程序;②提高可读性;③完善信息反馈。模型正确性调试之后,应进一步完善注释信息。

7) 易扩展原则

在模型构建时应为后续扩展留有足够的空间,使系统规模在急剧扩张时也无须重新进行模型构建。

8) 经济性原则

在满足要求的基础上,应将项目费用降至最低,力求高性价比。在模型设计中,应根据现有条件,合理设计系统;同时应尽可能避免复杂化,各模块应尽量简洁。

2. 可行性分析

本项目所需的数据资源均由重庆市自来水有限公司提供,数据来源真实可靠。模型建设采用分层架构,按以上原则进行建设,以现有的工具不难实现,在技术上是可行的。从经济可行性的角度来说,目前多数软件开发工具(如 Hadoop、Hive 等)和开发环境(如 jdk 1.6、Eclipse-SDK-3.7.1 等)都是可以免费使用的,同时项目实验室提供了配置足够的 IBM 刀片式服务器集群,可以提供良好的运行及测试环境,因此项目在经济上是可行的。

第12章　重庆市供水设施运行状况可视化分析

12.1　业务场景介绍

　　水的重要性不仅仅体现在人们生活方面，也体现在社会经济发展以及城市化建设过程中。例如，农林业需要水的灌溉，才能获得丰收；城市的绿化建设需要水的滋养，才会充满蓬勃生机；城市的道路需要水的清洗，才能焕发出活力。总而言之，水扮演着不可或缺的角色。

　　如何保障城市居民的用水安全呢？一般情况下，城市居民的生活用水都是由自来水公司供应的，自来水公司从水库抽水运送到自来水厂进行一系列的处理(常规处理过程：絮凝、沉淀、过滤、消毒)后，通过城市供水系统将处理后达标的水输送到用户家中。

　　而供水系统的正常运行离不开供水设施，保障水资源安全的前提是要确保供水设施安全运行，同时也要不断发展新型供水设施以提高供水系统的工作效率。因此，在这个大背景和水务产业的需求下，供水设施可视化应运而生。该业务主要是为了全面满足用户用水量以及保障水质和水压达到相关要求，并做到水资源最大化利用，从而产生的一系列与此相关的供水设施可视化分析方法。

　　供水设施主要包括：水泵机组及电气设备，输水供水管网及其附属设施，输水、配水调节构筑物及各种机械设备，观测及检验仪表，自动化控制设备及通信设备，其他专用设备，如分析化验及辅助设备、加氯机及氯吸收装置、检漏设备、消防设备等。可视化分析形式有箱形图、散点图、直方图、热度图等。不同的供水设施数据类型需要采用合理的可视化方法进行分析。

　　水是人们生活和城市发展的必要资源，是保障城市正常运行的"生命线"之一。随着城市人口的日趋增多，各小区在城市中的规模不断扩大，建筑物的高度、聚集程度日渐升高，居民的生活水平越来越高，导致用水设施标准提高，从而促进了近几年供水设施业务的迅速发展。

　　在供水设施运行过程中，安全必定是最重要的考虑因素，若一味地追求发展而不注重排除安全隐患，那么必然造成更大的损失。例如，经过自来水厂处理、消毒后的水进入供水系统进而输送给用户，而自来水厂常用的消毒方法为液氯消毒，液氯由于具有价格成本较低、操作简单、余氯可持续消毒等特点而被大多数自来水厂广泛采用，液氯消毒中余氯虽有持续杀菌的作用，但过多的余氯会危害人们的健康，长期饮用含余氯的自来水将会导致中毒。此时余氯监测仪器的安装就显得格外必要，它能够及时监测余氯的含量并使得工作人员及时对相应状况进行处理。又如，水源水或供水管网某一部分受损而被抗生素污染。目前抗生素仍未列入相关水质监测指标中，但若长期饮用含抗生素的自来水则会导致：①人体的正常菌群遭受破坏，尤其是肠道的益生菌受影响较为严重；②病菌产生耐药性；③副作用，如氯霉素抑制骨髓造血功能，四环素、红霉素等可能损害肝脏功能，庆大霉素、卡那霉素可能影响肾脏功能等；④过敏反应，如青霉素引起的过敏反应。

此时最直接有效的方法便是利用闸阀阻断水源进入小区供水管网，以降低危害风险。以上例子充分说明了保障供水设施可视化的重要性，因此在做好供水设施这一业务的同时，还要保证其安全性以及使用寿命等。

重庆市地处我国四川盆地东部，其地形由南北向长江河谷逐级降低，西北部和中部以丘陵和低山为主，东南部靠大巴山、武陵山两座山脉，地貌以丘陵、山地为主，其中山地占76%，有"山城"之称。其供水管网纵横交错。九龙坡区位于重庆市主城区西部，东邻渝中区，南接大渡口区，西连璧山区、江津区，北毗沙坪坝区。

九龙坡区地势由北向南趋斜，背斜成山，向斜成谷，背斜构造通常形成中低状山脉，两翼地区的地形开阔，主要是浑圆形状的中低丘陵，其海拔多在250～450m。九龙坡区供水系统受地形影响而显得略微烦琐，由自来水厂高位调节池通过一系列的管网系统将自来水运送到各小区水控中心，再进行分配调用。

在运输过程中，由于水厂与各小区是以一对多的方式进行分配的，途中必定会有分流行为，该行为可以用分流式给水泵实现，也可运用两通弯头或多通弯头实现；为了保障居民的用水安全，除了保证水厂出水的水质达标外，还应防止在运输过程中出现水质问题。例如，水体在管道中若停留时间过长，即管道某一部位出现水流不畅而使某一部分水长时间停留于管道固定区域，就会导致细菌滋生。

因此在运输途中应增设必要的监测仪器；地形的分布决定了运输过程中泵的选择及安装，有些地势略高的小区应采取二次加压，甚至是多次加压的情形等，多台水泵并联工作的优势(如可以根据控制开启水泵的台数对系统流量和扬程进行有效控制)使得现阶段水泵并联联合工作得到了广泛的应用，为了方便管理，通常将泵机组放置于同一泵房内。

现阶段，大多数的供水设施数据仍然主要处于离散的分布状态，数据的多源性、多样性、时空性等诸多特征的相互结合，导致仅靠人为的处理方式很难轻易总结出数据之间的关联性，因此需要探寻一种高效化的手段对数据进行全方位的分析。利用计算机图像学对数据进行可视化分析是快速、便捷的处理数据信息的方法，运用数据的特征关系进行多类数据的一键式分析，可以高效提取数据之间的关联性。

12.2 典型示范区画像建模

12.2.1 设施介绍

供水系统是维持城市有序发展极其重要的成员之一，是确保城市正常运行的重要基础设施,同时也源源不断地为城市的各类消耗源(居民生产生活用水、消防用水、城市绿化用水等)输送合格的水质、充足的水量以满足城市运行所需用水。城市供水系统主要由各类管道、给水附件、配水设备等组成。

1. 管网管材

给水管网在供水系统中承担着至关重要的作用,其必须满足城市近期规划与远期规划的合理性。重庆地形复杂,因此管材需要具备足够的承压性能、管件则需要充足完备等,以满足城市的公共用水和居民生活用水等要求,并且还应保证管材具有良好的防腐性能。通过多方面的考虑,重庆市内给水管网主要采用给水球墨铸铁管和塑料复合管。

给水球墨铸铁管由于承压能力良好、抗冲击负荷能力强以及抗震性能优的特点而被选作户外输水管道。其采用柔性接口,管件具有一定程度的延伸率与偏转角,从而具有一定的缓冲性能。给水球墨铸铁管的管径范围为 DN40~DN2600,而重庆市内选用的给水球墨铸铁管大多在 DN300 及以上。给水球墨铸铁管的力学性能见表 12-1。

表 12-1 给水球墨铸铁管力学性能

铸件类型	最小抗拉强度 σ_b/MPa	最小伸长率 δ_5/%	
	DN40~DN2600	DN40~DN1000	DN1100~DN2600
离心球墨铸铁管	420	10	7
非离心球墨铸铁管,管件和附件	420	5	5

塑料复合给水管由于具备重量较轻、长度较长、施工便捷等特点而成为重庆市内各小区室外给水管网采用最多的管材之一,其主要选择内容见表 12-2。

表 12-2 塑料复合管材的选用

类型	管材	规格
小区主干道	聚乙烯管	PE400mm、PE300mm、PE200mm、PE160mm、PE100mm
支管	聚乙烯管	PE100mm、PE80mm
接用户管	三型聚丙烯管	PPR65、PPR50、PPR40、PPR32、PPR25

管径小于 100mm 的埋地塑料管采用螺纹连接;管径大于 100mm 的埋地塑料管采用法兰连接。

2. 阀门及阀门井

1) 阀门

城市给水管网中阀门虽然只是一个附属构筑物,但是它能够在管网出现渗水或管件损坏的时候及时准确地止损并有助于后续维修工作的顺利进行,以保证城市供水工作的正常运营。阀门根据其功能的不同可以分为闸阀、止回阀、蝶阀等。供水管网常用阀门介绍见表 12-3。

表 12-3　供水管网常用阀门介绍

类型	功能
闸阀	常用于管径小于或等于 300mm 的给水管道，主要作为阻断介质使用，不适用于调整管内流量或节流
截止阀	适用于介质的切断或调节及节流使用，其在安装过程中要注意液体的流动方向（是液体由下向上流经阀门，一般在阀体上用"→"表明流向）
蝶阀	常用于管径大于或等于 200mm 的给水管道，只需将阀门旋转 90°便可快速进行起闭，操作简单，具有良好的流体控制特性
止回阀	拥有自动工作性，通过同一个方向流动的流体压力作用，阀芯受到压力自动打开；当流体向相反方向流动时，在流体压力和阀芯的自重作用下，阀芯作用于阀座，从而切断流动。止回阀往往安装在对管道有防回水需求的给水管道上，如泵站的出水管道、水泵的出水口处，作用是防止管道水回流打坏泵叶片及转子
安全阀	安全阀安装于给水管道上，防止管道压力太大导致爆管，当管道设计的容许压力小于管道中的压力时，安全阀将自动开启泄水，减小管内的压力
调节阀	调节介质压力、流量等参数

2) 阀门井

阀门井是便于管网维修与调节流量等而修建的构筑物，其设置位置一般在支管与主管分支处。对于距离较长的主管需要考虑进行分段设置，为后续检修工作提供便捷。为了便于接口施工，大多地区安装水管法兰盘时底部至井底的相对距离大多为 0.20m（相关规定 ≥0.10m），与井壁的相对距离约为 0.30m（相关规定 ≥0.20m）。

3. 弯头及水表

在供水管网中，由于从自来水厂到用户接口并不存在完全直线输水，因此就需要安装弯头以改变管路的相对初始方向，其两端可以连接相同或者不同管径的管道。弯头常见的分类标准有三种，最常见的分类形式为按弯头的角度分类，其中 45°、90°以及 180°使用最多。介质在途经弯头的区域会给弯头一定的冲击负荷，因此在管网系统的弯头处应设置固定管道的墩柱，防止管道位移或损坏。弯头与输水管以热熔或电熔方式进行连接。

水表是计量水流量的仪器。水表根据其工作原理的不同，可分为容积式水表和速度式水表，目前应用最多的水表为速度式水表，其典型代表为旋翼式水表、螺翼式水表。水表的选择是依据管径流量、水压以及水表特征进行确定的，通过水表的流量不得高于水表的公称流量，在紧急情况时通过水表的流量不得超过水表的最大流量，且时间不得过长。水表水头损失允许值见表 12-4。

表 12-4　水表水头损失允许值　　（单位：mm）

表型	水头损失允许值	
	正常用水时	消防时
旋翼式水表	<24.5	<49
螺翼式水表	<12.8	<29.4

在市区内，大多数入户水表安装在集中出户水表井内，选用机械水表。小口径用户水

表选择表如表 12-5 所示，大口径用户水表选择表如表 12-6 所示。

表 12-5　小口径用户水表选择表

入户管径/mm	管段流量	水表型号	公称直径/mm	损失/kPa	损失校核/kPa
20	12	LXSD-20	20	9.2	<24.5
25	12	LXSD-25	25	7.6	<24.5
50	12	LXSD-50	50	10.3	<24.5

表 12-6　大口径用户水表选择表

入户管径/mm	管段流量	水表型号	公称直径/mm	损失/kPa	损失校核/kPa
90	12	LXL-80	90	10	<12.8
110	12	LXL-100	110	12	<12.8
160	12	LXL-150	160	18	<12.8

4. 提升泵

由于重庆市地形崎岖不平，多以丘陵、高山为主等，因此水源无法遵循重力流给水的原则，在供水系统运行过程中往往需要水泵将其水体由低处向高处提升。而水泵主要依据流量、扬程及其变化规律等要素进行选择，且应保证：①大小兼顾，调配灵活；②型号整齐，互为备用；③合理地运用各水泵的高效段；④要近远期相结合。重庆市内主要的水泵型号见表 12-7。

表 12-7　重庆市内主要的水泵型号

型号	流量 Q (m³/h)	流量 Q (L/s)	扬程/m	效率/%	转速/(r/min)	电机功率/kW
ISG25-125A	3.6	1.00	16.0	42	2900	0.55
ISG32-100(I)	6.3	1.75	12.5	54	2900	0.75
ISG40-100(I)	12.5	3.47	12.5	62	2900	1.10
ISG50-125(I)A	22.3	6.19	16.0	66	2900	2.20
ISG65-160(I)	50.0	13.90	32.0	71	2900	7.50
ISG80-160	50.0	13.90	32.0	71	2900	7.50
ISG100-160	100.0	27.80	32.0	76	2900	4.50

据设计流量和扬程，居民小区外的提升泵拟采用离心泵并联工作：水泵 GD200—250B 型泵（Q 为 416m³/h—692m³/h—796m³/h，H 为 66.4m—60m—53.2m，N 为 200kW—200kW—200kW；效率为 70%—81%—77%。近期选择三台 600S36 型泵，两台工作，一台备用；远期再增加两台 600S36 型泵，三台工作，两台备用）。

12.2.2 数据介绍

本项目所有数据由重庆市自来水有限公司提供,数据包含公司各个下属自来水厂近几年生产活动中的所有相关数据,包含自来水供水过程中的水质指标在线实时监测数据:pH、消毒剂余量、浊度、色度、嗅和味等;加压设备远程监控数据:加压水泵工作电压、电流、启停状态、出口压力、出口流量等;供水管网压力;城市和县城公共供水普及率;公共供水管网漏水率;管网维修记录等。监测数据显示,供水过程水质指标监测数据见表12-8。

表12-8 水质指标监测数据

监测项目	最大值	最小值
pH	8.03	7.86
消毒剂余量	0.06mg/L	0.03mg/L
浊度	0.4NTU	0.3NTU
色度	13度	10度
嗅和味	无	无
管网水综合合格率	100.00%	

根据加压设备远程监控数据,提升泵的工作电压、工作电流、出口压力、出口流量监测数据见表12-9。

表12-9 提升泵监测数据

型号	工作电流/A	工作电压/V	出口压力/(kg/cm^2)	出口流量/(L/s)
ISG25-125A	2.31	380	1.60	1.47
ISG32-100(I)	2.45	380	1.25	3.31
ISG40-100(I)	3.13	380	1.25	5.57
ISG50-125(I)A	5.89	380	1.60	9.26
ISG65-160(I)	18.66	380	3.20	16.97
ISG80-160	18.66	380	3.20	16.97
ISG100-160	10.46	380	3.20	10.90

监测数据显示,供水管网平均供水服务压力值大于或等于0.28MPa,实际情况见表12-10。

表 12-10　管道压力监测数据

管道	压力值/MPa
市政给水管道、小区直接给水管道	≤0.80
小区 11 层以下二次加压给水管道	≤0.90
小区 12～18 层二次加压给水管道	≤1.20
小区 19～26 层二次加压给水管道	≤1.60
小区 27～33 层二次加压给水管道	≤2.00

截至目前，重庆城市及县城公共供水普及率已达到 99.99％；公共供水管网漏水率已控制在 10％以内。根据管道维修记录，在气温最高、最低月份，管道维修较为频繁，且多为自然因素损坏。

12.2.3　实施方案

1. 数据获取及处理

供水设施运行状况涉及供水设施的维护、运行监测等相关数据，涵盖的数据信息具有典型的时空特征。供水设施运行状况数据的时空性表现如下：①随着城镇化人口的日益增长，城市化规模逐渐扩大，城市供水管网的布局会随着城市化发展的步伐而发生时空变化；②管网改建、扩建项目分散于城市空间，表现出明显的空间信息，项目的进度随工期变化；③城市供水设备巡检、维修等工作人员的行动轨迹随时间变化；④城市供水设施损坏（人为损坏或自然损坏）项目具有确切的发生地点、时间，并随着维修进程而消失；⑤城市供水设施监测数据来源于监测点，具有明显的空间位置，监测数据与时间密切联系。

供水设施运行状况可视化是运用当前新兴的计算机图像处理技术和网络工程技术，将供水设施运行状况相关数据转化为直观的数字图像形式在计算机屏幕上显示，通过对供水设施运行状况的数据以图像形式进行处理，供水设施运行状况不再以纯数字、文字的形式出现在工作人员及公众面前，而是以可视化的形式向公众传达供水设施运行状况。

关于供水设施运行状况可视化的实现步骤，不同的学者可能会存在不同的见解，但无论如何，供水设施运行状况可视化的实现必须经过数据获取、数据处理、数据呈现这三个不可或缺的阶段。

数据获取：该项目的所有数据由重庆市自来水有限公司提供，数据包含本公司及公司各个下属自来水厂近几年来供水设施运行状况的所有相关数据。

数据处理：是对获取的数据进行一定分析、加工的处理过程，对数据信息的挖掘、数据可视化等操作有极其重要的影响。现实生活中获取的数据往往存在着噪声或错误信息，从而导致数据的分析结果出现错误，甚至影响分析方法的判断，使得数据无法实施分析过程。劣质的数据会导致低质量的数据可视化。所以，在进行数据可视化呈现前，必须经过数据的处理过程。在大数据背景下，高效完成数据处理工作是提高数据可视化质量及准确性的重要基础。

下面单独对数据呈现进行分析。

2. 数据呈现

经数据处理阶段处理的数据通过数据挖掘获得关注点后需要进行呈现。数据呈现主要以直接、形象化的数据可视方式，从形式上吸引用户，给用户留下清晰的印象。在内容上，使用户通过一张简洁的数据图表，透过冗余、杂乱的数据揭示供水设施的运行状况。常见的数据可视化呈现形式主要有数据地图、箱形图、散点图、茎叶图、关系图、时间线类图等。

1) 数据地图

数据地图是将有效数据进行整合并添置在地图等坐标空间上，通过区域划分、管道铺设等形式对地图空间位置进行标注，使规划者对管辖片区的整个区域管道数量、质量等数据有更加清晰的了解和认知，同时也便于与其附近管辖片区进行比较。当遇到复杂问题时，数据地图可以为事件处理人员提供全局视野的可视化新形式，如自然问题、水域病菌感染等。全面剖析事件的利弊，有利于工作人员分析并解决问题，同时也能为以后可能出现的紧急情况制定一系列的风险应对方案和措施，使工作人员在面对未知的困难时能够从容应对，提高解决未知困难的效率。

2) 箱形图

箱形图是一种显示一组数据分散情况的统计图，是数据量化的比较新颖的呈现形式。箱形图不仅可以反映原始数据分布的特点，而且可以用于多组数据分布特点的比较。在供水设施运行过程中，存在着多组数据被记录的状况，这些数据量大且形式多样，为了更直观地了解数据的波动情况，箱形图能够将有效数据的波动范围全面涵盖，并能显示出集中波动的值域区间，而且借助箱形图相关工作人员能很快地得到该组数据的最大值、最小值、中位数以及上下四分位数，为供水运行状况提供全局性分析，有利于供水设施运行状况的优化。

3) 散点图

散点图由多组数据构成多个坐标点，可用于考察坐标点分布的情况，判断在两个变量之间是否存在某种关联或者总结出坐标点的分布特征。比如，在研究不同供水设施材质对供水效率的影响时，就可以通过散点图来表示供水效率随供水设施材质不同而变化的大致趋势，再将由散点图得到的一系列数据运用到线性回归分析中，据此可以选择一个合适的函数对应关系来对其他未知数据点进行模拟运算，可以大致推断出某种供水设施材质所对应的供水效率。散点图还可以运用于比较跨类别的聚合数据，方便工作人员对不同类别的数据进行对比。

4）时间线类图

时间线类图是以横轴为时间，以纵轴为水量的坐标图，它主要反映数据随着时间推移而改变的特性，如供水量、管网水压、维修记录等数据。以供水量为例，时间线类图能够清晰地呈现出某一地区的日用水量、月用水量、季用水量等情形，能够直观地呈现出该地的用水高峰时段，并协调相关供水设施在用水高峰期的集中供给，满足居民用水的需求。

5）茎叶图

茎叶图将统计分组和次数分配的工作一次性在图表中展示，是探索性数据分析时对数据形象生动的描述，如某一泵房的对应水泵机组、某一主干管管径衔接分流的其他型号管径的管道等。当遇到突发爆管情形且该管段离上级管段的分流距离不足以设置阀门时，茎叶图可以快捷地显示出上级管段的型号，并及时进行闭阀抢修工作。在类似情况下，茎叶图扮演着"引路人"的角色，及时阻止了损失的扩大。

6）关系图

关系图即关联图，用来解释事物之间"理由与结论""方法与措施"等复杂关联，能帮助工作人员从复杂事物的逻辑关系里，获得解决问题的途径，主要是用连线图来进行数据的表示与统计。比如，在供水设施运行过程中，研究供水量损失率与哪些因素有关，就可以运用关系图，通过关系图将城市供水损失率与供水管网材质、供水施工质量问题、供水管网的外部压力、城市供水的检漏技术和城市供水的管理制度等联系起来进行统计，然后呈现在研究人员眼前，找出因素之间的因果关系，便于统观全局、分析研究以及拟定解决问题的措施和计划。

12.2.4 可行性分析

1. 市场可行性

在长达30年的建设进程中，我国的供水设施已开始逐渐面临老化问题，且供水设施中大多数设备均采用传统工艺铸成，已不适应现代城市发展的需要。为了进一步加强重庆地区居民用水的安全性、质量性和实时性，在保障供水管网畅通的同时，应对现有供水设施运行状态进行优化，因此对现阶段供水设施的运行状况进行可视化的分析十分必要。通过可视化的分析结果，可以清晰地发现以往在供水方面存在的不足，并通过"对症下药"的方式进行弥补或改善，同时为更好地改善供水设施的运行状况提供有利依据，更好地为人民服务，使居民的生活更美好，城市的基础设施建设更完善。

2. 技术可行性

可视化分析可以将供水设施运行状况中某些抽象化的信息转化为具体化的图像或者符号呈现在工作人员眼前，将一些错综复杂的信息，甚至杂乱无章的数据组合起来建立相关性。对一些隐藏的损耗数据进行挖掘有助于更好地掌握供水设施的运行状况,有利于制定供水设施在紧急情况下的风险防控措施。

由于通过可视化分析得出的数据具有准确、高效、精简、全面的特点,所以通过可视化分析得到的信息能够让相关领域的工作人员迅速而准确地筛选出特定阶段所需要的特殊数据,有利于思考应对方案或者解决方法。

相对于传统的分析方法而言,可视化分析更加精确且具有启发性,研究人员可以借助可视化的图表寻找供水设施的运行规律、分析设备损耗、预测未来发展趋势。此外,还可以利用可视化分析实时监控供水设施的运行状况,做到早发现、早预防、早应对。

3. 内容可行性

水是人们生活和城市发展建设中不可或缺的资源之一,根据适用对象对水质、水压及水量的不同要求,并结合外部供水的实际情况,可将供水设施分为生活供水设施、生产供水设施和消防供水设施三种类型。不同类型的供水设施组成上大体相同,一般由泵站、输送管道、引入管、供水管道、供水附件、供水设备、配水设施和计量仪表等组成。

对供水设施进行可视化分析就必须将各个部件均纳入可视化内容中,设备在运行过程中必然会经历不可避免的损耗,它是一个长期积累的数据量,只有通过可视化的方法对其进行精确的分析并做好应对措施,从而降低事故的发生率。在对供水设施运行状况进行可视化分析时,除对供水设施本身进行分析,还需要对影响供水设施运行的其他因素进行可视化分析,如地质条件、土壤含水率等因素。

综上所述,供水设施运行状况可视化分析的内容包括对供水设施设备消耗的可视化分析、对供水设施当地自然地形的分析和对不同用途的供水设施运行的分析。

4. 方法可行性

可视化分析的方法多种多样,而针对不同的数据或不同视觉感官的群体可采用不同的分析方法,主要的分析方法见表12-11。

表12-11 可视化分析方法

方法	内容	优点
面积可视化	对同一类图形(如柱状图、圆环图等)的高度、长度或面积加以区分,清晰地表达供水设施运行中不同设备所对应的损耗值	这种方法让浏览者对数据之间的对比一目了然
颜色可视化	通过颜色的深浅来表示供水设施运行时某一设备损耗值的强弱和大小	可以通过颜色的深浅直接辨别出该设备在某一时刻的损耗
地域可视化	以地图作为大背景,并用不同颜色标记各个地区供水设施运行的状况	既可以直接获得整体的大数据,也可以根据自己的需要选择某个区域的数据进行研究
概念可视化	将供水设施运行中出现的其他损耗进行概念的集合,并对这个供水设施损耗的集合进行数据统计	将微小单元整体化,使分析的数据变得简单明了
图形可视化	供水设施运行状况中各个组件以图形的形式表现出来并标注该组件的损耗值	生动形象、准确明了地表现该组件的总体损耗

第 13 章　重庆市用户用水状况可视化分析

13.1　相关技术介绍

13.1.1　用户画像综述

用户画像[96](persona)即用户标签构建的方法，用户标签是个性化推荐、计算广告、金融征信等众多大数据行业的应用基础，是原始的用户行为数据和大数据应用之间的桥梁。

1. 使用者画像的介绍

艾伦·库珀(Alan Cooper)提出了 persona 的概念：现实存在用户的假设代表是 persona，它是一个模型，即以用户为目标在真实数字信息上的模型，用于产品需求挖掘与交互设计。通过问卷等方式调研了解用户的基本情况，根据他们的差异，将他们区分为不同的类型，然后根据统计学要素从每种类型中抽取出典型特征进行描述，并形成一个 persona。persona 是最早对用户画像的定义。随着时代的发展，用户画像早已不再局限于早期的这些维度，但用户画像的核心依然是真实用户的虚拟化表示。

大数据时代用户画像尤其重要。通过一些手段，给用户的习惯行为、属性贴上一系列标签，抽象出一个用户的全貌，为广告推荐、内容分发、活动营销等诸多互联网业务提供可能性。它是计算广告、个性化推荐、智能营销等大数据技术的基础，是大数据业务和技术的基石。

用户画像的核心问题就是如何给用户贴上并贴好标签，标签通常包括年龄、性别、籍贯等人为设定的基本信息。使用者的每个维度都会被标签描述，它们之间都是彼此联系和融合的，然后形成对使用者的一个统一描述，由各种维度的标签集合就能抽象模拟出一个用户的信息全貌。

2. 用户画像的需求

库珀最初建立 persona 的目的是让团队成员将产品设计的焦点放在目标用户的动机和行为上，从而避免产品设计人员草率地代表用户。产品设计人员经常不自觉地把自己作为用户代表进行产品的设计，很多需求并没有完整考虑到大众，导致无法抓住实际用户的需求。结果就是团队对产品做了很多功能的升级优化，用户却感觉体验变差了。

在大数据领域，用户画像的作用远不止于此。因为用户的行为数据通常有多种维度，无法直接用于数据分析和模型训练,也无法从用户的行为日志中直接获取有用的信息。但是用户的行为数据进行处理分类并标签化以后,开发者对用户就有了一个直观的认识。同时计算机也能够理解用户,将使用者的相关数据运用在个性化的推荐、搜索等具体化层面。

对于一个产品,尤其是互联网产品,建立完善的用户画像体系有着重大的战略意义。基于用户画像能够构建一套分析平台,用于产品定位、产品分析、营收分析等,为产品的方向与决策提供数据支持和事实依据。在产品的运营和优化中,根据用户画像能够深入了解用户需求,从而设计出更适合用户的产品,提升用户体验。

13.1.2 用户画像流程

用户画像的核心工作就是给用户打"标签",构建用户画像的第一步就是搞清楚需要构建什么样的标签,而构建什么样的标签是由业务需求和数据的实际情况决定的。下面介绍构建用户画像的整体流程和一些常用的标签体系。

1. 构建方法

业内关于构建用户画像的方法有很多,如库珀的"七步人物角色法"、尼尔森(Nielsen)的"十步人物角色法"等。这些方法是基于产品设计的需要提出的,在其他领域(如互联网广告营销、个性化推荐)可能不通用。对构建用户画像的方法进行总结归纳,发现用户画像的构建一般可以分为目标分析、标签体系构建、画像构建三步,下面详细介绍每一步的工作。

(1) 设计使用者画像的目的有所区别,如有些是为了针对性销售,有些是为了改进和创新产品。首先要明确用户画像的目标,找准产品受众是构建标签制度的基础。要对目标进行分析,通常涉及两步,分别是分析业务目标和数据。分析结论有两个,分别是画像的目标和数据。只有基于对数字信息有非常深入的研究,才能精准确定画像的目标。反之,则没有意义。

(2) 首先需要制定标签体系,然后才可以根据已有数据和画像目标进行建模。对于标签体系的制定,既需要业务知识,也需要大数据知识,因此在制定标签体系时,最好有本领域的专家和大数据工程师共同参与。在制定标签体系时,可以参考业界的标签体系,尤其是同行业的标签体系。用业界已有的成熟方案解决目标业务问题,不仅可以扩充思路,技术可行性也会比较高。同时,标签体系应该是灵活变化的,适应业务的发展。例如,电商行业的用户标签,最初只需要消费偏好标签,全球定位系统(global positioning system,GPS)标签既难以刻画也没有使用场景。随着智能手机的普及,GPS 数据变得易于获取,而且线下营销也越来越注重场景化,因此 GPS 标签也有了构建的意义。

(3) 构建好标签体系后,就可以逐步完善用户标签的刻画。应该明确这是一个长期性的工作。一次性构建过多维度的标签,容易导致系统内部互相冲突。因此在构建过程中将项目分期,每一期只构建某一类标签。画像构建中用到的技术有数据统计、机器学习和自然语言处理技术等。

2. 标签体系

目前主流的标签体系都是层次化的。首先将标签分为几个大类，每个大类再进行逐层细分。在构建标签时，只需要构建最下层的标签，就能够映射出上面两级标签。上层标签都是抽象的标签集合，一般没有实用意义，只有统计意义。例如，可以统计有人口属性标签的用户比例，但用户有人口属性标签，这本身对广告投放没有任何意义。

用于广告投放和精准营销的一般是底层标签，对于底层标签有两个要求：一个是每个标签只能表示一种含义，避免标签之间的重复和冲突，便于计算机处理；另一个是标签必须有一定的语义，方便相关人员理解每个标签的含义。此外，标签的粒度也是需要注意的，标签粒度太粗会没有区分度，粒度过细会导致标签体系太过复杂而不具有通用性。

13.1.3 用户画像构建

通常可以把标签分为三类，这三类标签有较大的差异，构建时所用技术的差别也很大。第一类是人口属性，这一类标签比较稳定，一旦建立，很长一段时间基本不用更新，标签体系也比较固定；第二类是兴趣，这类标签随时间变化很快，标签有很强的时效性，标签体系也不固定；第三类是地理位置，这一类标签的时效性跨度很大，如 GPS 轨迹标签需要做到实时更新，而常驻地标签一般可以几个月不用更新，所用的挖掘方法和前面两类也大有不同。

1. 人口属性画像

人口属性包括年龄、性别、学历、人生阶段、收入水平、消费水平、所属行业等。这些标签基本是稳定的，构建一次可以很长一段时间不用更新，标签的有效期都在一个月以上，同时标签体系的划分也比较固定。大部分主流的人口属性标签都和这个体系类似，有些在分段上有一些区别。

很多产品(如 QQ、Facebook 等)都会引导用户填写基本信息，这些信息包括年龄、性别、收入等人口属性，但完整填写个人信息的用户只占很少一部分。对于无社交属性的产品(如输入法、团购 App、视频网站等)，用户信息的填写率非常低，有的甚至不足 5%。在这种情况下，一般会用填写了信息的用户作为样本，把用户的行为数据作为特征训练模型，对无标签的用户进行人口属性的预测。这种模型把有标签用户的标签传给与他行为相似的用户，可以认为是对人群进行了标签扩散，因此常称为标签扩散模型。

2. 兴趣画像

兴趣画像是互联网领域中使用最广泛的画像，互联网广告、个性化推荐、精准营销等领域最核心的标签都是兴趣标签。兴趣画像主要是从用户海量的行为日志中进行核心信息抽取、标签化和统计，因此在构建用户兴趣画像之前需要先对用户有关行为的内容进行内容建模。

内容建模需要注意粒度，过细的粒度会导致标签没有泛化能力和使用价值，过粗的粒度会导致标签没有区分度。例如，用户在购物网站上查看了一双某品牌跑步鞋，如果用单个商品作为粒度，画像的粒度就过细，结果是只知道用户对某品牌跑步鞋有兴趣，在进行商品推荐时，也只能给用户推荐该品牌跑步鞋；而如果用大品类作为粒度，如户外运动，将无法发现用户的核心需求是买鞋，从而会给用户推荐所有的运动用品，如乒乓球拍、篮球等，这样的推荐缺乏准确性，用户的点击率就会很低。

为了保证兴趣画像既有一定的准确性又有较好的泛化性，可构建层次化的兴趣标签体系，其中同时用几个粒度的标签去匹配用户兴趣，既保证了标签的准确性，又保证了标签的泛化性。

3. 地理位置画像

地理位置画像一般分为两部分：一部分是常驻地画像；另一部分是 GPS 画像。这两类画像的差别很大，常驻地画像比较容易构造且标签比较稳定，GPS 画像需要实时更新。常驻地包括国家、省份、城市三级，一般只细化到城市粒度。在常驻地挖掘中，对用户的 IP 地址进行解析，并对应到相应的城市，再对用户 IP 出现的城市进行统计就可以得到常驻城市标签。用户的常驻城市标签不仅可以用来统计各个地域的用户分布，还可以根据用户在各个城市之间的出行轨迹识别出差人群、旅游人群等。

GPS 数据一般从手机端收集，但很多手机 App 没有获取用户 GPS 信息的权限。能够获取用户 GPS 信息的主要是百度地图等出行导航类 App，此外收集到的用户 GPS 数据比较稀疏。使用基于密度的噪声应用空间聚类(density-based spatial clustering of applications with noise，DBSCAN)算法可对 GPS 数据进行聚类，这也是对 GPS 数据进行标签挖掘的常用方法。

13.1.4 用户画像评估和使用

人口属性画像的相关指标比较容易评估，而兴趣画像的标签比较模糊，所以人为评估比较困难，对于兴趣画像的常用评估方法是设计小流量的 A/B 测试进行验证。可以筛选一部分打了标签的用户，对其进行和标签相关的推送，看他们对相关内容是否有更好的反馈。例如，在新闻推荐中，我们给用户构建了兴趣画像，从体育类兴趣用户中选取一小批用户，给他们推送体育类新闻，如果这批用户对新闻的点击率和阅读时长明显高于平均水平，就说明标签是有效的。

评估用户画像效果最直接的方法就是，看其提升了多少实际业务，如在互联网广告投放中，用户画像的使用效果主要是看它提升了多少点击率和收入，在精准营销过程中，主要是看使用用户画像后销量提升了多少等。如果把一个没有经过效果评估的模型直接用在线上，风险是很大的，因此我们需要一些在上线前可计算的指标来衡量用户画像的质量。用户画像的评估指标主要是准确率、覆盖率、时效性等。

构建好用户画像并做了评估之后，就可以在业务中使用了。对此，一般需要一个可视化平台，对标签进行查看和检索。用户画像的可视化过程中，一般使用饼图、柱状图等对标签的覆盖人数、覆盖比例等指标做形象的展示。此外，对于所构建的用户画像，对于多维度标签还可以进行高级的组合分析，得出高质量的研究结论。使用者画像能够在智能营销、个性化推荐等领域实施，具体的使用方法与应用领域紧密相关。

13.2 聚类和回归

13.2.1 聚类模型

1. 聚类概述

聚类[97]即将物理或抽象对象的集合分成由类似的对象组成的多个类的过程。由聚类所生成的簇是一组数据对象的集合，这些对象与同一个簇中的对象彼此相似，与其他簇中的对象相异。聚类分析又称群分析，是研究分类问题的一种统计分析方法。

2. 聚类模型

1) KMeans 聚类

KMeans 是使用最广泛的聚类算法，它认为簇是由相近的对象组成的，其优化目标是使簇内的点尽量紧凑，即簇内距离尽量小。算法的核心是距离的度量，不同距离的度量方法，选择的目标函数也往往不同。常用的距离度量方法有欧氏距离和余弦相似度。在高维稀疏特征空间（如文本聚类）上，余弦相似度相对欧氏距离能更好地表达样本之间的距离。

当采用欧氏距离时，目标函数一般为最小化对象到其簇形心距离的平方和：

$$\min \sum_{i=1}^{k} \sum_{x \in c_i} \text{dist}(c_i, x)^2 \tag{13-1}$$

当使用余弦相似度时，目标函数通常是最大化对象到其簇形心的余弦相似度之和，如下：

$$\min \sum_{i=1}^{k} \sum_{x \in c_i} \cos(c_i, x) \tag{13-2}$$

KMeans 算法的执行过程如下：①选择 k 个点作为初始形心；②将每个点指派到最近的簇形心，形成 k 个簇；③重新计算每个簇的形心；④形心不发生变化；⑤重复上面的第②步和第③步，直到第④步满足。

KMeans 算法的时间复杂度与样本数量呈线性相关，简单高效，对大数据集有较好的可伸缩性，非常适合大规模数据的聚类。最大的缺点是需要事先指定 k 值，k 值设定的好坏对聚类结果影响很大。此外，KMeans 算法还存在无法发现非球形簇、聚类效果容易受到噪声点影响等问题。

2) DBSCAN 聚类[98]

DBSCAN 是一种基于密度的聚类算法,它将簇定义为密度相连点的最大集合,把具有足够高密度的区域划分为簇。

DBSCAN 的参数包括:半径 Eps、密度阈值 MinPts、数据对象集合 D。根据半径 Eps、密度阈值 MinPts 可以将所有的点分为核心点、边界点和噪声点。

DBSCAN 计算的实施程序如下:①把全部的点认定为核心点、边界点和噪声点;②去除噪声点;③在 Eps 范围内的全部核心点联结成一条边;④各组联结的核心点产生一个簇;⑤把每一个边界点送到一个和它有关联的核心点的簇中。

DBSCAN 的聚类效果与输入的参数有很大关系,参数的细微调整都可能造成结果的巨大差别,一般使用 DBSCAN 时都需要反复调整参数,做多组实验对比聚类效果。和 KMeans 相比,DBSCAN 的优点在于不需要事先指定簇的个数,能够发现任意形状的簇,并且该模型有较好的抗噪能力。缺点是,在高维特征空间,密度的定义比较困难,并且判断近邻时需要计算样本两两之间的距离,计算开销非常大,此时 DBSCAN 算法就不再适用。

3) 主题聚类

在文本聚类中,KMeans 和层次聚类可以得到不错的结果,但是这两种方法只能保证词语相似的文档聚到一个簇中,不能够保证每个簇都有明确的主题含义。主题模型(topic model)在得到文档隐含主题的同时,能够把具有相同主题含义的文档聚到同一个簇里。常用的主题模型有隐性语义分析(latent scmantic analysis, LSA)、概率隐性语义分析(probabilistic latent semantic analysis, PLSA)和隐狄利克雷分析(latent Dirichlet analysis, LDA)等,其中 LDA 是目前使用最广泛的主题模型。

PLSA 认为每个主题也是很多个单词的概率遍布,求解概率分布的参数就可以得到文档的主题分布,继而把相同主题的文章归为一类。在 PLSA 的基础上,LDA 为主题分布和词分布加入了狄利克雷先验,效果比 PLSA 有一定的提升。

3. 聚类效果评价

聚类分析的目标是实现簇内相似性高、簇间相似性低。簇内相似性越高、簇间相似性越低,聚类效果越好。常见的聚类效果评价方法有集中平方差评价法、purity(纯度)评价法。

13.2.2 回归模型

回归问题[99]是监督学习的一个重要问题,处理输入变量和输出变量间的联系。回归模型展示输入变量到输出变量之间的映射函数,即选择一条函数曲线拟合训练数据且能够很好地预测未知数据。回归模型和分类模型全部按照输入变量预测输出变量,它们仅仅是输出变量种类不同而已,回归模型的输出变量是连续值,而分类模型的输出变量是离散的类别标签,如预测明天的气温是一个回归问题;预测明天的天气就是一个分类问题。

常用的回归算法有线性回归模型和回归树模型,对于简单的回归问题,线性回归模型就能得到不错的效果,但是对于特征数量较多且需要特征组合的回归问题,线性回归的拟合效果较差,这时需要使用回归树模型。MLlib库对这两种回归模型都提供了支持,下面简单介绍这两类回归模型的原理。

1. 常用回归模型

1) 线性回归模型

线性回归模型是指输入变量和输出变量之间的关系是线性的,是回归中最简单和最常用的模型。最常用的线性回归是最小二乘回归,它使用误差平方和(sum of squares error, SSE)表示预测值和实际值之间的误差,即

$$J(\theta) = \frac{1}{2}\sum_{i=1}^{n}\left[h_\theta(x^i) - y^{(i)}\right]^2 \tag{13-3}$$

式中,$J(\theta)$ 表示损失函数,求解的方法有最小二乘法、梯度下降法等。

前面介绍了逻辑回归,需要注意的是逻辑回归是一种分类模型,是用回归模型解决分类问题的一个典型例子,它将各类中正负例的交叉熵作为样本的回归值,通过求解回归模型得到分类器。使用 MLlib 训练最小二乘回归模型时需要调节的模型参数包括以下两项。

(1) 迭代次数和迭代步长:一般使用较小的迭代步长和较大的迭代次数可以收敛得到较好的解。

(2) 正则化项:最小二乘回归对异常点比较敏感,一般需要加入正则化项,常用的正则化项是 L1 正则和 L2 正则。

2) 回归树模型

回归树模型通过构造一棵决策树来拟合样本的回归值,它根据特征将样本分到各个叶子节点,把叶子节点的平均值作为该节点的回归预测值。回归树模型将特征空间划分成多个单元,它的构建等价于对特征空间进行划分,使得各个空间的预测值和实际值之间的误差最小。下面从空间划分的角度来描述回归树的构建过程。回归树模型的构建过程如下。

(1) 遍历所有特征,选择最优切分特征 J 和切分点 s。

(2) 使用切分特征 J 和切分点 s 划分区域并决定区域输出值。

(3) 对产生的分属区域重复步骤(1)(2),直到符合停止标准。

(4) 把输入区域区分为 M 个空间,形成决策树。

回归树模型逐步选择特征把区域区分开,递归地把每个空间区分成两个附属空间,同时确定附属空间的输出值。每次空间划分时的特征切分对特征进行了分段处理,多次的空间切分对不同的特征进行了交叉组合,因此回归树模型不仅能够较好地处理非线性特征,还可以表示特征之间的组合关系。由于回归树是基于树模型的回归,因此针对树模型的优

化算法[如梯度提升决策树(gradient boosting decision tree,GBDT)和随机森林]都支持回归,在某些复杂的实际问题中,GBDT 和随机森林的效果比基础回归树会有较大的提升。调用 MLlib,使用回归树模型进行训练时影响模型效果的主要参数有以下两个:①树深:深度越大,越容易出现过拟合;②最大划分数:划分数越多,越容易出现过拟合。

3)其他回归模型

除了 Spark 自带的回归模型,还有一些其他的回归模型在实际中也有广泛的应用,下面介绍几个回归模型。

(1)自回归模型。自回归模型(autoregressive model,AR)是一种处理时间序列的常见模型,广泛应用于经济学、信息学等方面,如基于股票的历史价格预测未来价格就是一个典型的自回归模型。自回归模型是用自身作为回归变量,也就是通过前期的变量组合来展示未来某时刻的随机变量的线性回归模型。自回归可以表示为

$$X_t = f(X_{t-1}, X_{t-2}, \cdots, X_0) \tag{13-4}$$

一般假设当前状态和历史状态之间是线性关系,这时自回归可以表示为

$$X_t = a_0 X_0 + a_1 X_1 + \cdots + a_{t-1} X_{t-1} + b \tag{13-5}$$

式中,b 是常数项;$a_0, a_1, \cdots, a_{t-1}$ 是模型参数。

(2)支持向量回归[100]。支持向量回归(support vector regression,SVR)是一种基于支持向量机(support vector machine,SVM)的回归,可以轻松解决非线性、小样本、高维数等现实难题。传统的回归算法在拟合训练样本时,要求均方误差最小,样本量较少时,容易受到数据噪声的影响,导致过拟合。SVR 采用"ε 不敏感函数"来解决这一问题,当目标值和预测值之差小于 ε 时,认为进一步拟合没有必要,其拟合误差的数学表示如下:

$$\text{loss} = \begin{cases} 0, & |f(x)-y| \leqslant \varepsilon \\ f(x)-y^2, & |f(x)-y| > \varepsilon \end{cases} \tag{13-6}$$

和 SVM 一样,SVR 也使用核方法,通过将特征映射到高维空间,解决线性不可分问题。

(3)岭回归[101]。岭回归(ridge regression,RR)模型是一种针对共同线性数字信息的无偏预估回归措施,本质上是一类改进的最小二乘预估法,即不要求最小二乘法的无偏性,然后丢掉一些信息、降低精确度作为代价得到回归系数更加贴近现实、更靠谱的回归措施,对病态数据的拟合要强于最小二乘法。噪声相对强的数字信息,岭回归的表现要远远优于最小二乘回归。岭回归通过对系数大小施加惩罚解决了普通最小二乘法的一些问题,即在线性模型的损失函数基础上加入参数的 L2 范数的惩罚项。其目标函数转变为如下形式:

$$\min_{w} \|X_w - y\|_2^2 + \alpha \|w\|_2^2 \tag{13-7}$$

式中,α 是平衡损失和正则项之间的系数。α 数值越大,正则项越大,惩罚项的作用就越明显,反之惩罚项就越小。

(4)Lasso 回归[102]。Lasso 回归模型是一种估计稀疏参数的线性模型,特别适用于参数数目缩减。基于这个原因,Lasso 回归模型在压缩感知(compressed sensing)中应用得十

分广泛。从数学意义上来说，Lasso 是在线性模型上加上了一个 L1 正则项，其目标函数为

$$\min_w \frac{1}{2n_{\text{sample}}} \|X_w - y\|_2^2 + \alpha \|w\|_1 \tag{13-8}$$

Lasso 回归主要有坐标轴下降(coordinate descent)法和最小角回归(least angle regression)法两种解法。岭回归与 Lasso 回归最大的区别在于岭回归引入的是 L2 范数惩罚项，Lasso 回归引入的是 L1 范数惩罚项；Lasso 回归能够使得损失函数中的许多 w 均变成 0，而岭回归要求所有的 w 均存在，这样在计算量上 Lasso 回归将远远小于岭回归。

(5)弹性网络[103]。弹性网络(elastic net)其实就是一个线性回归模型，是把 L1 和 L2 范数当成正则化而形成的，可把它当作岭回归和 Lasso 回归的结合。它不仅可以运用在较少的权重以及非零的稀疏模型(如 Lasso 回归)中，还可以维持岭回归模型的正则化功能。我们使用 ρ 作为平衡 L1 和 L2 正则的系数，弹性网络的目标函数如下：

$$\min_w \frac{1}{2n_{\text{sample}}} \|X_w - y\|_2^2 + \alpha\rho \|w\|_1 + \frac{\alpha(1-\rho)}{2} \|w\|_2^2 \tag{13-9}$$

具有伸缩性的网络在特征之间有相关关系的时候是有优势的。Lasso 更喜欢择机，但是伸缩性网络更喜欢选择两个。在现实中，Lasso 的一个优势是可以在循环期间发展和延伸岭回归的稳定性。

2. 评估指标

分类模型关注分类的准确率，相比之下回归模型更关注模型预测值与实际值之间的误差，常用的误差衡量指标包括均方误差、均方根误差、平均绝对误差、判定系数。

13.3　可视化构建

13.3.1　可视化构建基础

可视化是在全面合成平台基础上发展而来的，全面合成平台按照中国水利行业标准《水利信息处理平台技术规定》(SL 538—2011)的规定规划和构造。全面合成平台为水资源生产技术提供了一个可以程序设计及实物实施的生态，在这个基础上能够完成技术程序和水量水质转变流程的结合。综合集成平台架构如图 13-1 所示，有四个层面：支撑层、资源层、信息综合集成层、用户层。中心部分涵盖知识图集成、网络等。

支撑层一般是对等式网络(peer-to-peer，P2P)技术[104]和 Gnutella(努特拉)网络综合集成平台技术。资源层一般应用在储存技术程序中，具有事物应用联系的数字信息、业务组件和流程等。信息综合集成层一般运营在业务组件网的设计规划等，它同时确定了在技术可视化基础上事务运营服务的访问制度。从结构上能够知道，平台没有设计事务运营层，因为平台水资源业务应用都是通过全面合成平台的工艺流程图以及联系计算组件建造的，所以经由全面合成平台确定的程序规划和事务应用综合集成平台构架图见图 13-1。

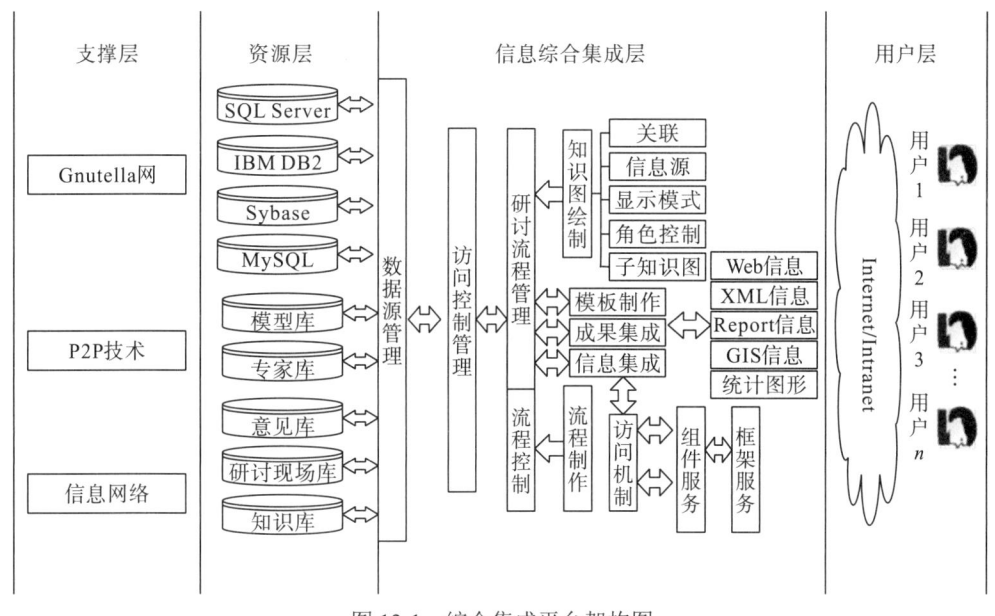

图 13-1 综合集成平台架构图

13.3.2 信息可视化设计

信息感知[105]是获取信息最重要的通道，全面使用人机交互等技术，把数字信息转变成能够体会的东西等，就是为了将信息更加有效地传递。

数字信息可视化有利于看见物体从而获得知识。相比于传统的数据统计和数据挖掘方法，对于复杂、大规模的数据，数据可视化没有隐藏数据集的真实结构，并没有简化或总结数据集的结构，但是基本恢复甚至提高了数字信息里的整体构造以及详细信息，展现能够直接观测到的工艺。

可视化分析把彼此交换平面当成渠道，把大家的认知以及感知能力通过能够看到的措施混入数字信息的研究过程。用户用水状况可视化是相对优秀的工艺措施，但这些工艺措施可以通过图像处理、计算机视觉、图形和用户界面，经由描述、建造模型和对表面、属性的立体以及动画展示，对数字信息增加可视化说明，给用户带来直观信息，为进一步优化供水体系提供参考。

13.4 典型示范区域画像建模

13.4.1 数据介绍

重庆市位于 105°17′～107°14′E 和 28°22′～30°26′N，坐落在两江交汇口处，东西长约 470km，南北宽约 450km。市境内河流纵横，均属长江流域，形成不对称、从中心向外发散的形状。其中，水域覆盖面大于 $50km^2$ 的河流有接近 374 条，大于 $1000km^2$ 的河流有接近 36 条，大于 $3000km^2$ 的河流有 18 条。

全市多年平均降水量为 1208.3mm，多年平均径流深为 620.7mm，全市多年平均径流总量为 511.4 亿 m^3，水能资源比较丰富，理论蕴藏量达 1338 万 kW，可开发量为 760 万 kW。过境水资源丰富，但当地水资源短缺，地域时空分布不均，与生产力发展水平不匹配，高山地区降水丰富，丘陵地区相对较少。

由于重庆市区属亚热带季风气候，因此水资源在时间和空间上是不均衡的：时间上分布不平均，夏天和秋天降水比较多，通常集中在 4～10 月，降水量占全年总降水量的 84.5%；地域分布不均，降水主要集中在渝东，西部地区降水偏少，全市降水越往东越多。

截至本书成稿时，该市已建各类供水工程 18.9 万处，年供水量为 55.41 亿 m^3，全市共建农田水利工程 183416 处，有效灌溉面积为 945 万亩（1 亩≈$666.67m^2$），解决了全市 590 万农村人口的饮水问题。全市水利系统共建供水站 951 个，日供水能力达 $107.78m^3$，解决了大部分人口的用水问题。

重庆市打通供水企业各个内部系统(SCADA、GIS、抄表、报装、客服等)和外部系统(运营商、爬虫系统等)，将采集的数据统一存储在综合经营分析平台的大数据存储中心（即平台的数据仓库），再对数据进行清洗、融合和处理，输出每个用户维度的用户画像标签库，助力供水企业为用户提供定制化、个性化、差异化的服务和增值业务，提升企业经济效益。

1. 供水量

供水量指为用户提供的含损失在内的水量，包括有效供水量和漏损水量，按供水对象所在地分地表水源、地下水源和其他水源。2018 年全市总供水量为 77.1959 亿 m^3。按供水水源统计，地表水源供水量为 75.8697 亿 m^3，地下水源供水量为 1.1102 亿 m^3，其他水源供水量为 0.2160 亿 m^3，分别占总供水量的 98.28%、1.44%和 0.28%。

地表水源供水量中，蓄水工程供水量为 33.4768 亿 m^3，引水工程供水量为 6.5757 亿 m^3，提水工程供水量为 35.7678 亿 m^3，非工程供水量为 0.0494 亿 m^3，分别占地表水源供水量的 44.12%、8.67%、47.14%和 0.07%。2018 年重庆市的供给水量见表 13-1。

表 13-1　2018 年重庆市用水量和供水量　　　　　　　　　　（单位：亿 m^3）

区县	供水量				用水量					
	地表水	地下水	其他	总供水量	生活	生产			生态环境补水量	总用水量
						第一产业	第二产业	第三产业		
全市	75.8697	1.1102	0.2160	77.1959	15.6567	25.4307	30.3691	4.5303	1.2091	77.1959
万州区	3.7821	0.0180		3.8001	0.8488	1.5094	1.1475	0.2276	0.0668	3.8001
黔江区	1.0534	0.0032	0.0416	1.0982	0.2499	0.6103	0.1821	0.0474	0.0085	1.0982
涪陵区	4.9195	0.0218		4.9413	0.5979	1.1992	2.9663	0.1261	0.0518	4.9413
渝中区	0.8016			0.8016	0.4134	0.0000	0.0576	0.3150	0.0156	0.8016
大渡口区	0.6969	0.0029		0.6998	0.2634	0.0006	0.3012	0.1145	0.0201	0.6998
江北区	1.8364			1.8364	0.6498	0.0175	0.8815	0.2547	0.0329	1.8364

续表

区县	供水量				用水量					
	地表水	地下水	其他	总供水量	生活	生产			生态环境补水量	总用水量
						第一产业	第二产业	第三产业		
沙坪坝区	2.0916	0.0216		2.1132	0.6700	0.1410	0.8906	0.3606	0.0510	2.1132
九龙坡区	2.2891	0.0082		2.2973	0.9063	0.2186	0.8324	0.3040	0.0360	2.2973
南岸区	1.8070	0.0036		1.8106	0.7081	0.0168	0.7813	0.2652	0.0392	1.8106
北碚区	2.2216	0.0481		2.2697	0.5184	0.3476	1.0985	0.2409	0.0643	2.2697
渝北区	2.5484	0.0374	0.0033	2.5891	0.7846	0.2620	1.2157	0.2818	0.0450	2.5891
巴南区	2.2846	0.0355	0.0021	2.3222	0.6846	0.4339	0.8422	0.2783	0.0832	2.3222
长寿区	3.4686	0.0339		3.5025	0.4267	0.8383	2.1173	0.1013	0.0189	3.5025
江津区	7.7931	0.0534	0.0277	7.8742	0.6465	1.4751	5.5774	0.1483	0.0269	7.8742
合川区	3.0486	0.0539	0.0031	3.1056	0.6823	1.2917	0.9283	0.1364	0.0669	3.1056
永川区	3.1877	0.0281	0.0017	3.2175	0.4749	1.8030	0.7798	0.1286	0.0312	3.2175
南川区	1.8676		0.0019	1.8695	0.3064	0.9500	0.5057	0.0890	0.0184	1.8695
綦江区	2.3985	0.0088		2.4073	0.3542	1.0646	0.9000	0.0710	0.0175	2.4073
万盛经开区	0.7575			0.7575	0.1656	0.1108	0.4225	0.0441	0.0145	0.7575
大足区	1.7332	0.1628		1.8960	0.3774	0.8121	0.5638	0.0876	0.0551	1.8960
璧山区	1.1115	0.0270	0.0915	1.2300	0.2625	0.4830	0.3459	0.0471	0.0915	1.2300
铜梁区	1.9870	0.0832	0.0298	2.1000	0.3660	0.8331	0.8059	0.0667	0.0283	2.1000
潼南区	1.7740	0.1044	0.0012	1.8796	0.3367	0.7683	0.6910	0.0551	0.0285	1.8796
荣昌区	1.6323	0.0874		1.7197	0.2777	0.6200	0.7561	0.0547	0.0112	1.7197
开州区	2.8925	0.0375		2.9300	0.5180	1.3384	0.9165	0.1158	0.0413	2.9300
梁平区	1.6145	0.0654	0.0040	1.6839	0.2528	1.0743	0.2750	0.0408	0.0410	1.6839
武隆区	1.0153	0.0050		1.0203	0.1480	0.5969	0.2280	0.0360	0.0114	1.0203
城口县	0.4047			0.4047	0.0969	0.2049	0.0794	0.0184	0.0051	0.4047
丰都县	1.3360			1.3360	0.2603	0.8420	0.1855	0.0372	0.0110	1.3360
垫江县	1.9515	0.0013		1.9528	0.2484	1.0611	0.5281	0.0465	0.0687	1.9528
忠县	1.4637	0.0080	0.0055	1.4772	0.3003	0.3140	0.7842	0.0593	0.0194	1.4772
云阳县	1.5820	0.0498		1.6318	0.3429	0.8502	0.3574	0.0670	0.0143	1.6318
奉节县	1.0638	0.0054		1.0692	0.3155	0.4640	0.2239	0.0495	0.0163	1.0692
巫山县	0.6072			0.6072	0.1940	0.3267	0.0536	0.0253	0.0076	0.6072
巫溪县	0.5528	0.0012	0.0021	0.5561	0.1507	0.3448	0.0299	0.0238	0.0069	0.5561
石柱县	0.8332	0.0030		0.8362	0.2034	0.4387	0.1416	0.0375	0.0150	0.8362
秀山县	1.4343	0.0900		1.5243	0.2396	0.5848	0.6535	0.0332	0.0132	1.5243
酉阳县	1.1369			1.1369	0.2116	0.7634	0.0996	0.0572	0.0051	1.1369
彭水县	0.8896	0.0004	0.0005	0.8905	0.2022	0.4197	0.2223	0.0368	0.0095	0.8905

2. 用水量

用水量是指用水户所使用的水量，通常由供水单位提供，也可以由用水户直接从江河、湖泊、水库（塘）或地下取水获得。按使用者特点，可以划分成三个类别，分别是生态环境补水、生活用水和生产用水，而且生产用水进一步可以分为第一产业用水、第二产业用水、第三产业用水。

2018 年全市总用水量为 77.1959 亿 m³。按用户特性统计，生产用水为 60.3301 亿 m³，生活用水为 15.6567 亿 m³，生态环境补水量为 1.2091 亿 m³，分别占总用水量的 78.15%、20.28%、1.57%。

2018 年生产用水中，第一产业、第二产业和第三产业用水量分别为 25.4307 亿 m³、30.3691 亿 m³ 和 4.5303 亿 m³，分别占总用水量的 32.94%、39.34%、5.87%。2018 年重庆市用水组成如图 13-2 所示。

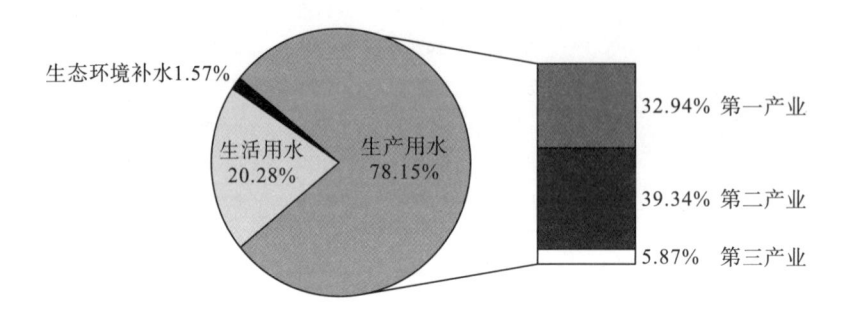

图 13-2 重庆市用水组成图

3. 耗水量[106]

耗水量是指用水过程中所消耗的、不可回收利用的净用水量。灌溉用水消耗量以及工业和生活用水消耗量都是差值形成的，前者是毛用水量与回归地表、地下的水量相减而得；后者是取水量与废污水排放量及输水的回归水量相减而得。

2018 年全市用水消耗总量为 43.2090 亿 m³，耗水率（消耗总量占用水总量的百分比）为 55.97%。按用户特性统计，生产耗水量为 34.0997 亿 m³，占用水消耗总量的 78.92%，耗水率为 56.52%；生活耗水量为 8.1976 亿 m³，占用水消耗总量的 18.97%，耗水率为 52.35%；生态环境耗水量为 0.91187 亿 m³，占用水消耗总量的 2.11%，耗水率为 75.414%。2018 年重庆市耗水率组成如图 13-3 所示。

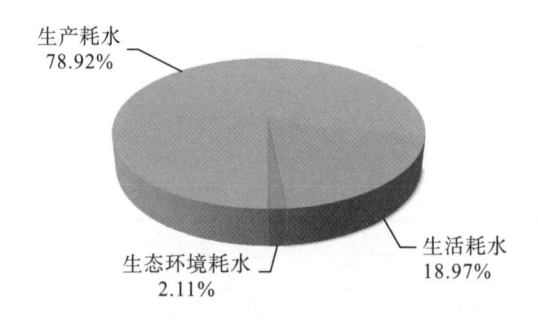

图 13-3 重庆市耗水率组成图

13.4.2 实施方案

1. 实施标签构建

1) 水质信息及安全预警[107]

近年来，突发性水质问题时有发生，严重威胁城市供水水质安全。突发水源污染事件无固定的排放途径和方式，处理不及时将影响供水安全。对供水企业和水质监管机构而言，快速监测、识别饮用水水质情况，是保障饮用水安全的第一步。为了掌握重要饮用水水源地动态，保证饮用安全，基于国内外研究建立饮用水监测预警体系迫在眉睫。建立饮用水用户用水安全预警体系，可保障饮用水用水安全，并为改善水质提供科学依据。

构建水质安全信息需要相应的检查水质量的技术，而一般使用的技术有光谱技术和生物传感技术等。

化学水质监测是以物质的化学反应为基础进行分析，又称为化学分析。化学分析按照一些绝对用量以及它们之间的计量联系，通过计算可以进行定量分析。化学分析一直都是评价水质的良好途径。同时随着时间的推移，分析系统一直在提升和进步，并且有了相对较好的反应度，在用水安全、数据评价水生态和规范高精度的定性方面是非常关键的。

光学水质预警[108]是一种利用特定波长的紫外线与水中杂质相互作用的技术。根据朗伯-比尔定律，当单色光通过均匀的稀释溶液时，溶液对光的吸收程度与溶液的浓度、光的波长以及光在溶液中传播的距离(即吸收层的厚度)成正比。通过测量特定波长处的吸光度，可以计算出溶液对光的吸收程度。通过持续的光谱测量，结合朗伯-比尔定律和光吸收的加和性原理，可以全面地研究和计算出水质的各项参数，从而实现对水质的预警。

生物毒性分析是一种检测活体生物体内含有毒成分的传感器技术。这种传感器能够检测到生物体内的毒素。一旦检测到有毒物质，传感器就会发出相应的反馈信号。此外，这种技术还能测量生物体内可能存在的所有污染物以及其他特殊物质，并且能够根据污染物的浓度不同，提供从微弱到强烈的不同级别的反馈。

在线全面有毒探测仪把新发展的费希尔弧菌当成活体探测仪。把费希尔弧菌暴露在被测量样本前后，然后分别测量发光力度，测量光损失百分比，分析和研究被测水样的各方面毒性水平。

2) 供水信息查询

为了提高供水质量、降低水量供差率，达到节能降耗、高效管理的目的，建立一套自动化的供水调度监控管理平台迫在眉睫。有必要将所有自来水厂、加压泵站、取水泵站、高层供水泵房、供水管网等重要供水单元纳入全方位的监控和管理，整合统一管理现有的自来水供水系统。

供水生产调度指挥系统平台能够将分散系统有效整合，使系统间不再孤立运行，打破"数据孤岛"瓶颈，为科学的供水调度以及安全生产提供可靠保证，最终实现"安全供水，科学管理、优质服务"的供水目标，以实现供水数据的共享查询。

2. 兴趣标签构建

1) 分类水价

用水价格分为居民生活用水、行政事业用水、工商企业用水、经营服务用水和特种行业用水五类。各个城市的分类不同，如杭州分为四类：居民生活用水；非经营性用水，包括行政机关、事业单位、部队、教育、文化、体育、卫生组织、社会团体用水及环卫、园林绿化等市政用水；经营性用水，包括从事生产经营的工商企业、建筑行业、旅游业、宾馆、餐饮、娱乐、服务业用水；特种行业用水，指以水为主要原料的制造业(纯净水、制酒业、饮料生产企业)和特种服务行业用水(桑拿、洗车等)。

2) 表务信息

水表作为用水量的计量器具，在水资源及用水管理等方面有着不可替代的重要作用。长期以来，我国城镇居民所使用的水表主要是一种计量稳定、结构简单、价格低廉的普通机械旋翼湿式水表。但随着社会的发展，面对不断增长的人口与高层建筑，城市供水及用水管理面临着前所未有的压力。一方面是因为改造或扩建供水管网而负担的大量的基础建设资金压力；另一方面是需要增加抄表、收费及其他的管理人员，大大加重了管理任务，其中用水欠费严重的问题也成为自来水行业发展的瓶颈问题。

因此，根据智慧水务的规划，应该采用当前的技术改进供水管理模式，实现精细化发展，不仅降低管理花销，还能提高服务水平。基于计算机信息技术等的新生代水表产品——智能水表应运而生。智能水表不但可以大大节约人工成本，降低管理难度，而且可以产生相应的数字信息，减小企业的产量与销量差值，实现科学适当的管理。

近几年，供水公司加强了转变成服务型公司的力度，也就是供水公司是公共事业行业基础性的服务企业之一，突出"顾客是核心"的企业文化，可以针对性地满足顾客需求，从而让消费者感觉良好，使得企业不断进步。当所有的企业所提供的服务越来越好时，消费者的期待值也逐渐上升，特别是在缴费、维护等层面有了更高的要求。所以，供水公司想要发展得越来越好，建造智能服务体系、提高消费者服务水平是非常有必要的。

3) 管网信息

地图库管理：具有地形数字信息管理能力，很容易完成地形图数据的搜索和输出。
管网处理：平台提供大量、方便的输入和处理技术，实现管线数字信息的输入及处理。
管网管理：查询、统计、量算、定位、三维观察、图形输出、标注、设备库管理、多媒体管理、维修资料管理、附属数据管理等。
管网维护：管网维修预警、外部属性数据(Oracle、SQL-Server、DBASE、FoxBASE、Access、Excel 等格式文件)的转入和挂接、属性数据的结构修改、与其他信息系统间的资源共享、管网拓扑关系的自动维护。
事故处理：对爆管事故处理和管网阀门设备维修做出辅助决策。快速、准确搜索需关闭的阀门及受影响的用户,打印阀门启闭通知单、用户停水通知单、维修现场图,实现二次关阀。

规划设计:针对管网日常设计业务,提供管网规划设计功能,实现设计图、竣工图统一管理。打印轴测图、竣工桩号图和材料统计表等。

运行调度:动态绘制管网等水压线图;监控管网运营现状,辅助管网优化和改扩建;实施管网平差,动态模拟管网运行情况,实现管网建模。

办公自动化:同时支持客户端/服务器结构(Client/Server,C/S)和浏览器/服务器结构(Browser/Server,B/S),针对供水公司各类办公业务流程实施计算机管理。实现自来水公司日常办公业务,如报装、迁表、管道工程等的自动化办公手段。

WebGIS:实现管网信息互联网发布功能,使用者经由浏览器能够进入管网平台的主页,看到管网图形,完成基础的查询、整合、定位、测算等操作;提供最全最直接的管网信息,提前预警和断水警告。

4)水费账单

除了当期水费,还能看到欠费额、总共应缴额,水费账单取代了原有的营业收费系统和热线工单系统,能够更快地响应客户的服务诉求。同时,新系统还将与移动缴费平台紧密结合,进一步简化业务流程,为市民带来更优质的服务。10位"账户编号"数字改动,不仅能够大幅提升账户安全性,还能够帮助建立和维护复杂的客户关系模型。市民可以为名下的多套房产办理账户关联手续,还可以通过查询账户编码,清楚地看到该账户内所有用水地址、水费账单等信息。

现在水费账单更加符合人们的期待,不仅可以看到当月的水费,还可以看到往期水费和欠缴费情况,能够帮助忙碌的上班族及时了解自己的账户情况,并起到提醒的作用。解决了以往第三方支付的局限性,克服了水费在途时间较长的缺点。

水务集团和众多金融机构及平台合作,极大减少了在途水费时间,解决了消费者重复交费的问题。若出现了重复交费的局面,平台就会把此次水费汇进账户,直接冲抵下期水费,市民可以获得更简单方便的网络感受。通过逐步拓展线上办理、营业厅当场办结,真正做到"数据多跑腿,用户少跑腿"。

5)供水应急

城市供水用水处理出现管网漏损、水量供应和水质问题等时,构建应急处理模块,可实时查询解决方案,并可以反馈意见或用水、供水信息。应急供水预案包括以下几个方面。

(1)水污染事件:水域遭受很大程度的污染、毒理学和相关变量比政府出台的饮用水规范要高。例如,使用者反映的水域质量问题相对密集,或产生重大疫情。

(2)水厂运行事件:出现机械故障等影响水厂供水的事件。

(3)水厂断电事件:遭受紧急断电,导致水厂无法成功运行。

(4)干管爆裂事件:虹吸管或口径200mm及以上的输配水管道爆炸破裂导致大范围内供水系统难以运行。

(5) 液氯外泄事件：液氯在存储、传送、采集时发生了很大程度的外泄且对附近人群造成了健康威胁。

(6) 安全防护事件：企业遭受严重的失火、财物失盗、投毒以及人为破坏供水设施。

(7) 严峻伤亡事件：大量工作人员遭遇极其严重的生产责任事故而出现伤亡情况。

(8) 自然灾难事件：城市供水面临一些灾难事件，如泥石流、干旱等。

第 14 章　重庆市用水需求预测研究

14.1　背景介绍

随着时间的推移，人类社会文明不断向前推进，人们生活的环境也发生了翻天覆地的变化，社会服务变得越来越优化，生活方式变得更加便捷，而这一切都应归结于基层服务设施建设。随着社会的发展和城市化进程的加快，农村人口向城镇人口转移的步伐日渐加快，致使城市基础服务需要不断进步和革新。

根据《国家新型城镇化报告 2018》统计，在 2018 年，从农村到城镇安家落户的人口已经达到 1390 万，不仅户籍城镇化率增长到 43.37%，常住人口城镇化率也提升至 59.58%。为了解决人口的急剧增长所面临的一系列问题，城市基础设施的发展成为首先需要改善的环节，而城市供水问题则是基础设施中最为重要的问题之一。

水作为人类生存的重要物质和工业发展的血液，是最重要的基础资源之一，在社会各方面均具有较大的影响力，一旦发生供水不足的状况，整个城市运作链将会出现极大的问题，如果不及时进行补救，后果不堪设想。随着城市化进程的加快，人们的生活水平逐渐提高，企业发展也越来越快，这些企业的快速发展更加凸显对水资源的需求，同时人们日常生活对水资源的需求量也越来越大。

我国人口数量巨大，就现阶段情况而言，我国拥有水资源总量约为 2.8 万亿 m^3，居世界第六位，但是我国人均水资源占有量仅有 $2240m^3$，约为世界人均水平的 1/4。从人均水资源占有量上看，我国仍然属于一个缺水国，并且在早些年已经被联合国列为 13 个贫水国家之一。

近二十年来，我国经济一直处于高速发展的趋势，城市化建设速度加快，人们也把资金和精力都投入经济发展中，然而对供水系统以及供水管网材质的改进却一直没有引起重视，《中国质量报》在 2014 年发表的质量新闻显示，我国城市供水管网的漏水率在 15%以上，某些城市最高超过 70%，国外有些国家在 1997 年时全国平均漏水率仅为 9.1%。因此，供水管网漏水损坏不仅导致了水资源的浪费，还对供水管网系统的安全埋下了隐患。

随着社会的不断进步，科学技术的发展步伐不断加快，同时科学技术的发展也不断推动着社会的进步，智慧水务便是它们相辅相成协作的产物。虽然科学技术的不断发展改善了城市面临的部分不合理状况，但是远远不能满足人们的需求。因此在 2012 年，住房和城乡建设部会同国家发展和改革委员会一起编制了《全国城镇供水设施改造与建设"十二五"规划及 2020 年远景目标》。

依据此规划,在"十二五"期间,我国决定投资 4100 亿元到城镇的供水系统设施改造中。其中,835 亿元将用于管网改造,15 亿元用于水质检测监管能力建设。规划明确要求降低供水管网漏损率,提出 80%城市和 60%县城供水管网的漏损率需达到国家相关标准、地级以上城市建设和完善供水管网数字化管理平台等要求。综上,不难看出我国对改善供水系统及供水管网的决心,同时也反映出我国对水资源的需求以及保护水资源的意识。

当今社会,科学技术正处于飞速发展的状态,然而,我国是一个资源相对匮乏的国家,因此,对所需求的基本资源进行有效的预测和科学的研究是非常有必要的。近几年,智慧水务系统逐渐被广大群众熟知,互联网技术、GIS、遥控传感、人工智能技术等信息化手段的发展为现代化智慧水务的进步提供了支持。

进一步加强在水务行业中对水资源的监控,如在人工智能中的机器学习模式下,利用城市已有的用水量数据,通过模型的建立及驯化过程对城市未来用水量趋势进行客观、简洁的显示,使得城市水资源能够得到高效的利用。有效的预测能够减少水资源的浪费,为城市节约水资源制定相关的政策,同时也可以根据对城市供水量的预测和研究为城市绿化建设、城市供水管网分布以及城市未来改造规划建设提供一些建议。

城市用水量的预测,从另一个角度来讲也是城市供水管网供水量的预测。水量预测需要科学客观的依据,一般主要研究城市短期需水量及城市长期需水量。城市短期需水量的预测可以为城市管网的智能管理、调度提供基础,也可以对供水水泵的损耗进行优化与调整,从而确保供水管网的正常稳定、高效率的工作,降低管网的安全隐患,与此同时,在城市供水管网的分区管理中也起到了一定的作用。

城市长期用水量的预测,主要是通过历年该城市需水量的变化与其他的影响因素相联系,采用科学、系统的方法对该城市未来的需水量进行预测,对该城市水资源进行统筹化、科学化的管理,为城市管网的扩建、城市的绿化建设以及供水系统的优化调整提供依据,同时也对供水系统的重要组成部分进行优化调整。

重庆是我国的直辖市之一,位于中国内陆西南部、长江上游地区,其地貌以丘陵、山地为主,坡地面积较大,地势由南北向长江河谷逐级降低,这对供水管网的铺设造成了技术上的困难,严重影响着供水效率。而重庆作为内陆地区,又因为其独特的地貌影响以及常住人口的增长,为供水系统增加了负荷,所以对重庆市用水量进行科学的预测研究是非常有必要的,能提前制定风险应急方案以及优化、改进供水系统,降低管网铺设过程中存在的安全隐患,满足重庆居民的用水需求。

14.2 城市用水量预测模型

14.2.1 灰色预测 GM(1,1)模型群

灰色模型预测法[109]是对存在未知因素的数据进行预测的模型。灰色是介于白色与黑色之间的一种颜色,而灰色系统正是介于已知信息(如日用水量、月用水量、季度用水量

等)与未知信息(如气候、管网漏损率、人口流动等)之间的一类系统,即该系统内既存在已知信息,也存在未知信息,且系统内部各种信息存在着不确定关系。

灰色模型预测是对一定范围内变化且与时空序列相关的系统状态进行预测。尽管灰色系统中数据是无规律的,但它毕竟是随时间变化的且有一定界限,因此可以利用初始数据内部的变化规律生成规律性信息序列,而后建立微分方程预测用水量系统的未来发展趋势。

1. 灰色预测 GM(1,1)模型的建立

1) 数据预处理

假定由已知变量数据组成的原始变量序列为 $Q^{(0)}=\{Q_1^0,Q_2^0,\cdots,Q_n^0\}$,其中 $k\in[1,n]$。对 $Q^{(0)}$ 数列进行级比计算,即 $\omega(k)=\dfrac{Q^{(0)}(k-1)}{Q^{(0)}(k)}$。若计算出的序列级比大多数分布于 $\left[e^{(-2)/(n+1)},\ e^{2/(n+1)}\right]$,就表明可以建立灰色模型 GM(1,1)对该系统进行预测。否则,应该对数据信息进行处理,目前主要的方法有:对相关数据开 n 次方、对相关数据进行对数化处理、对相关数据进行平滑处理。以数据平滑处理为例:

$$\begin{cases} Q^0(k)=\dfrac{Q^0(k-1)+2Q^0(k)+Q^0(k+1)}{4} \\ Q_1^0=\dfrac{3Q^0(1)+Q^0(2)}{4} \\ Q_n^0=\dfrac{Q^0(n-1)+3Q^0(n)}{4} \end{cases} \tag{14-1}$$

为了降低或规避时间序列随机性对序列产生的影响,需要在建立模型之前对原始的序列做提前累加处理以削减其产生的影响,即原始序列中第一个元素与新序列的第一个元素相同,将原始序列中第二个数据与第一个数据相加所得的值作为累加后新序列的第二个数据,以此类推,得到新的序列 $Q_{(k)}^1$:

$$Q_{(k)}^1=\sum_{i=1}^k Q_i^0=\{Q_1^1,Q_2^1,\cdots,Q_n^1\},\qquad k\in[1,n] \tag{14-2}$$

2) 模型求解

对新生成的序列 $Q_{(k)}^1$ 进行均值处理后得

$$p_k^1=\dfrac{Q_k^1+Q_{k-1}^1}{2},\qquad k\in[2,n] \tag{14-3}$$

则累加数列估计值的一阶线性微分方程即 GM(1,1)基本模型为

$$Q_k^0+\alpha p_k^1=\beta \tag{14-4}$$

式中,α 表示发展系数;β 表示灰色作用量,或内生控制灰数。

式(14-4)所对应的微分方程为

$$\frac{dQ^1}{dt} + \alpha Q^1 = \beta \tag{14-5}$$

按微分方程的求解方法可得

$$Q_t^1 = \left[Q_1^1 - \frac{\beta}{\alpha}\right]e^{-\alpha t} + \frac{\beta}{\alpha} \tag{14-6}$$

为了求解未知参数 α、β 的值，假设 $\hat{\alpha} = \begin{pmatrix} \alpha \\ \beta \end{pmatrix}$ 为未知参数向量，则 $\boldsymbol{B} = \boldsymbol{A} * \hat{\boldsymbol{\alpha}}$ 为其微分方程的表现形式，运用最小二乘法进行求解可得

$$\hat{\boldsymbol{\alpha}}\left(\boldsymbol{A}^\mathrm{T}\boldsymbol{A}\right)^{-1} = \boldsymbol{A}^\mathrm{T}\boldsymbol{B} \tag{14-7}$$

式中，数据矩阵 $\boldsymbol{A}$、数据向量 $\boldsymbol{B}$ 的表达式如下：

$$\boldsymbol{A} = \begin{bmatrix} -\dfrac{Q_1^1 + Q_2^1}{2} & 1 \\ -\dfrac{Q_2^1 + Q_3^1}{2} & 1 \\ \vdots & \vdots \\ -\dfrac{Q_{n-1}^1 + Q_n^1}{2} & 1 \end{bmatrix}$$

$$\boldsymbol{B} = \left[Q_2^0, Q_3^0, \cdots, Q_n^0\right] = \begin{bmatrix} Q_2^0 \\ Q_3^0 \\ \vdots \\ Q_n^0 \end{bmatrix}$$

则微分方程式(14-5)的解为

$$\hat{Q}_k^1 \left[Q_1^0 - \frac{\beta}{\alpha}\right]e^{-a(k-1)} + \frac{\beta}{\alpha}, \quad k \in [2, n] \tag{14-8}$$

将表达式(14-8)应用于需水量预测时可表示为

$$\hat{Q}_{k+1}^1 = \left[Q_1^0 - \frac{\beta}{\alpha}\right]e^{-ak} + \frac{\beta}{\alpha}, \quad k \in [1, n] \tag{14-9}$$

式(14-9)即为需水量预测模型。

3) 模型的检验

(1) 残差检验[110]。

预测值：

$$\hat{Q}_{(k)}^0 = \hat{Q}_{(k)}^1 - \hat{Q}_{(k-1)}^1 \tag{14-10}$$

绝对误差值：

$$\Delta_{(k)}^0 = \left|\hat{Q}_{(k)}^0 - Q_{(k)}^0\right| \tag{14-11}$$

相对误差值：

第14章 重庆市用水需求预测研究

$$\varepsilon(k) = \frac{\Delta_{(k)}^0}{Q_{(k)}^0} \qquad (14\text{-}12)$$

(2)关联度检验。定义关联系数 $\zeta(k)$：

$$\zeta(k) = \frac{\min \Delta^{(0)}(k) + \rho \max \Delta^{(0)}(k)}{\Delta^{(0)}(k) + \max \Delta^{(0)}(k)} \qquad (14\text{-}13)$$

式中，$\Delta^{(0)}(k)$ 为第 k 个点 $Q^{(0)}$ 与 $\hat{Q}^{(0)}$ 的绝对误差；ρ 称为分辨率，$0<\rho<1$，通常情况下 $\rho=0.5$；针对单位不统一、序列初值不相同的情况，在相关系数计算之前应该进行数据标准化，即将序列中第一个元素视为1（将序列中所有元素同时除以序列第一个元素）。

定义关联度 δ：

$$\delta = \frac{1}{n}\sum_{k=1}^{n}\zeta(k) \qquad (14\text{-}14)$$

式中，δ 表示 $Q^{(0)}$ 与 $\hat{Q}^{(0)}$ 的关联度。

根据经验所得，当 $\rho=0.5$，$\delta>0.6$ 时满足检验标准。

(3)后验差检验[111]。

标准差：

$$S_1 = \sum_{k=1}^{n}\frac{\left[Q^{(0)}(k) - \overline{Q^{(0)}}\right]^2}{n-1} \qquad (14\text{-}15)$$

绝对误差：

$$S_2 = \sum_{k=1}^{n}\frac{\left[\Delta^{(0)}(k) - \overline{\Delta^{(0)}}\right]^2}{n-1} \qquad (14\text{-}16)$$

该序列的方差比 $C = S_2/S_1$，序列误差概率 $P = P\{\Delta^{(0)}(k) - \overline{\Delta^{(0)}} < 0.6745 S_1\}$，假定 $E_t = \Delta^{(0)}(k) - \overline{\Delta^{(0)}}$，$S_0 = 0.6745 S_1$，故 $P = P\{E_t < S_0\}$。

(4)精度检验。精度检验等级标准见表14-1。

表14-1 精度检验等级标准

精度等级	均方差 C	小误差概率 P
一级(优秀)	$C<0.35$	$P>0.95$
二级(良好)	$0.35\leqslant C<0.50$	$0.95\geqslant P>0.80$
三级(中等)	$0.50\leqslant C<0.65$	$0.80\geqslant P>0.70$
四级(差)	$0.65\leqslant C<0.80$	$0.70\geqslant P>0.60$

2. 灰色预测 GM(1,1)动态模型群的建立

1)模型的建立

分析单个 GM(1,1)模型的建立原理，建模采用的最初数据次序 $Q^{(0)}(k)$ 中的数据个数

大于 4 个。假定最初数据次序 $Q^{(0)}(k)$ 中有 n 个数,含有最初数据次序中最后一个数的组合数为 $n-3$,则可建立灰色动态预测模型群。

以 $Q^{(0)}(n-3)$、$Q^{(0)}(n-2)$、$Q^{(0)}(n-1)$、$Q^{(0)}(n)$ 建立第一个模型:

$$\hat{Q}_1^1(k+1) = \left[Q_1^0 - \frac{\beta_1}{\alpha_1}\right]e^{-\alpha_1 k} + \frac{\beta_1}{\alpha_1} \tag{14-17}$$

以 $Q^{(0)}(n-4)$、$Q^{(0)}(n-3)$、$Q^{(0)}(n-2)$、$Q^{(0)}(n-1)$、$Q^{(0)}(n)$ 建立第二个模型:

$$\hat{Q}_2^1(k+1) = \left[Q_1^0 - \frac{\beta_2}{\alpha_2}\right]e^{-\alpha_2 k} + \frac{\beta_2}{\alpha_2} \tag{14-18}$$

以 $Q^{(0)}(1)$、$Q^{(0)}(2)$、$Q^{(0)}(3)$、$\cdots$、$Q^{(0)}(n)$ 建立第 $n-3$ 个模型:

$$\hat{Q}_{n-3}^1(k+1) = \left[Q_1^0 - \frac{\beta_{n-3}}{\alpha_{n-3}}\right]e^{-\alpha_{n-3} k} + \frac{\beta_{n-3}}{\alpha_{n-3}} \tag{14-19}$$

根据式(14-17)～式(14-19)建立单个 GM(1,1)灰色模型对不同时间数值依次进行评估,将不同模型评估值的统计平均值作为灰色动态模型群的评估值。

2)模型的率定及检验

运用残差方法对模型群中的每个模型依次进行测验,根据每个模型的精确度排名,对建立的灰色动态模型群的精度建立排名,详细步骤如下。

步骤 1:根据评估模型计算 $\hat{Q}^{(0)}(k)$。

步骤 2:计算最初次序 $Q^{(0)}(k)$ 与 $\hat{Q}^{(0)}(k)$ 的一定误差次序及相对偏差次序依次为

$$\theta^{(0)}(k) = \left|Q^{(0)}(k) - \hat{Q}^{(0)}(k)\right|, \quad k \in [1,n] \tag{14-20}$$

$$\lambda(k) = \frac{\theta^{(0)}(k)}{Q^{(0)}(k)} \times 100\%, \quad k \in [1,n] \tag{14-21}$$

步骤 3:对模型进行精度检验,其检验标准如下。

(1)当相对误差 $\lambda \leqslant 1\%$ 时,该模型的精度等级为一级(优秀)。
(2)当相对误差 $5\% \geqslant \lambda > 1\%$ 时,该模型的精度等级为二级(良好)。
(3)当相对误差 $5\% < \lambda \leqslant 10\%$ 时,该模型的精度等级为三级(中等)。
(4)当相对误差 $\lambda > 10\%$ 时,该模型的精度等级为四级(差),即该模型不适用。

14.2.2 支持向量机回归模型

城市用水量的影响因素有很多,用水量数据具有显著的分布特征且数据量众多,落后的数据分析方法与人们意图从巨大数据量中发掘有效信息之间形成显著的鸿沟,导致有效挖掘信息陷入了"望尘莫及"的处境。支持向量机回归模型是一种新兴的在海量数据中提取有效信息的方法,它能够处理非线性的问题,具有优秀的泛化能力、良好的稀疏性、全局最优化等特点，因此在用水量预测及其他领域被广泛应用。

1. 支持向量机回归模型

支持向量机回归模型[112]是支持向量机(support vector machine，SVM)在回归问题上的扩展。SVR 沿用了 Vapnik(弗拉基米尔·万普尼克)提出的支持向量概念，并基于统计学习的原理，通过最小化结构化风险来优化模型。与传统的回归方法相比，SVR 引入了一种新的损失函数，以调整参数，使得在非低维数据空间中也能表现出色。这种方法同样建立在统计学习和实施结构化风险最小化的核心原则上。

1) 核函数

线性分类器是最简单且有用的感知器格式(图 14-1)，是对样本的分类，两类样本被完全分开。线性可分的样本是指样本可被线性函数完整隔开，反之为线性不可分。分类的线性函数一般情况称为超平面(hyper plane)，它以一个点的形式在一维空间存在，而在二维空间却是一条直线，由点到面，以此类推。

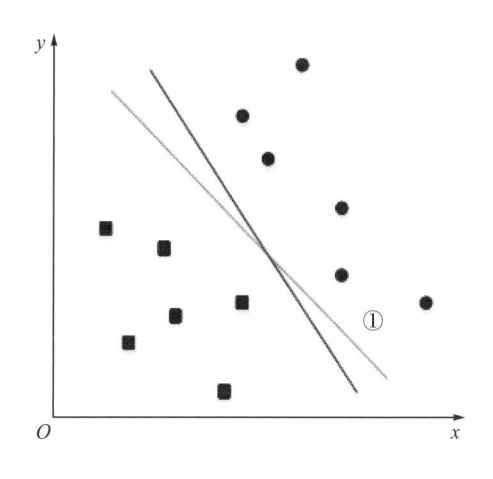

图 14-1　线性分类器

在图 14-1 中，样本能够被一条线①完全分隔开，这暗示了存在一个合适的分类超平面。为了寻找这样一个分类器，1956 年 Frank Rosenblatt 提出了感知器算法，该算法的具体实现细节如表 14-2 所示。Novikoff(感知机收敛性)定理为这个算法提供了收敛性的理论支撑，意味着如果确实存在一个分类超平面，那么感知器算法在有限的迭代次数内，最多不超过 $(2R/\gamma)^2$ 次错误，就能够找到这个超平面。其中 $R = \max\limits_{1 \leqslant i \leqslant l} \|Q_i\|$，$\gamma$ 为扩充间隔。

在实际情况下有大多数标本是线性不可分的，为了应对这种情况，引入了核函数。可先在低维空间里计算支持向量机，接着由核函数将输入空间反映到高维，然后在高维特征空间中找到最适合的分类超平面。如图 14-2 所示，将线性不可分的样本从低一维空间反映到高一维空间，如二维到三维，即样本可分。在使用这些方法时，核函数的参数选择会对模型的性能产生影响。

表 14-2　感知器算法

算法 1：感知器算法

Data：给定可分的数据集 $S=\{Q_i\}$，$i \in [1,l]$ 与学习速率 $\eta = R^+$
Result：超平面参数 w 和 b

1. $w \leftarrow 0$；$b_0 \leftarrow 0$；$k \leftarrow 0$
2. $R \leftarrow \max_{1 \leq i \leq l} \|Q_i\|$
3. while 在 for 循环中没有错误
4. do
5. for $i=1$ to l
6. if $Y_i(<W_k, Q_i>+B_k) \leq 0$
7. then
8. $W_{k+1} \leftarrow W_k + \eta Y_i Q_i$
9. $B_{k+1} \leftarrow B_k + \eta Y_i R^2$
10. $k=k+1$
11. end
12. end
13. end
14. 退回 (W_k, B_k)，k 表示错误次数

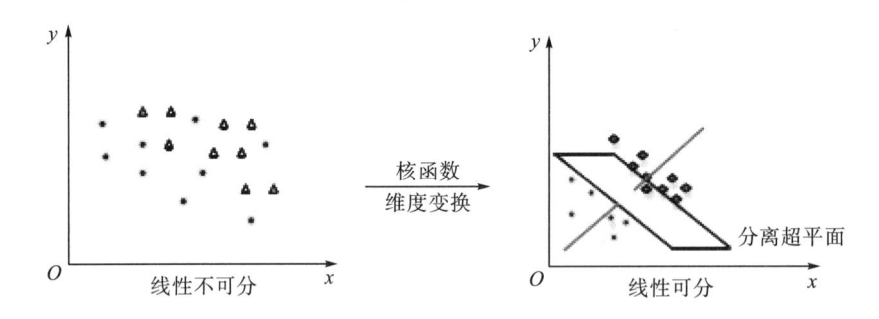

图 14-2　核函数映射示意图

选取核函数要满足 Mercer(梅塞尼)定理，也就是说：确定对称核函数 $K(Q,Q)$ 和任意的函数 $\theta(Q) \neq 0$，同时 $\int \theta^2(Q) \mathrm{d}Q < \infty$。

$$\iint K(Q,Y)\theta(Q)\theta(Y)\mathrm{d}Q\mathrm{d}Y \geq 0 \tag{14-22}$$

Mercer 定理给出了可成为核函数的充分条件，每个核函数有它对应的样本。一般情况下人们会使用几种常用的核函数然后设置有关联的参数，公式中<>表示内积运算。

(1) 多项式核函数：

$$K(Q_1,Q_2) = (<Q_1+Q_2>+R)^d \tag{14-23}$$

其中，$R \geq 0$；d 为正整数。

(2) 高斯核函数：

$$K(Q_1,Q_2) = \exp\left(-\frac{\|Q_1-Q_2\|^2}{2\sigma^2}\right)^d \tag{14-24}$$

该核函数有极其广泛的适用范围。

(3) 线性核函数：

$$K(Q_1,Q_2) = <Q_1,Q_2> \tag{14-25}$$

(4) Sigmoid（二层神经网络）核函数 γ，其中 υ 为常数：

$$K(\boldsymbol{Q}_1,\boldsymbol{Q}_2) = \tanh(\gamma <\boldsymbol{Q}_1,\boldsymbol{Q}_2> +\upsilon) \tag{14-26}$$

当采用 Sigmoid 核函数时，支持向量机实际上等于多层感知器神经网络。

SVM 是监督学习的函数，其核心在于通过最小化经验风险或结构化风险函数来求解最优问题。风险函数测量的是一般意义下模型预测效果的优劣，而模型每一次推理的优劣通过损失函数来衡量。对于给定的输入 $\boldsymbol{Q}$，由决策函数 $f(\boldsymbol{Q})$ 得到相应的输出 Y'，输出的测量值 $f(\boldsymbol{Q})$ 与真实值 Y' 之间可能会存在误差，损失函数就是用来度量这个误差的函数，函数记作 $L(Y', f(\boldsymbol{Q}))$，常用的损失函数有以下几类。

(1) 0-1 损失函数：

$$L(Y', f(\boldsymbol{Q})) = \begin{cases} 1, & Y' \neq f(\boldsymbol{Q}) \\ 0, & Y = f(\boldsymbol{Q}) \end{cases} \tag{14-27}$$

(2) 平方损失函数：

$$L(Y', f(\boldsymbol{Q})) = (Y' - f(\boldsymbol{Q}))^2 \tag{14-28}$$

(3) 绝对值损失函数：

$$L(Y', f(\boldsymbol{Q})) = |Y' - f(\boldsymbol{Q})| \tag{14-29}$$

(4) 对数损失函数：

$$L(Y', P(Y'|\boldsymbol{Q})) = -\lg P(Y'|\boldsymbol{Q}) \tag{14-30}$$

(5) 线性 ε 不敏感损失函数，ε 为松弛变量：

$$L(Y', f(\boldsymbol{Q})) = |Y' - f(\boldsymbol{Q})|_\varepsilon = \max\{0, |Y' - f(\boldsymbol{Q})| - \varepsilon\} \tag{14-31}$$

根据调整的目标不同，选取有区别的损失函数，然后调整取最优的参数。

2) 支持向量机回归模型（ε-SVR）

支持向量机回归机模型是通过引入 ε 不敏感损失函数[式(14-31)]来改进传统支持向量机回归模型的一种方法，见图 14-3。当在不敏感范围捕捉到待学习样本时，样本的缺失为 0，ε 的引入让回归判断步骤更具鲁棒性，也使解具有不密集性。

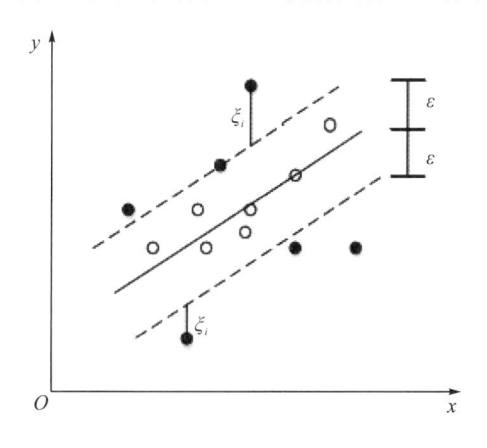

图 14-3 SVR 的 ε 软间隔示意图

假定给出的数据 $S=\{(X_1, Y_1), (X_2, Y_2), \cdots, (X_l, Y_l)\}$，支持向量机回归模型的意图是发现某个函数 $f(Q)$，使大部分的样本落在 $f(Q)\pm\varepsilon$ 范围内。这里假设 $f(Q)\leqslant W, Q>+b$，其中 $<W, Q>$ 表示向量 W 和向量 Q 的内积，b 为常量，上述解题思路可变为

$$\begin{cases} \text{minimise} & \frac{1}{2}\|W\|^2 \\ \text{subject to} & Y_i-(<W,Q>+b)\leqslant\varepsilon \\ & (<W,Q>+b)-Y_i\leqslant\varepsilon \\ & \varepsilon\succ 0, i=1,2,\cdots,l \end{cases} \tag{14-32}$$

根据猜想，每一对 (Q_i, Y_i) 都符合式(14-32)，解题思路很明晰，然而样本不都符合既定的猜想。在这种情况下，惩罚因子 C 和松弛变量 ζ_i、ζ_i^* 出现了，将非最优问题由式(14-32)变为

$$\begin{cases} \text{minimise} & \frac{1}{2}\|W\|^2+C\sum_{i=1}^{l}(\zeta_i+\zeta_i^*) \\ \text{subject to} & Y_i-(<W,Q>+b)\leqslant\varepsilon+\zeta_i \\ & (<W,Q>+b)-Y_i\leqslant\varepsilon+\zeta_i^* \\ & \zeta_i,\zeta_i^*,\varepsilon\succ 0, i=1,2,\cdots,l \end{cases} \tag{14-33}$$

式中，$C>0$，使用式(14-31)作为损失函数。在式(14-33)中设置拉格朗日乘子 α_i、α_i^*、β_i、β_i^* 得到式(14-34)，其中 α_i^*、$\beta_i^*\geqslant 0$。

$$\begin{aligned} L = &\frac{1}{2}\|W\|^2+C\sum_{i=1}^{l}(\zeta_i+\zeta_i^*)-\sum_{i=1}^{l}(\beta_i\zeta_i+\beta_i^*\zeta_i^*) \\ &-\alpha_i\sum_{i=1}^{l}(<W,Q>+b+\varepsilon+\zeta_i-Y_i)-\alpha_i^*\sum_{i=1}^{l}(-<W,Q>-b+\varepsilon+\zeta_i^*+Y_i) \end{aligned} \tag{14-34}$$

对式(14-34)求导得

$$\begin{cases} \frac{\partial L}{\partial w}=0 \Rightarrow W-\sum_{i=1}^{l}(\alpha_i-\alpha_i^*)Q_i=0 \Rightarrow W=\sum_{i=0}^{l}(\alpha_i-\alpha_i^*)Q_i \\ \frac{\partial L}{\partial b}=0 \Rightarrow \sum_{i=1}^{l}(\alpha_i-\alpha_i^*)=0 \\ \frac{\partial L}{\partial \zeta_i}=0 \Rightarrow C-\alpha_i-\beta_i=0 \Rightarrow \beta_i=C-\alpha_i, \alpha_i\in[0,C] \\ \frac{\partial L}{\partial \zeta_i^*}=0 \Rightarrow C-\alpha_i^*-\beta_i^*=0 \Rightarrow \beta_i^*=C-\alpha_i^*, \alpha_i^*\in[0,C] \end{cases} \tag{14-35}$$

特别注意：

$$\frac{\partial L}{\partial \beta_i}=0 \Rightarrow \sum_{i=1}^{l}\zeta_i=0 \Rightarrow \frac{\partial L}{\partial \beta_i^*}=0 \Rightarrow \sum_{i=1}^{l}\zeta_i^*=0 \tag{14-36}$$

将式(14-35)和式(14-36)代入式(14-34)，得

$$\begin{cases} \min \text{imise} \left[\frac{1}{2}\sum_{i=0}^{l}(\alpha_i - \alpha_i^*)(\alpha_j - \alpha_j^*) < Q_i, Q_j > + \varepsilon \sum_{i=1}^{l}(\alpha_i + \alpha_i^*) - Y_i \sum_{i=1}^{l}(\alpha_i - \alpha_i^*) \right] \\ \text{subject to} \sum_{i=1}^{l}(\alpha_i - \alpha_i^*) = 0 \quad (\alpha_i, \alpha_i^* \in [0,C]) \end{cases} \quad (14\text{-}37)$$

将式(14-35)中的 W 代入 $f(Q)$ 得

$$f(\boldsymbol{Q}) = \sum_{i=1}^{l}(\alpha_i - \alpha_i^*) < Q_i \quad (\boldsymbol{Q} > + b) \quad (14\text{-}38)$$

引入非低维映射函数 θ，将输入 $\boldsymbol{Q}$ 对应到高维空间 $\theta(\boldsymbol{Q})$，核函数为

$$K(Q_i, Q_j) = \theta(Q_i)\theta(Q_j) \quad (14\text{-}39)$$

综合式(14-37)、式(14-38)和式(14-39)，将解题思路改为

$$\begin{cases} \min \text{imise} \left[-\frac{1}{2}\sum_{i=1}^{l}(\alpha_i - \alpha_i^*)(\alpha_j - \alpha_j^*)K(Q_i, Q_j) - \varepsilon\sum_{i=1}^{l}(\alpha_i + \alpha_i^*) + Y_i \sum_{i=1}^{l}(\alpha_i - \alpha_i^*) \right] \\ \text{subject to} \begin{cases} \sum_{i=1}^{l}(\alpha_i - \alpha_i^*) = 0 \\ \alpha_i, \alpha_i^* \in [0,C] \end{cases} \end{cases} \quad (14\text{-}40)$$

引入式(14-39)中的核函数 $K(Q_i, y_i)$ 做简单的计算，然后对式(14-40)再进行一次拉格朗日乘子转变，对每个拉格朗日乘子求偏导，并代入式(14-40)，最终得

$$W = \sum_{i \in SVs}(\alpha_i - \alpha_i^*) \cdot \theta(Q_i) \quad (14\text{-}41)$$

$$b = \frac{1}{N_{NSV}} \left\{ \sum_{0 < \alpha_i < C} \left[Y_i - \sum_{Q_j \in SVs}(\alpha_j - \alpha_j^*)K(Q_j, Q_i) - \varepsilon \right] + \sum_{0 < \alpha_j < C} \left[Y_i - \sum_{Q_j \in SVs}(\alpha_j - \alpha_j^*)K(Q_j, Q_i) + \varepsilon \right] \right\}$$
$$(14\text{-}42)$$

结合式(14-41)、式(14-42)，回归方程为

$$f(Q) = \sum_{i \in SVs}(\alpha_i - \alpha_i^*)K(Q_i, Q) + b \quad (14\text{-}43)$$

设：

$$h(Q_i) = f(Q_i) - Y_i, \gamma_i = \alpha_i - \alpha_i^* \quad (14\text{-}44)$$

求解条件就是最优化(Karush-Kuhn-Tucker，KKT)条件，表达式为

$$\begin{cases} h(Q_i) > +\varepsilon, & \gamma_i = -C \\ h(Q_i) = +\varepsilon, & \gamma_i \in (-C, 0) \\ h(Q_i) \in (-\varepsilon, +\varepsilon), & \gamma_i = 0 \\ h(Q_i) = -\varepsilon, & \gamma_i \in (0, +C) \\ h(Q_i) < -\varepsilon, & \gamma_i = +C \end{cases} \quad (14\text{-}45)$$

根据式(14-45)，样本分为以下三类。

(1) 边界集 S 满足 $S = \{i \mid [f(Q_i) = +\varepsilon \cap \gamma_i \in (-C, 0)] \cup [f(Q_i) = -\varepsilon \cap \gamma_i \in (0, C)]\}$。

(2) 错误集 E 满足 $E = \{i \mid [f(Q_i) < -\varepsilon \cap \gamma_i = +C] \cup [f(Q_i) > +\varepsilon \cap \gamma_i = -C]\}$。

(3) 保留集 R 满足 $R = \{i \mid |f(Q_i)| < \varepsilon \cap \gamma_i = 0\}$。

由式(14-45)可知，对于支持向量机回归模型，边界集 S 和错误集 E 的 γ 都不为空，整个回归曲线方程由它们确定。式中，SVs,SVv 分别为上下边界集。

支持向量机回归模型相关参数的选择如下。

(1) ε 的设置。不敏感区域的宽度受参数 ε 影响，ε 会影响支持向量机的个数和回归曲线平滑程序；有文献推荐 $\varepsilon = 3\sigma\sqrt{\dfrac{\ln l}{l}}$，其中 σ 是引进数据噪声的标准偏差，在 σ 未知时可选择 K-近邻算法进行推测。

(2) C 的设置。惩罚因子 C 指对离群点(outliers)的容忍程度，使回归曲线更具鲁棒性。惩罚因子 C 与损失程度成正比，太大的 C 值会过拟合、泛化能力差，在 LibSVM 中惩罚因子 C 为 10 或 100。

(3) 核函数的设置以及参数选择。主要选择 Linear 核与 RBF 核。线性可分的情况使用 Linear 核，因为 Linear 核参数少、速度快。线性不可分的情况使用 RBF 核，因为 RBF 核参数较多。核参数的选择对归纳结果有很大的影响。在真正运用时，有线性可分和不可分样本，核的类型与参数需要不断尝试后得出。在充分了解样本特性后，许多问题都可以被视为线性可分的。在无先验知识的情况下，一般先尝试 RBF 核。

支持向量机回归模型参数的选择对模型的性质、功能有影响，除了根据过往经验设置参数之外，还可以采取优化算法，如遗传算法(genetic algorithm，GA)、粒子群算法、网格搜索等方法。

3) 加权支持向量机回归模型

加权支持向量机回归[113] (WSVR)模型是基于支持向量回归机的理论。在 ε -SVR 中，相同的惩罚因子输入每个样本中，致使其对噪声和异常值较为敏感。针对这种情况，2002 年 Lin 等人将模糊隶属度的概念引入 SVM，提出了模糊支持向量(fSVM)。在式(14-33)中加上加权变量 μ_i，优化目标为

$$\begin{cases} \text{min imise } \dfrac{1}{2}\|W\|^2 + C\mu_i \sum_{i=1}^{l}\left(\zeta_i + \zeta_i^*\right) \\ \text{subject to } Y_i - (<W,Q_i> + b) \leqslant \varepsilon + \zeta_i \\ \qquad\qquad (<W,Q> + b) - Y_i \leqslant \varepsilon + \zeta_i^* \\ \qquad\qquad (\zeta_i, \zeta_i^*, \varepsilon \succ 0, 1 = 1,2,\cdots,l) \end{cases} \quad (14\text{-}46)$$

引入高维映射函数 $\theta(Q)$、核函数[式(14-39)]和拉格朗日乘子 α_i、α_i^*、β_i、β_i^* 求解式(14-46)，得

$$L(W,b,\zeta,\zeta^*) = \dfrac{1}{2}\|W\|^2 + C\mu_i\sum_{i=1}^{l}(\zeta_i+\zeta_i^*) - \sum_{i=1}^{l}(\beta_i\zeta_i+\beta_i^*\zeta_i^*) \\ -\alpha_i\sum_{i=1}^{l}(<W,\gamma(Q_i)>+b+\varepsilon+\zeta_i-Y_i) - \alpha_i^*\sum_{i=1}^{l}(-<W,\gamma(Q_i)>-b+\varepsilon+\zeta_i^*-Y_i)$$

$$(14\text{-}47)$$

对式(14-47)各乘子求导，令

$$\begin{cases} \dfrac{\partial L}{\partial W}=0 & \Rightarrow \quad W-\sum_{i=1}^{l}\left(\alpha_{i}-\alpha_{i}^{*}\right)\lambda(Q_{i})=0 \Rightarrow W=\sum_{i=0}^{l}\left(\alpha_{i}-\alpha_{i}^{*}\right)\lambda(Q_{i}) \\ \dfrac{\partial L}{\partial b}=0 & \Rightarrow \quad \sum_{i=0}^{l}\left(\alpha_{i}-\alpha_{i}^{*}\right)=0 \\ \dfrac{\partial L}{\partial \zeta_{i}}=0 & \Rightarrow \quad C\mu_{i}-\alpha_{i}-\beta_{i}=0 \\ \dfrac{\partial L}{\partial \zeta_{i}^{*}}=0 & \Rightarrow \quad C\mu_{i}-\alpha_{i}^{*}-\beta_{i}^{*}=0 \end{cases} \quad (14\text{-}48)$$

将式(14-48)代入式(14-47)，得对偶形式：

$$\begin{cases} \min\text{imise} \quad \left[-\dfrac{1}{2}\sum_{i,j=1}^{l}\left(\alpha_{i}-\alpha_{i}^{*}\right)\left(\alpha_{j}-\alpha_{j}^{*}\right)K\left(Q_{i},Q_{j}\right)+\varepsilon\sum_{i=1}^{l}\left(\alpha_{i}+\alpha_{i}^{*}\right)-Y_{i}\sum_{i=1}^{l}\left(\alpha_{i}-\alpha_{i}^{*}\right)\right] \\ \text{subject to} \begin{cases} \sum_{i=1}^{l}\left(\alpha_{i}-\alpha_{i}^{*}\right)=0 \\ 0\leqslant\alpha_{i},\alpha_{j}^{*}\leqslant C\mu,i\in[1,l] \end{cases} \end{cases} \quad (14\text{-}49)$$

对比式(14-49)和式(14-40)，可知 WSVR 与标准支持向量机回归模型仅是束缚方式不同。再由解题方法解得 α_i、α_i^* 的值，可得回归评估函数 $f(\boldsymbol{Q})$ 的表达式为

$$f(\boldsymbol{Q})=\sum_{i\in SVs}\left(\alpha_{i}-\alpha_{i}^{*}\right)K(x_{i},x)+b \quad (14\text{-}50)$$

考虑到不同样本与问题的相关联程度有差异，加权支持向量机回归模型对不同的输入样本使用不同的比值，以减弱不同关联度的样本对回归曲线的影响，从而提高模型的鲁棒性。

2. 用水量数据的预处理

在利用用水量数据之前，往往会对用水量数据的原始数据进行一定的预处理，处理的方法主要包括数据初检测和数据后续处理，通过处理得到的数据会更具有真实性、完整性、有效性。当原始数据经过数据初检测之后便可以排除一些错误、重复的数据，为数据后续处理节省了时间，提高了工作效率，节约了资源存储空间。

原始数据中按照理论值来计算是不会出现错误数据的，但是在实际的处理过程中经常会遇见一些错误数据，以 0 值和超大数据为主。原始数据主要通过水务流量计来进行收集，当水务流量计在运行过程中发出噪声时就会影响原始数据的数值，使原始数据中出现一些错误的数据，来自地下的噪声干扰也会对原始数据产生影响，出现 0 值或者超大数据。

出现 0 值的原因多为设备的状态错误，而对超大数据则是根据水务流量计的管道口径、材质、流速等因素共同制定的极高阈值来进行判断。重复数据的出现主要是水务流量计在工作时为了确保数据被采集到会发送重复的数据，因此在数据初检测时需要人工根据发送的时间来剔除这些重复数据。

如果在模型训练时有很多数据被遗落，那么将会降低模型的精度，所以会设定一个时间段或者每隔一段时间就将当时的数据和真实数据进行校对，若该数据是完整的，则会与

正常完整维度数目相吻合。在初检测时只会对极大的异常数据进行删除，而剩下的则会在后续处理中进行完善。

1) 异常数据清洗

水务流量计的状态出现错误时会产生异常数据，而我国目前的检测技术只能够检测出设备电量不足产生的 0 值，对于其他因素导致的 0 值或负值就只有被存储到数据库中[114]。

0 值又称为缺失值，在对大量的流量数据分析中发现，无论如何都会有 0 值的产生，但就算是在用水量最小的时间段里，也应该有一个最小流量值的记录，也不可能为 0 值。这些 0 值多来源于未曾检测出来的异常缺失数据，这些错误的数据在对模式进行训练和分析时会造成很大的干扰，因此需要在数据后续处理中对这些缺失的数值及负值采取措施以降低干扰。

0 值清洗的措施主要可归纳为两种，即缺失值的填充和数据的删除，但是数据的删除有可能将一些具有意义的数据也一并删除，因此在对缺失值进行处理时大多数情况下都是采用缺失值填充方法。

最常用的计算处理方法是直接将整段数据的均值当作用水量数据，再将所有完整数据的算术平均值作为该缺失值，与 K-最近邻(k-nearest neighbors，KNN)算法(指利用相似距离度量找出相似的相邻数据，再利用加权平均进行填补)相结合起来，可以降低尖峰处产生误导数据的概率，同时也能提高缺失值与其他正常值之间的相关性。

通过上面的方法可以计算出当前时间点前后两个时刻水量数据的均值和前后相邻两天相同时刻的水流量数据，其计算方法如下：

$$Q_k = a\frac{Q_{k-24\times12} + Q_{k+24\times12}}{2} + b\frac{Q_{k-1} + Q_{k+1}}{2} \tag{14-51}$$

式中，Q_k 表示当前时间水流量经过替换后的值；Q_{k-1} 表示前一时刻流量数据；$Q_{k-24\times12}$ 表示 24 小时前的用水量数据，即前一天此时的数据；a、b 表示加权系数，$a+b=1$。

2) 归一化处理

归一化处理[115]是指将收集到的数据化繁为简，统一进行标准化的运算过程，同时能够消除量纲的影响。它也是线性运算中的一种，其运算方法简单，也能提高后续处理工作效率。归一化处理也称为离差标准化，是一种极值法，通过将用户的用水量压缩在[0,1]这个区间内，取一段序列 Q 并找出该段序列中的最大值和最小值，代入下式进行计算便可得出一个新的序列 Q'，其表达式如下：

$$Q' = \frac{Q - Q_{\min}}{Q_{\max} - Q_{\min}} \tag{14-52}$$

式中，Q 表示用水量序列中某一时间的初始数；$Q_{\max}$ 表示该序列中的最大值；$Q_{\min}$ 表示该序列中的最小值；Q' 表示该时刻在该序列中通过归一化计算后得到的值。

由于该数据经过归一化处理后并不是我们所需要的原始数据，所以需要对数据模型进行反归一化处理，表达式如下：

$$Q = y \times (Q_{\max} - Q_{\min}) + Q_{\min} \tag{14-53}$$

式中，y 表示输出序列中某一时刻的值；$Q_{\max}$ 表示该序列中的最大值；$Q_{\min}$ 表示该序列中的最小值；Q 表示反归一化之后的真实用水流量。

在实际工作中，除了上述的极值标准化，经常用到的还有 z-score 标准化。z-score 标准化是 SPSS 中默认的标准化方法，又称 z 标准化，是一种由初始数据的平均值(mean)和标准差(standard deviation)对数值进行标准化的方法。被标准化后的数据与平均值为 0、标准差为 1 的标准正态分布相符，z 标准化大多数情况下适用于属性密集度最大值/最小值未知或比取值范围大的离群数据，其表达式如下：

$$Q' = \frac{Q - \iota}{\tau} \tag{14-54}$$

式中，ι 表示用水量样本的均值；τ 表示用水量样本的标准差。

通过以上方法对数据初检测中不能剔除的 0 值或者负值进行处理后，减少了因地下噪声而导致的数据干扰，使得整个数据的有效性提高，并且各个数据的测评值都处于同一个量级，方便工作人员对各个数据进行综合分析对比。最后将预处理后的数据和原始数据通过曲线图呈现在工作人员的眼前，可以很明显地发现原始数据中的错误值。

第 15 章 重庆市供水管网状态预测研究

15.1 城市供水管网微观模型的建立

城市供水管网的供水流程是将水净化系统净化过后的生活用水,经加压站加压后通过管网输送给供水区域市民,并满足市民对水量水压的要求。现实中的供水管网系统相对复杂,系统包括拓扑结构错综复杂的供水管道、相关配件及相关附属设施,其中附属设施一般包括流量控制阀、水池、水塔等流量调节设施及排气阀、加压站、阀门等水压调节设施。供水管网结构示意图见图 15-1。

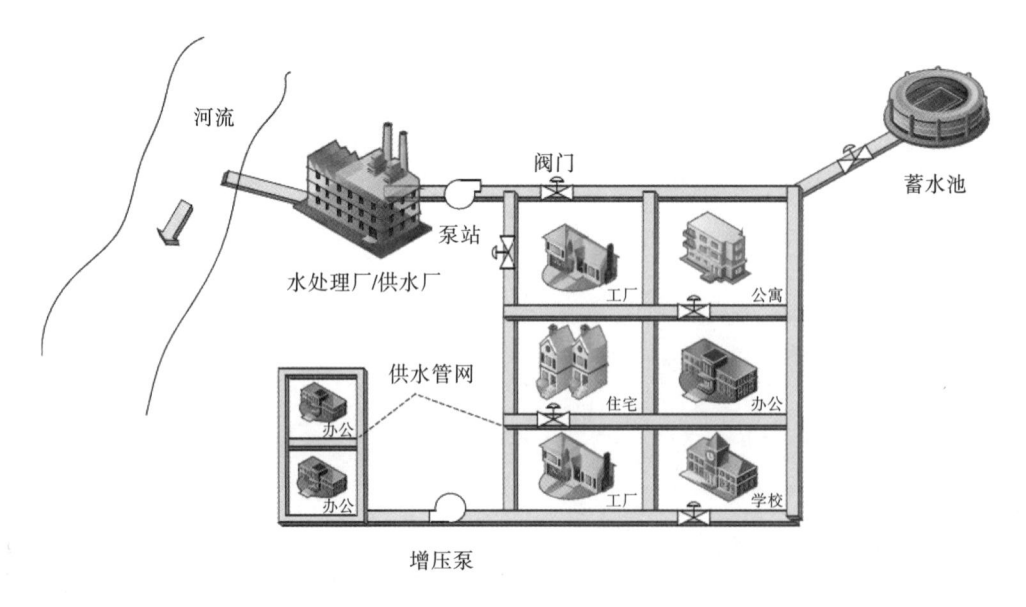

图 15-1 供水管网结构示意图

城市供水管网的运行状态是指某一时刻管网中各节点的压力、各管段的流量以及各水源供水量等动态参数的变化情况。城市供水管网的运行状态监测通常是指节点压力监测和管道流量监测。与测量精度高、安装简单的压力传感器相比,流量传感器的安装困难且测量精度低,因而,供水管网中设置了更多的压力检测点,检测管网节点压力。

运营调度人员主要通过压力传感器的监测数据对供水管网的运行状况做出判断。有效地预测分析管网压力将有利于科学调度方案的制定、科学管理的开展。基于供水管网的压力数据具有时序特征,可以采用深度学习模型——长短期记忆(long short term memory,LSTM)模型预测管网压力。

15.1.1 供水管网微观模型建立原理

建立供水管网微观模型[116]是为了更具体化、便捷化地对管网工程实体采取措施,得到包含管段节点等元素的拓扑图形,同时对相关数据及水力学公式进行表达。拓扑图形基于图论的基本原理,由弧和节点组成。在供水管网的微观模型中,弧即管段,节点即管段节点,如加压站、阀门等。图中各节点之间通过管道连接,管道内部水流按照一定的方向流动。

以供水管网的稳态水力计算理论为基础而建立的供水管网微观水力模型,建模过程中需要考虑到供水管网的管材、管长、摩阻系数、管径及水量等详细资料,具体建模流程如图 15-2 所示。

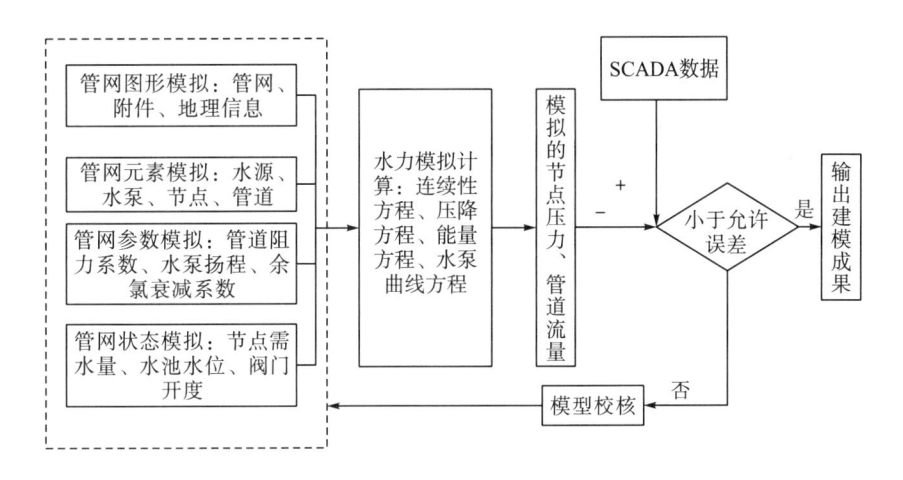

图 15-2 管网微观建模流程

注:监视控制与数据采集(supervisory control and data acquisition,SCADA)系统。

如图 15-2 所示,管网微观建模需首先进行管网图形、元素、参数及状态模拟。通过 GIS 系统可以完成管网图形、元素及部分管网参数模拟,其他部分管网参数模拟则需要通过经验或试验测定。管网状态模拟可以通过 SCADA 系统确定。

完成模拟之后则需要进行水力模拟计算,通过计算可以得到模拟的节点压力及管道流量等,将模拟值与 SCADA 系统的实测值进行比较,若二者超出允许误差,则返回进行模型校核,若小于允许误差,则可以输出建模成果。

稳态水力学模型[117]的连续性方程如下。

(1)质量守恒:

$$\sum q_{ij} + Q_i = 0 \tag{15-1}$$

式中，Q_i 表示第 i 个节点的用水量；q_{ij} 表示连接节点 i 的管道 j 的流量。

(2) 能量守恒：

$$\sum h_{ij} + \Delta h_k = 0 \qquad (15\text{-}2)$$

式中，Δh_k 表示基环的闭合差；h_{ij} 表示基环 h 中连接节点 i 的管道 j 的水头损失。

管网中某段管道的管压降可用下述数学表达式计算：

$$H_i - H_j = h_{ij} = S_{ij} q_{ij}^n \qquad (15\text{-}3)$$

式中，H_i 表示管段上游节点 i 的水头；H_j 表示管段下游节点 j 的水头；S_{ij} 对应管段的管道阻值系数；q_{ij} 对应管道流量；n 对应流量指数，通常值的范围为 1.852~2。

城市供水管网的水头受损度可以利用海曾-威廉(Hazen-Williams)公式进行计算：

$$h = \frac{10.667 q^{1.852} L}{C^{1.852} D^{4.87}} \qquad (15\text{-}4)$$

式中，C 表示供水管道的摩阻系数；L 表示供水管段的长度；D 表示供水管道的内径；q 表示供水管段的流量。

水泵扬程与流量之间的关系可以用水泵曲线来进行描述。水泵曲线由三个工况点进行定义，即低流量点、设计流量点和最大流量点。低流量点是指在零流量或低流量工程状况下水泵的扬程及流量，期望的最佳工况下水泵的扬程及流量即为设计流量点，最大流量点是指在流量最大工程状况下水泵的扬程及流量。

模拟软件 EPANET[118]利用三个点拟合了整个水泵曲线，拟合后的函数如下：

$$h_G = A - B q^C \qquad (15\text{-}5)$$

式中，h_G、q 分别表示水泵的扬程和流量；A、B、C 为相关系数。

15.1.2 供水管网参数的率定

建立管网微观模型之前，首先需要对供水管道的管径、摩阻系数、水泵特征曲线等相关参数的初值进行预估，这可以通过供水管网的实测数据得到，也可以通过相关统计资料得出经验值，表 15-1 给出了以管道的材质为基础估算的供水管道经验阻力[119]摩擦指数。

表 15-1 管道经验阻力摩擦指数

管道材质	阻力摩擦指数 C
塑胶管道	150
焊接钢管道、混凝土管道	120
最新铸的铁管道	130
水泥石棉管道	120~140
陶土质管道	110

通常模拟计算结果与实测结果在供水管网模型初步建立时存在差异，因此需要进行模型校核。模型校核是一个通过反复模拟对模型参数进行校核的过程。最终目标是使得模型

模拟的计算结果与现场实测结果相吻合。

在模型校核过程中,需要供水管网的压力和流量这两种实时数据,而由于监测设备可能存在误差,监测数据可能不准确。此外,采样点选址、数据检测方法以及采样过程合理与否都会对监督检测的数据的正确性与准确率产生特定的误差。另外,城市内供应水的管道网络系统错综复杂,其工作法则在时空上也具有一定的不可预测性和互异性。

在模型校核过程中,为进行管网模型中未知参数的校核,必须用到供水管网中一些实测的实时数据,然而我国城市供水管网系统中设置的监测点相对较少,这就需要在检验核对的时候,防止测度数据出现非系统误差,尽可能地避免偶然性因素,才能使得模型参考数值更加确切地反映出供水管网系统中供给水的系统法则,使得模型输出更具效用性与真实性。

管道网络模型的正确性和管道网络体系中的各个参考数据紧密相关,其中管道的摩擦阻力指数、监测点的流量与其关系最为紧密。监测点流量是整个模型的核心内容,利用监测点流量这一数据进行一定的推导可以得出其他相关参数。

由于其随机性及时变性特征,在实际应用时,通常是根据供水范围内需水用户对水的历史需求量的变化趋势进行估测,但对未来需水量的变化难以预测,因此要准确预估监测点的用水量难以实现。在进行管网建模时,可以将供水服务区域内的用户划分为居民、商场、办公、服务及工业等类型,结合各个监测点的实测结果,可以绘制不同类型需水用户日用水量的变化曲线,并在模型中引入考核表日用水量,从而实现模型内日用水量的确定。

15.2 供水管网数学模型

管网中的节点压力以及管段流量是整个管网系统模型中最直观、最重要的两个动态参数。多口输入、多口输出的非线性时滞系统即为供水管道网络系统,若已经明确某一段时间内供水管网的状态以及管控输入,并且能够估计其下一刻的干扰噪声及用水量,就可以得到供水管网下一时刻的状态,其可用如下数学表达式进行描述:

$$x_{t+1} = f(x_t, a_t, b_{t+1}, \varepsilon) \tag{15-6}$$

式中,x_t 表示供水管网中可以检测得到的状态变量,即管段节点压力或者管段流量;f 为一个非线性的函数;a 为增压泵扬程、供水处的供水量度以及压力、阀芯与阀座的间隙量度等控制变量;b 表示监测节点的用水量;ε 表示背景噪声。

管段流量、节点压力及其他控制变量可以通过数据采集系统现场采集得到,节点用水量 b 受多种因素的影响,包括临时性水利设施动作、温度、人口流动、节日假期以及任何无法明确的因素,对其进行直接性评价与估计有一定难度,但如果对供水管网整个系统进行推敲,管网中各项控制变量与状态变量之间必然存在一定的相关关系,可由下述数学表达式得到 t 时刻节点用水量的估计值 $\overline{b}_t$:

$$\overline{b}_t = g(x_t, x_{t-1}, a_{t-1}) \tag{15-7}$$

若供水管网中上一段时间内的状态及控制输入已经明确,再与当前时间段的状态联系起来,便能够预测出下一时间段内的用水量。

具有周期性及趋势性的供水管网中节点用水量也属于时序样本,接下来一个时间段内的用水量能够结合曾经的用水量时间序列,利用自回归模型推算出来,其数学表达式如下:

$$\overline{b}_t = h(\overline{b}_{t-1}, \overline{b}_{t-2}, \cdots, \overline{b}_{t-n_d}) \tag{15-8}$$

式中,h 表示回归函数;n_d 表示历史用水量的时间序列长度。

结合式(15-7),式(15-8)可转化为:

$$\overline{b}_t = hg(x_t, x_{t-1}, \cdots, x_{t-n_d}, a_t, a_{t-1}, \cdots, a_{t-n_d}) \tag{15-9}$$

由式(15-9)可知,t 时刻的用水量信息可以通过历史信息进行推算估计。而从一个现实的供水系统来看,并不是所有的供水管网数据都可以明确知道,因此,需要选择一个较长时段内的历史信息作为信息补偿,可由下述数学表达式表述:

$$\overline{b}_t = hg(X_{n_a}, A_{n_b}) \tag{15-10}$$

$$X_{n_a} = \begin{bmatrix} x_t, x_{t-1}, \cdots, x_{t-n_a} \end{bmatrix} \tag{15-11}$$

$$A_{n_b} = \begin{bmatrix} a_{t-1}, a_{t-2}, \cdots, a_{t-n_b} \end{bmatrix} \tag{15-12}$$

式中,n_a 表示供水管网历史状态的信息长度;n_b 表示供水管网历史控制的信息长度。

根据式(15-9)~式(15-12),可得供水管网系统的数学模型:

$$x_{t+1} = f\left(x_t, x_{t-1}, \cdots, x_{t-n_a}, a_{t-1}, a_{t-2}, \cdots, a_{t-n_b}\right) \tag{15-13}$$

上述函数是一个难以确切说明的非线性函数,要想通过常规手段建立它的精准表达式十分麻烦。但是,通过学习深层次的技术,能够从特定的样本检测测度的数据中获得信息低层次特点,再经过一系列更加有效的手段抽象获取其更高层次的特点。假如,根据相应层次来获取各种信息的特点,便能够确信相应的特征向量可以映射至相关的每个特征空间,因此引入深层次学习技术来建立供水管网压力预知测度模型是可行的。

15.3 机器学习论述

机器学习最早可以追溯到17世纪贝叶斯和拉普拉斯关于最小二乘法的推导以及马尔可夫链[120],它们是机器学习广泛使用的工具和基础。机器学习发展至今,经历了浅层学习和深度学习两次堪称里程碑的发展历程。在人工神经网络方面,反向传播(back propagation,BP)算法的产生象征着机器学习范畴的第一个里程碑——浅层学习,后来学者对机器学习进行了大量深入的研究,支撑向量机、最大熵方法[121]、Boosting(提升方法)等浅层学习模型大量涌现;2006年,Hinton带来了机器学习领域的第二个里程碑——深度学习。

15.3.1 传统人工神经网络

人工神经网络[122](artificial neural networks,ANN)是人工智能领域的研究热点,基于信息处理抽象化人脑神经网络,采用一定的方法建立简单的数学模型,并采用某种连接方式形成网络。人工神经网络的实质是一个信息处理系统,它是一种运算模型,其结构为许多的神经元相连并相互作用,是受到大脑神经网络的构造及其作用和特点的启发产生的,它对大量数据样本进行训练以获取样本数据的变化规律及特点,具有较优秀的非线性映射性能。

神经网络训练过程是不断训练各种样本,持续地对网络连接权值及阈值进行更新优化的过程。直到某一次样本训练中,样本期望与实际输出误差在可以接受的范畴内时,神经网络的训练便得以完成。

对于人工神经网络范畴来说,反向传播算法的产生使得人工神经网络可以从海量的训练样本中获得统计规律,从而可以预测未知事件。图 15-3 为单隐含层前馈神经网络模型,它是一个三层 BP 神经网络。

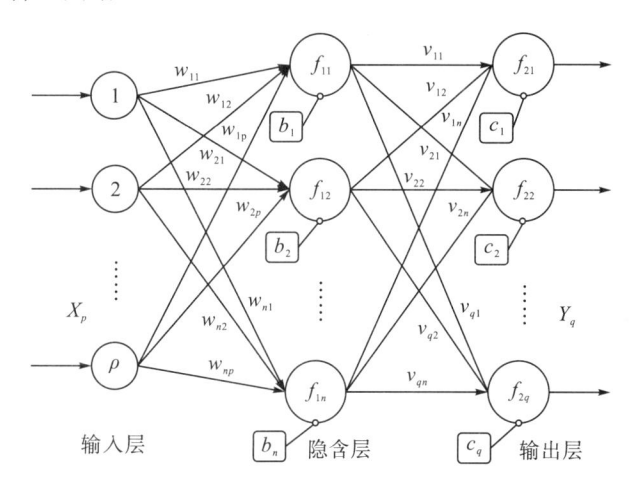

图 15-3 单隐含层前馈神经网络模型

图 15-3 中,输入层、隐含层及输出层分别含有 p、n、q 个神经元,w_{np} 和 v_{qn} 分别表示从输入层第 p 个神经元到隐含层第 n 个神经元、隐含层第 n 个神经元到输出层第 q 个神经元的网络连接权值;b_n 和 c_q 分别表示隐含层第 n 个神经元和输出层第 q 个神经元的偏置;f_1 和 f_2 分别表示隐含层及输出层的神经元激活函数,其可用下述数学表达式表示:

$$f_1(x) = \frac{1}{1+e^{-x}} \tag{15-14}$$

$$f_2(x) = x \tag{15-15}$$

15.3.2 LSTM 神经网络

人工神经网络 1 也称前馈神经网络(feedforward neural network,FNN),它只能够基于现在时间段内的样本数据值来进行序列数据的分析。更深层次的学习技术即深度学习技术是基于神经网络不断优化而来的，目前深度学习技术中递归神经网络（recurrent neural network，RNN）是最热门的模型之一。

递归神经网络尤其适用于分析及预测基于时序的问题。与人工神经网络相比，递归神经网络的特别之处是其网络内层有时序的观点，即网络中可以将当前时间段隐含层的输出数值称为下一时间段隐含层输入数值，它可以保存并利用网络中的历史数据为处理当前数据提供辅助作用，二者的区别如图15-4所示。

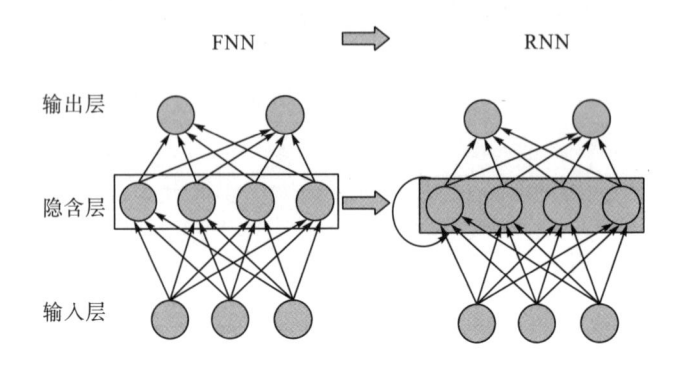

图 15-4　前馈神经网络（FNN）与递归神经网络（RNN）的区别

理论上，任意长度的历史信息都可以被递归神经网络所接受，然而事实是在训练过程中，历史信息长度将要引申展开为对应层数，因此可以将其看作多层前馈神经网络。然而在模型训练过程中，过多的层数可能导致梯度消失或爆炸等问题。

基于上述问题，研究者提出了一种基于递归神经网络的新型递归神经网络，称为LSTM神经网络。LSTM神经网络自首次提出后，也多次进行了更正完善。目前，LSTM神经网络可以转换成为不一样的形态式样，在这当中将隐含层的神经元设计为一个入口同时被输入门、输出门及遗忘门所控制的记忆模块的模型为当前运用最广的式样之一。

图15-5(a)是一个LSTM神经网络的拓扑结构图，它只包含隐含层。图15-5(b)则是LSTM神经网络记忆模块的展示图，在该图中实线表示的是前馈连接，虚线表示的是隐含层内部的递归连接。

从图15-5可知，LSTM神经网络会涉及输入门、输出门和遗忘门三个控制门将梯度信息保存在记忆单元中并在时间序列上向下传递。

在LSTM记忆模块示意图中，cell即位于隐含层中用于保存历史信息的记忆单元。其中，控制门的状态为0和1（0表示关闭，1表示打开），当将输入层信息导入记忆单元时，应首先根据输入门的状态进行判断，若输入门状态为0，则不可读入该信息，若输入门状态为1，则可以读入该信息；遗忘门抉择是否保留记忆单元的历史信息，若遗忘门的状态为1，则记忆单元将保留历史信息，若遗忘门状态为0，则记忆单元将会彻底清理掉曾经存在的信息；是否把输出数值传输给下一层是由输出门所确定的，如果输出门的状态显示1，那么当前层的输出数值输出给下一层，若输出门的状态为0，则输出值不被

输出。基于控制门的作用,神经元中已经保存的信息不会被新信息干扰,模型的详细计算过程如下:

$$i(t) = \sigma\left(W_{xi}x(t) + W_{hi}h(t-1) + W_{ci}c(t-1) + \boldsymbol{b}_i\right) \tag{15-16}$$

$$f(t) = \sigma\left(W_{xf}x(t) + W_{hf}h(t-1) + W_{cf}c(t-1) + \boldsymbol{b}_f\right) \tag{15-17}$$

$$c(t) = f(t) \odot c(t-1) + i(t) \odot \tanh(W_{xc}X(t) + W_{hc}h(t-1) + \boldsymbol{b}_c) \tag{15-18}$$

$$o(t) = \sigma\left(W_{xo}x(t) + W_{ho}h(t-1) + W_{co}c(t) + \boldsymbol{b}_o\right) \tag{15-19}$$

$$h(t) = o(t) \odot \tanh\left(c(t)\right) \tag{15-20}$$

$$y(t) = W_{yh}h(t) + \boldsymbol{b}_y \tag{15-21}$$

$$\sigma(x) = \frac{1}{1+e^{-x}} \tag{15-22}$$

式中,σ 是激活函数 logistic sigmoid;$i(t)$、$f(t)$、$o(t)$ 和 $c(t)$ 分别是 LSTM 神经网络中输入门、隐藏门、输出门及存储单元在 t 时刻的输出值;W 表示相应的连接权重矩阵;$y(t)$ 表示 LSTM 神经网络的预测输出值;b 表示相应的偏差矩阵(如 $\boldsymbol{b}_o$ 表示其相应的输出层的偏差矩阵);符号 $\odot$ 表示点乘。

(a)LSTM拓扑结构　　　　(b)LSTM记忆模块

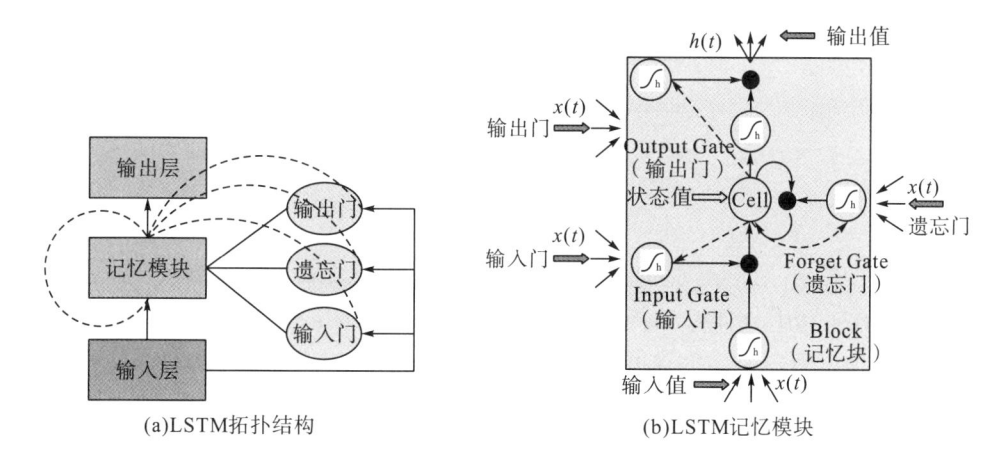

图 15-5　LSTM 神经网络

同样凭借反向传播(BP)算法的还有 LSTM 样本训练,但其和 BP 神经网络存在区别。BP 神经网络只需要在各层之间自上而下地将错误信息往后传递,而 LSTM 神经网络除需在各层之间自上而下将错误信息往后传递,还需要传播时域内的错误信号。

15.4　以 LSTM 预测模型为基础的适应性改进

15.4.1　LSTM 预测模型

事实上,供水管网系统中节点压力预测的本质是以非线性系统为基础的一个关于时序预测的需要研究讨论并加以解决的疑难问题，但是 LSTM 模型[123]是根据递归神经网络改善而来的，可以使用供水管网系统中节点压力曾经的信息数据，还可以接收所有长度范围内的历史信息。

因此，LSTM 神经网络模型可被用作供水管网的压力预测分析。供水管网系统的数学模型如式(15-8)，模型的输入包含监测点本身的历史状态信息，以及入水口水压及水量等可以操纵其状态是否改变的信息数据。所以根据 LSTM 神经网络所作出的压力预测模型如图 15-6 所示。

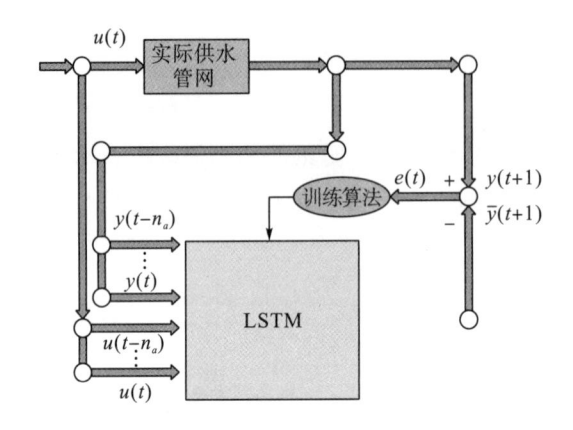

图 15-6 以 LSTM 为依据的供水管网压力预测模型

图 15-6 中的 n_a 为历史时间窗口；$y(t-n_a),\cdots,y(t)$ 表示各压力监测点从 $t-n_a$ 时刻到 t 时刻的状态信息；$u(t-n_a),\cdots,u(t)$ 表示入水口压力及流量从 $t-n_a$ 时刻到 t 时刻的控制状态信息；$y(t+1)$ 和 $\bar{y}(t+1)$ 作为深度学习的模型，分别表示 $t+1$ 时刻供水管网监测节点的实测值和 LSTM 预测模型预测的输出数值。模型在进行样本训练的时候，模型损失通常为模型的预测输出值 y 和实测值 $\bar{y}$ 之间的均方根误差，其表达式为

$$\text{loss} = \frac{1}{n}\sum_{i=1}^{n}(\bar{y}_i - y_i)^2 \qquad (15\text{-}23)$$

式中，n 表示输出层神经元节点个数。

15.4.2 适应性改进

模型输入的供水管网的控制信息和状态信息属于不同种类的信息，如果两种类型数据的特征提取及学习都在相同且单独的 LSTM 单元中进行，那么两类数据特征对模型的差异影响作用则不能得到彰显。因此拟对两种信息进行单独的特征提取和学习，将单一的 LSTM 模型扩展为并行的 LSTM 模型，实现两类特征信息的单独提取及学习。图 15-7 为基于以上考虑后重新设计的基于 LSTM 神经网络的两种深度学习模型。

(a)基于并行LSTM的预测模型 (b)基于并行LSTM串联DNN的预测模型

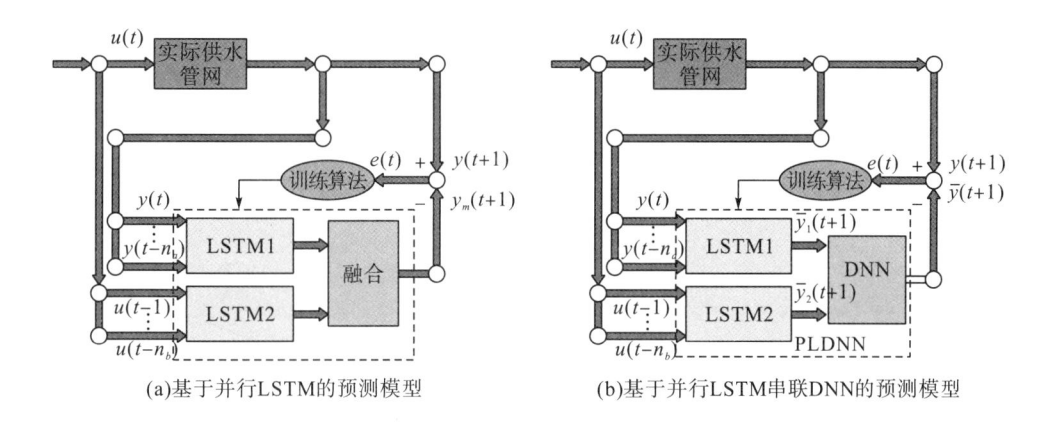

图 15-7　基于并行 LSTM 的预测模型和串联 DNN 的预测模型

图 15-7(a)的预测模型是将供水管网状态信息及控制信息输入分别通过一个 LSTM 单元被映射为不同的特征向量，然后将两个 LSTM 的输出特征进行融合之后再进行输出。图 15-7(b)的预测模型则是将融合后的特征信息通过深层神经网络(deep neural networks，DNN)处理之后再进行输出，即 PLDNN 预测模型。

DNN 的优势在于将特征信息映射到更高的特征向量空间，因此将并行 LSTM 神经网络模型与 DNN 串联起来，有利于实现二者的优势互补，可以更好地实现下一时刻管网节点压力的预测，如下式所示：

$$y_m(t+1) = H\left(W_{\text{DNN}}\left[\bar{y}_1(t+1), \bar{y}_2(t+1)\right] + b_{\text{DNN}}\right) \tag{15-24}$$

式中，$y_m(t+1)$ 表示 PLDNN 预测模型的预测输出值；$\bar{y}_1(t+1)$ 和 $\bar{y}_2(t+1)$ 分别表示 LSTM 模型对供水管网的状态信息及控制信息的预测输出数值；[ ] 表示合并两种在时间维度上拥有同样维数的数据的矩；DNN 模型的激活函数由 H 函数表示；DNN 模型的权值由 W_{DNN} 表示；DNN 模型的阈值由 b_{DNN} 表示。

拟合现象存在一定可能性产生于深层次学习模型样本训练时期，利用 Dropout 法(丢弃法)可以防止拟合现象的产生。Dropout 方法的步骤如下：在模型训练时，随机将一部分隐含层的神经元抛弃，暂时不对其进行更新，但会保存其权重，而在模型进行使用时恢复所有链接。图 15-8 为标准全连接神经网络示意及 Dropout 后的神经网络示意。

由于 Dropout 方法的引入，网络参数会发生随机更新，而模型的泛化能力可能会由于这些随机性的引入而提升，从而阻止并预防过拟合现象的产生，当然在每一层之中引用 Dropout 技术，显现的效果将明显更优。

模型中的参数优化可利用梯度下降法来加强，通常有两种方法实现最小化风险函数，即批梯度下降法和随机梯度下降法。随机梯度下降法使用随机性抽取样本的方法计算损失函数，对参考数值进行革新更换；而批梯度下降法是将每次迭代的结果都应用于训练集中所有数据处理过程，计算量巨大，且计算速度慢。

两种方法各有优缺点，为克服两种方法的缺点，拟采用折中手段，即采用小批量梯度下降法，将所有数据分类成为多批，按批次来进行参考数值的革新，既减少了批梯度下降法的计算量，也克服了随机梯度下降法的随机性。

(a)标准全连接神经网络示意　　　　　　(b)Dropout 后的神经网络示意

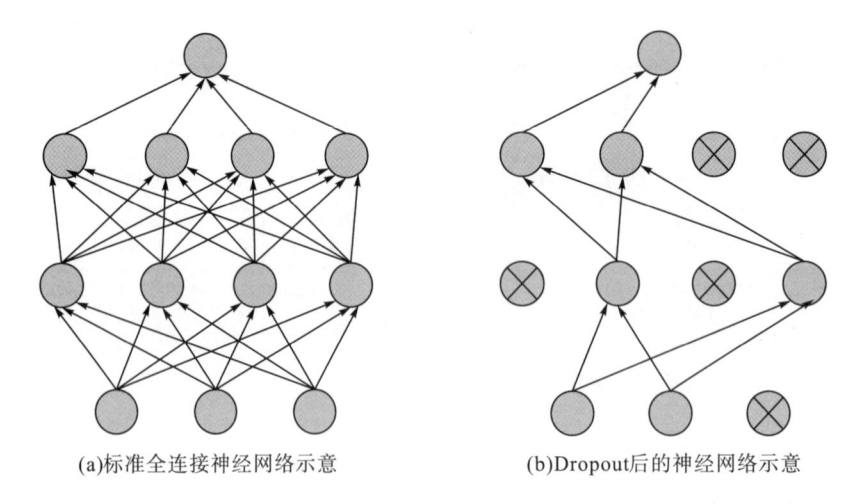

图 15-8　标准全连接及 Dropout 后的神经网络示意

供水管网预测模型中在输入值计算的 LSTM 层以及特征协调后的输出层两个部分用到了激活函数。可供选择的激活函数数不胜数，如 linear 函数、softmax 函数、tanh 函数等。ReLU 函数由 Nair 和 Hintonw 首次提出，其数学表达式如式(15-25)所示：

$$y_i = \begin{cases} x_i, & x \geqslant 0 \\ 0, & x < 0 \end{cases} \tag{15-25}$$

传统饱和激活函数存在梯度灭失的疑难问题，但是非饱和激活函数（如 ReLU 函数）从未产生类似的疑难问题。与饱和激活函数相比，非饱和激活函数会使得模型收敛速度更快，节约时间成本。

15.5　基于 PLDNN 预测模型的异常工况检测

评价一个模型建立的优劣，不能只看模型对于正常工况的适用情况，其在异常工况下是否仍然适用尤为重要。在错综复杂的城市供水管网系统中，经常会发生漏损、爆管及其他非正常现象，因此，当供水管网系统工作状况显示不正常时，上述设立的 PLDNN 预测模型是否仍然适合，是一个发人深省的疑问。

若训练模型时的数据集合全部是处于正常工况下的数据，即模型未学习非正常工程状况下的数据，则后果是训练得出的模型仅仅可以用来预估非异常工况下的管网节点压力。供水管网系统若发生异常，预测模型将无法继续使用。然而，城市供水管网系统出现异常工况的概率还是比较小的，从整个 SCADA 数据库来看，异常工况数据非常有限。

因此，可以尝试增大数据量，以使模型训练过程中尽可能多地包含异常工况下的数据。虽然通过这种方法能够相对完全地学习异常工况状态信息，但是模型仍然很难完全学习供水管网系统的异常状态，同时还会增加模型的训练时间。

上述预测模型是根据压力的趋势性预测机理建立的，在非异常工程状况下，一定的趋势性及周期性则是供水管网的特性所在。然而处于异常工况时，由于趋势性预测同时包含了所有工况下的状态信息，PLDNN 模型不能映射这种数据，不能实现对异常工况的跟踪。从另一个角度考虑，模型是可以作为判断供水管网系统是否发生异常的依据。若供水管网系统未发生异常情况，则管网实测值与模型预测值会基本吻合；若预测值与实际值之间差距较大，并超出了误差允许的范围，那么可以推断管网系统在此时刻出现了特殊失常状况[124]。

15.6　实现应用集成框架

15.6.1　供水管网预测模型集成框架

城市供水管网压力预测系统[125]实现集成框架如图 15-9 所示，信息流的方向由箭头方向表示。框架中首先由 SCADA 系统采集实际供水管网中的实测原始数据，然后有效的实时数据通过小波变换及归一化的方法进行预处理，将数据标准化并存入数据库中，PLDNN 预测模型在进行模型训练的时候，首先选取数据库内的数据，将某特定历史事件窗口控制变量以及状态变量区分为两种类别的 LSTM 模型输入变量，然后把两个类别的 LSTM 模型的输出融合后经过 DNN 处理后再输出。最后，针对供水管网的实际测量值与预测模型的预测值做类比，计算误差，若误差超出了可以接受的范围，则更新调整模型的参考数值，达到误差成效不再缩减或合乎相关的收敛条件时方可停止。

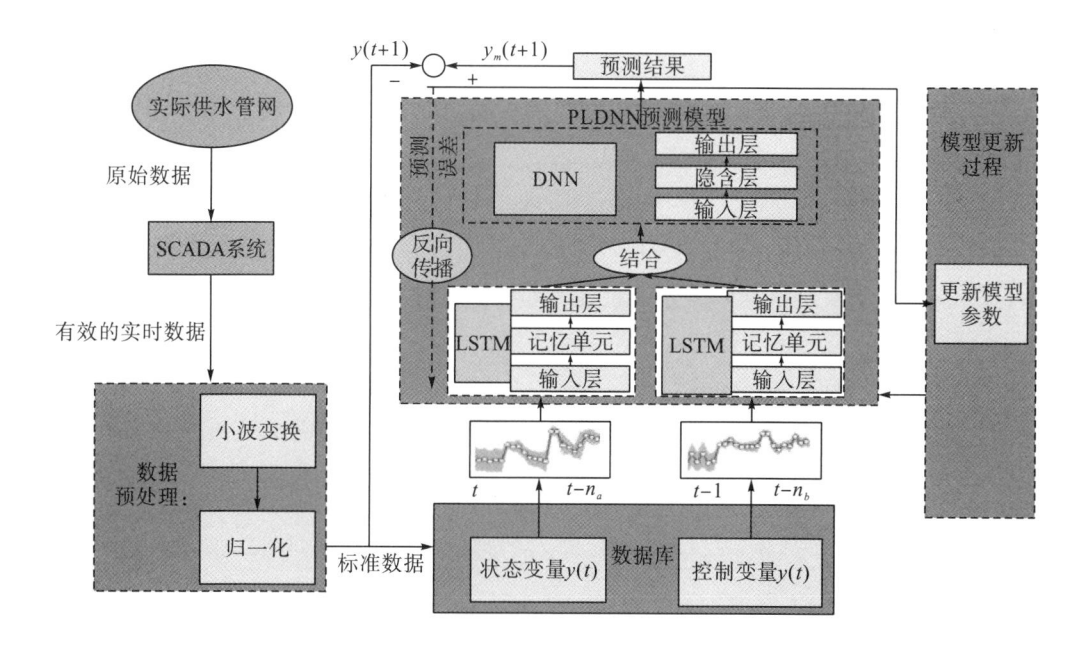

图 15-9　集成框架

15.6.2 调整模型参数

因为神经网络内在构造十分繁杂，模型参数选择还没有相关的理论来支持，通常取经验值或通过大量的实验取平均值。模型参数优化流程如图 15-10 所示。

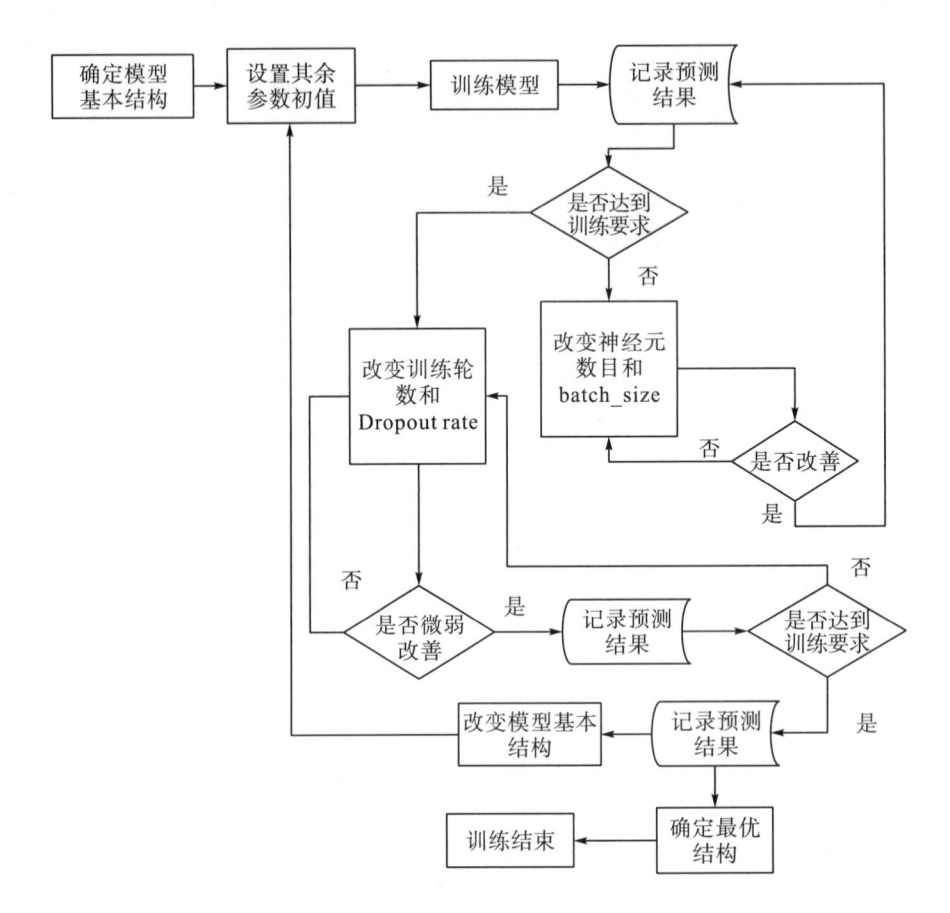

图 15-10 模型参数优化流程图

模型参数优化流程描述如下。

(1) 根据经验或初步实验的效果来确定参数的取值范围。由于较长的历史信息会使输入冗余，且对预测精度提高的作用不大，故设置历史信息长度最大跨度为 60min，历史控制及状态信息长度 N_u、N_s 取值为 1~12，即 $N_u, N_s \in \{1,2,\cdots,12\}$。虽然隐含层增多有助于模型的学习以及提高特征提取能力，但是层数过多必然会导致模型的繁杂化和困难化，因此隐含层层数取值为 $Layer \in \{1,2,3,4,5\}$。神经元的数量决定了神经网络的非线性程度。对于节点抛弃比例 dropout rate 的选取，若抛弃比例过低，则无法实现预期的效果；若抛弃比例过高则可能会导致模型欠学习的情况，因此节点抛弃比例的取值为

dropout rate $\in [0,1,0.5]$。对于训练次数 epoch 的选取,若训练次数过少,则无法实现效果,反之对模型预测精度的提高没有太大意义,反而会增加训练时间,故而训练次数 epoch $\in [100,200]$。小梯度下降法样本取值为 Mini_batch $\in [5,50]$。

(2) 采用实验法或试错法来对参考数值调整校准。一旦给定 $\{N_u, N_s, \text{Layer}\}$,进行实验过后就能够获得一个深层次学习模型的基础结构,然后据此调节其他参数。

第16章　重庆市供水厂运营优化调度研究

16.1　重庆市供水系统

16.1.1　重庆市供水水资源调度分析

1. 需求分析

1) 供水量分析

近年来,随着重庆市政府的人才引进政策力度加大,重庆市人口增长速度较快,与此同时,城市居民的用水量也在以较快的速度增长,居民用水需求大幅度增长。重庆已经成为水资源浪费较严重的城市之一。由于供水厂水资源运输管道距离偏长,容易产生水量时大时小的问题,这通常会导致供水泵站无法及时实现调度,因此会出现城市地下管网测量压点压力剧烈变动的问题,加之重庆供水管网高低起伏落差偏大,供水管网渗漏问题较常出现,使得水资源浪费严重。

2018年全市总供水量为 77.1959 亿 m^3。按供水水源统计,地表水源供水量为 75.8697 亿 m^3,地下水源供水量为 1.1102 亿 m^3,其他水源供水量为 0.2160 亿 m^3,分别占总供水量的 98.28%、1.43% 和 0.28%。地表水源供水量中,蓄水工程供水量为 33.4768 亿 m^3,引水工程供水量为 6.5757 亿 m^3,提水工程供水量为 35.7678 亿 m^3,非工程供水量为 0.0494 亿 m^3,分别占地表水源供水量的 44.12%、8.67%、47.14% 和 0.07%。2018年重庆市供水组成如图 16-1 所示。

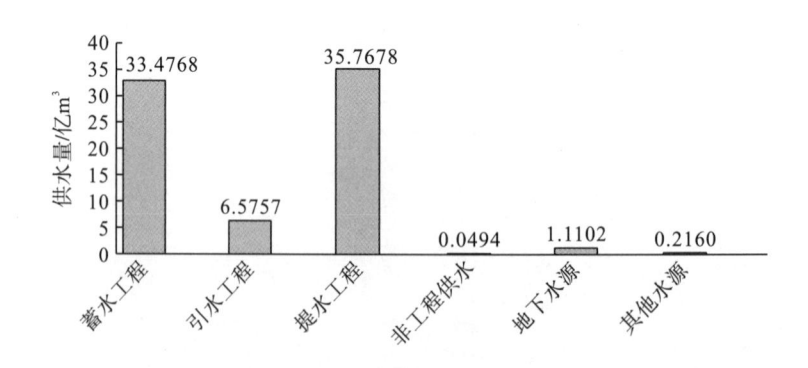

图 16-1　重庆市供水组成图

2)用户用水量分析

用水量是指各类用水户取用的包括输水损失在内的毛用水量之和，按用户特性区分，可分为生产用水、生活用水、生态用水三大类。另外，生产用水也分为三类：第一产业用水、第二产业用水和第三产业用水。居民住宅用于普通生活的水即为日常生活用水，仅对农村居民以及城镇居民的用水量进行统计。仅包括人类通过特定方法提供给城镇环境的用水，以及一些河湖、湿地补水，而不含有降水、径流等方式自然得到的水量为生态用水。

3)废污水排放和水质问题

废污水排放量包含第三产业、建筑业、工业及城镇居民日常生活等用水户所排出的废水量，然而并未包含矿坑排水量以及火电直流冷却水排放量。经调查统计分析，2018年全市废污水排放总量为24.5195亿t，其中城镇居民生活污水排放量为6.7667亿t，第二产业废污水排放量为15.2258亿t，第三产业污水排放量为2.5269亿t，分别占污水排放总量的27.60%、62.10%、10.30%。长江评价河长647km，长江干流重庆河段全年期水质为Ⅱ类的563km，水质为Ⅲ类的84km；嘉陵江评价河长173km，全年期水质为Ⅱ类；乌江全年期水质为Ⅱ类，其评价河长为207km；涪江、渠江评价河长分别为112km、88km，两者的全年期水质皆是Ⅲ类。

2018年重庆市监督测量的国家重要水功能区有145个，其中河长为3579.35km。以水功能区控制纳污的红线作为首要可控项目评价，结果有121个水功能区达到标准，占重要水功能区数目的83.45%；有3344.50km河长达到标准，占重要水功能区河道长度的93.44%。采用全因子评价，有96个水功能区是达到标准的，占重要水功能区总量的66.21%；有2471.20km河长达到标准，占重要水功能区河道长度的69.04%，主要超标项目为氨氮、总磷、高锰酸盐指数和五日生化需氧量。

4)供水系统需求分析

供水系统需求分析就是以市政府发布的战略性规划和供水条件为基础，以对目前的供水条件及供水现状进行细致全面的分析为基础，在同供水有关部门和重庆市政府供水厂讨论之后，邀请专业人员对城市供水情况进行细致详尽的分析和验算，从而能够确定适当的供水系统。改善供水调度措施即优化水厂出水流量和压力，确保用户用水流量和压力都在管网能够承受的范围之内。需求分析过程包括对目标函数进行落实、明确目标函数的约束条件以及目标函数的相关决策变量。

(1)目标函数。

①水厂总运行成本：

$$\min f = \min(f_1 + f_2) \tag{16-1}$$

式中，f为总运行成本；f_1为供水成本；f_2为泵站运行成本。

供水成本：

$$f_1 = \sum_{i=1}^{i}\sum_{j=1}^{j} C_{i,j} \times Q_{i,j} \tag{16-2}$$

式中，$C_{i,j}$ 表示水厂 i 在时间段 j 内单位水生产成本，元/m³；$Q_{i,j}$ 表示水厂 i 在时间段 j 内总供水量，m³/h。

②泵站运行成本：

$$f_2 = \sum_{i=1}^{i}\sum_{j=1}^{j} E_{i,j} \times Q_{i,j} \times (H_{i,j} - Z_i) \tag{16-3}$$

式中，$E_{i,j}$ 表示水厂 i 在 j 时间段内将 1m³ 水提升 1m 的电能消耗费用，元/(m³·m)；$H_{i,j}$ 表示水厂 i 在 j 时间段的内出水压力；Z_i 表示水厂 i 清水水池水位，m。

③水厂能耗：

$$E = \sum_{i=1}^{i}\sum_{j=1}^{j} P_{i,j} \times C \times Q_{i,j} \times HS_{i,j} \tag{16-4}$$

式中，E 表示水厂运转所需的全部能耗；$P_{i,j}$ 表示水厂 i 在 j 时间段内的用电花费，元；C 表示换算系数。

④水厂总运行成本：

$$\min f = \min(f_1 + f_2) = \min \sum_{i=1}^{i}\sum_{j=1}^{j} \left| C_{i,j} \times Q_{i,j} + E_{i,j} \times Q_{i,j} \times (H_{i,j} - Z_i) \right| \tag{16-5}$$

(2)决策变量。使用决策变量的目的是优化改进目标函数的自变量，使用适合的决策变量可以在明确供水优化调度目标函数之后将决策变量实现最优分配，实现供水厂最优资源分配和泵站合理调节，实现最少的系统运转费用。从式(16-5)可知，水厂的出水压力及出水流量作为目标函数中的未知变量，若需要达到水厂供水运转成本最小的目标，则需要实现 f_1 和 f_2 为最小值，而函数中取值大小受出水流量 Q 和出水压力 H 的影响，因而将水厂出水流量 Q 和出水压力 H 设置为决策变量，即优化决策力变量，而水厂的总出水量为居民用水量(前提是不存在渗漏的情况下)，则优化调度的首要影响参数是预测的居民用水量，该城市用水量参数的预测则须依据预测算法来完成。

(3)约束条件。管网模型存在于城市供水厂与用户之间，它作为水厂与居民用水之间的关系纽带。经分析管网的压力特征，把压力当作供水优化模型限制条件。然而对于决策变量本身来说，它同样须设立限制性条件，在限制性条件下为系统整体找到一个均衡点(水厂供水量与用户用水量之间的平衡)。在满足城市用水条件下，压力满足要求时，对水厂出水流量与压力进行合理的规划以使供水厂总运营成本最小。该约束条件主要包含压力和流量的限制。

①水厂日供水能力约束条件：

$$\sum_{j=1}^{J} Q_{i,j} \leqslant Q_{\max i} \tag{16-6}$$

式中，$Q_{\max i}$ 为水厂 i 一天内最大允许出水量。

②水厂出水流量约束条件：

$$Q_{\min i,j} \leqslant Q_{i,j} \leqslant Q_{\max i,j} \tag{16-7}$$

式中，$Q_{\min i,j}$ 和 $Q_{\max i,j}$ 分别表示供水厂 i 在 j 时间段内的出水量下限和上限。

③压力点约束条件：

$$H_{\min k,j} \leqslant H_{k,j} \leqslant H_{\max k,j} \tag{16-8}$$

式中，$H_{\min k,j}$ 和 $H_{\max k,j}$ 分别表示供水厂在 j 时间段内监测点 k 压力的下限和上限。

④供需流量约束条件：

$$\sum_{i=1}^{I} Q_{i,j} = QA_j \tag{16-9}$$

式中，QA_j 表示水厂 i 在 j 时间段内管网总的水需求量。

2. 模型阐释

当今城市自来水公司用水调度系统的运行绝对依赖采集点数据的采集、数据归纳及间歇监控等，目前并未达到自动化用水优化调度的程度。通过研究现有的优化调度理论，建立适用的水量预测模型、分析供水优化调度及管网模型，达到供水系统科学化、规范化的目标。建立设置的优化调度模型如图 16-2 所示。

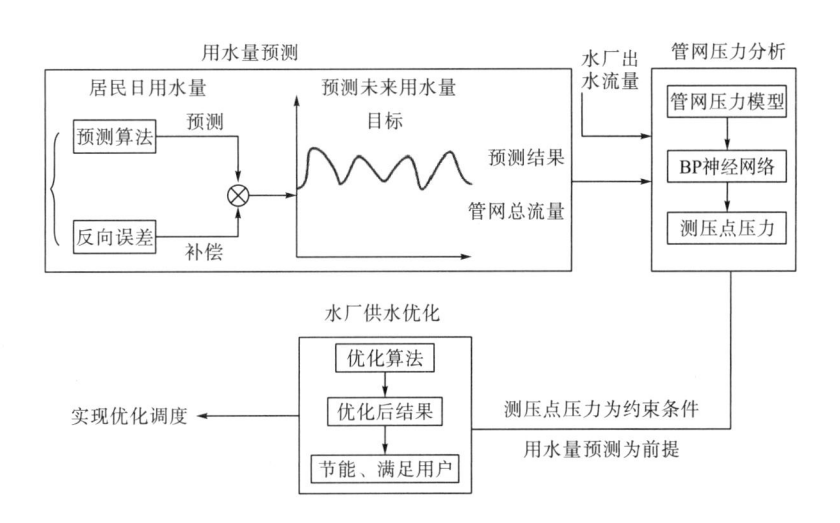

图 16-2　供水优化调度模型

供水系统运行步骤如下：水资源从水厂输出到管网，然后输送到用户家中，在实现水厂的优化调度(即用户用水需求)，且城市供水管网能够承受来自水厂水资源传输的水压的条件下，对供水厂的供水量和水压进行合理分配，使得水厂总体运营成本最小。

16.1.2　城市供水系统信息流分析

城市居民用户的生活日常用水绝大多数源于自来水厂的供给，整个城市水务供水系统运行机制包括的主要环节如图 16-3 所示。其中水资源调度则为最繁杂、最困难的水务步骤。

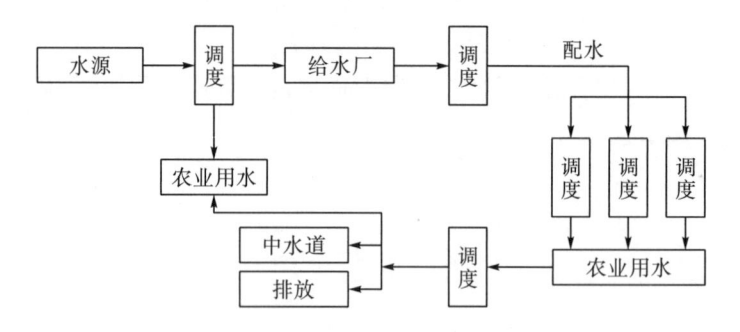

图 16-3　水务调度信息流程图

16.1.3　数据流程分析

由于城市供水系统在优化调度理论和实施上存在一定的缺陷，供水系统整体运行过程中，一般依据以往的优化调度经验以及部分系统优化调度基础理论，对水资源进行调度分配。因此以明确优化调度的需求为基础，接下来首先要构建优化调度模型，并完成优化调度模型的可行性研究、剖析、阐释与论证，最终完成数据流程并且明确系统整体的探究内容。供水优化调度数据中心流程如图 16-4 所示。

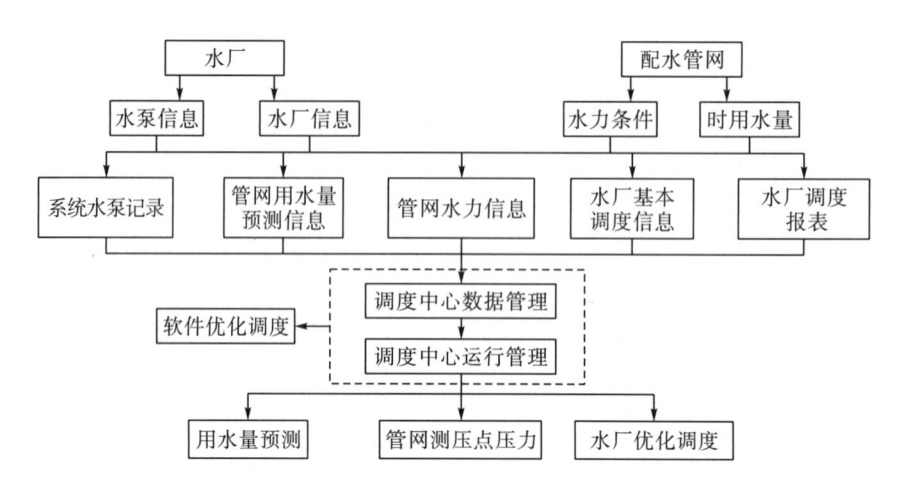

图 16-4　供水优化调度数据中心流程图

16.2　预测城市用水量

供水系统优化调度的首要影响因素为预测城市用水量，城市用水量的预测是供水管网宏观条件下建立模型不可忽略的参考数值。一般情况下，城市供水厂供水调度效用性和可靠性会直接受到城市用水量预测的影响。

城市用户用水量具有随机性、时段性，如家庭住户洗衣服的时间与天气等因素有关，用水量也存在季节性,给构建预测用水量的模型带来了一定的困难,也会影响预测的准确率。目前可以将人工智能领域中的一些科研成果与模型相结合,构建新的预测模型算法,与传统预测模型相比可以大大提升预测的准确率。

16.2.1 常见的用水量预测方法

常见的两大类城市用水量预测方法为长期预测[126]和短期预测。

偏向于针对城市未来几年或几十年用水量的宏观预测即长期预测,它可以作为城市将来水网改建及规划布局的依据。然而短期预测致力于对将来几小时或几天之内的用水量进行预测,从而作为管网优化运转调度的基础和根据。短期精准预测对城市供水体系影响较大,因而较常使用。一般普遍出现并使用的短期用水量预测方法包括时间序列法、回归分析法、系统分析法,用水量预测方法及分类见表16-1。

表 16-1 用水量预测方法及分类

预测方法	普遍使用的模型	类别分类
时间序列法	移动平均预测模型	简单平均法
		简单移动平均法
		加权移动平均法
	指数平滑预测模型	二次指数平滑法
		三次指数平滑法
回归分析法	一元线性回归预测模型	
	多元线性回归预测模型	
	非线性回归预测模型	
系统分析法	灰色预测模型	
	人工神经网络预测模型	BP 神经网络
		径向基函数(radial basis function,RBF)神经网络

1. 时间序列法

如果已经明确了移动平均法时间序列 $\{x_t | t=1,2,\cdots,n\}$,可拟定 μ 为该序列的平均数,那么可得到序列移动平均预测模型形式如下:

$$x_t = \mu + \varepsilon_t - \theta_1 \varepsilon_{t-1} - \theta_2 \varepsilon_{t-2} - \cdots - \theta_q \varepsilon_{t-q} \tag{16-10}$$

式中,q 表示模型阶数;$\theta_1, \theta_2, \cdots, \theta_q$ 依次代表模型不同阶数下的系数;μ 表示时间段的平均数;ε_t 表示 t 时间段内的预测误差数值;$\varepsilon_{t-1}, \varepsilon_{t-2}, \cdots, \varepsilon_{t-q}$ 依次代表的 q 个时期内的预测误差数值。

指数平滑法是一种时间序列分析预测方法，是以移动平均方法为基础逐渐发展而来的，其主要作用机理是通过计算指数平滑数值，并联结特殊的相对应的时间序列预测模型来预测未来的情况。任何一期的指数平滑数值皆为当期的实际观察数值同上一时期指数平滑数值的加权平均。以平滑次数相异作为根据，分为一次指数平滑法、二次指数平滑法、三次指数平滑法等。常用一次指数平滑法：

$$y'_{t+1} = \alpha \times y_t + (1-\alpha) \times y'_t \text{ 或 } S_t^{(1)} = \alpha \times y_t + (1-\alpha) \times S_{t-1}^{(1)} \tag{16-11}$$

式中，α 为平滑系数，$0<\alpha<1$；即 y'_{t+1} 表示 $t+1$ 期的预测，是该期(t 期)的平滑值，即 S_t；y_t 表示 t 期的实际值可；y'_t 表示 t 期的预测值，是上期的平滑值，即 S_{t-1}。

一次指数平滑法相对于平稳序列模型来说能产生较优的效果，因此普遍在短期预测中应用。

自回归是一个变量在时间上的变化过程，其变化与前段期间相比较是线性的。普遍地认为相关性随时间表现为指数下降，同时可以在较短周期中消失。

$$x_t = \phi_1 x_{t-1} + \phi_2 x_{t-2} + \cdots + \phi_p x_{t-p} + \varepsilon_t \tag{16-12}$$

式中，$\{x_t\}$ 指时间序列；$\phi_1, \phi_2, \cdots, \phi_p$ 为自回归参数；ε_t 为预测误差；p 为模型阶数。

$$x_t = \phi_1 x_{t-1} + \phi_2 x_{t-2} + \cdots + \phi_p x_{t-p} + \varepsilon_t - \theta_1 \varepsilon_{t-1} - \theta_2 \varepsilon_{t-2} - \cdots - \theta_q \varepsilon_{t-q} \tag{16-13}$$

式中，$\{x_t\}$ 为时间序列；$\phi_1, \phi_2, \cdots, \phi_p$；$\theta_1, \theta_2, \cdots, \theta_q$ 为自回归系数和移动平均数；ε_t 为预测误差；p、q 分别为回归模型阶数、滑动平均模型阶数。

剖析城市用水量可以得知，该数据为一段时期内的连续序列，另外许多已知因素(如天气、季节和节假日等)和未知因素都会影响用水量数据，从而使数据序列呈现随机性。关于该类别的数据问题，时间序列法能够表现出较为优秀的预测精确度，然而它也表现出了一定的负面影响，即难以适应温度变化带来的数据波动问题，这会对模型的预测精度带来一定影响，因此该方法还有待优化。

2. 回归分析法

回归分析法[127]又称解释性分析法，其依据相关性原理对系统的输入量和输出量关系进行分析解释，以此建立预测模型，这个模型输入变量的精确程度和可靠性应较好，当需要预测的时候要求有未来时期的温度、湿度、居民活动情况、节假日等信息，预报误差较大会影响预测的准确性。节假日、气象等因素会普遍影响当前的回归预测方法，运用多元线性回归设立预测模型，其表达式如下：

$$Q_d = Q_A(1 + B_1\Delta T + B_2 W + B_3 V) \tag{16-14}$$

式中，Q_d 为预测日期用水量；Q_A 为曾经的若干日均用水量；ΔT 为预测日期的最高气温差；W 为天气变化因素，晴天 $W=0$，阴天 $W=-1$；V 表示假日因素，非假日 $V=0$，假日 V 为$-2\sim-1$；B_1、B_2、B_3 为线性回归系数。

要明确线性回归系数 B_1、B_2、B_3，则需要参考曾经若干天的用水量记录，以及气候和假期因素。使用线性回归最小二乘法原理，设立下列方程组：

$$\begin{pmatrix} \sum \Delta T_i^2 & \sum (W_i \Delta T_i) & \sum (V_i \Delta T_i) \\ \sum (W_i \Delta T_i) & \sum W_i^2 (W_i V_i) & \\ \sum (V_i \Delta T_i) & \sum (W_i V_i) & \sum V_i^2 \end{pmatrix} \begin{pmatrix} B_1 \\ B_2 \\ B_3 \end{pmatrix} = \begin{pmatrix} \sum (\dfrac{Q_{di}}{Q_A} - 1) \Delta T_i \\ \sum (\dfrac{Q_{di}}{Q_A} - 1) W_i \\ \sum (\dfrac{Q_{di}}{Q_A} - 1) V_i \end{pmatrix} \qquad (16\text{-}15)$$

式中，Q_{di}、ΔT_i、W_i、V_i 分别为第 i 日的用水量、气温增量、气候变化因素及假期因素的记录数据。

解方程即可得到回归系数 B_1、B_2、B_3，代入模型方程便能够预测日用水量。

这种方法对于初始序列的选取要求较高，而且预测精度与相关影响因素（如天气等）预报准确度挂钩，因此可以得知相关因素预报的不精确性必然致使用水量预测不精确。管网日用水量的变化存在着较强动态性，在长期预测步骤之中，影响模型的因素是否要求调整及如何调整最优有待进一步探讨。

3. 系统分析法

灰色预测功能的核心在于分析并鉴别系统因素间的发展趋势差异，通过关联分析处理原始数据，揭示系统变化的内在规律，生成更具规律性的数据序列。随后，根据这些数据序列建立相应的微分方程模型，以精确预测事物未来的发展趋势。该方法利用等时距观测到的一系列数值，这些数值反映了预测对象的特性，从而构建灰色预测模型。通过这种模型，我们可以预测未来特定时点的特征量，或者确定达到某一特定特征量所需的时间。

拟定时间序列 $X^{(0)}$ 存在着 n 个观察值，$X^{(0)} = \left\{ X^{(0)}(1), X^{(0)}(2), \cdots, X^{(0)}(n) \right\}$，通过累加生成新序列 $X^{(1)} = \left\{ X^{(1)}(1), X^{(1)}(2), \cdots, X^{(1)}(n) \right\}$，GM(1,1)模型对应方程为

$$\frac{\mathrm{d}X^1}{\mathrm{d}t} + \alpha X^1 = \mu \qquad (16\text{-}16)$$

式中，α 为发展灰数；μ 为内生控制灰数。

神经网络由许多高度关联的、并行的计算处理单元所构成，该种单元与生物神经系统的神经元是极其相似的。即使单个神经元的内部构造非常简易单一，也存在大量神经元互相连接而形成的神经元系统，它能够完成的功能是非常多的。与其他方法相比，神经网络拥有着并行计算和自我适应的学习能力。神经网络系统为一个非线性动力学计算系统。神经网络模型包含大量种类，在当今工业领域使用最广泛的大概有两种，即 RBF 神经网络与 BP 神经网络。RBF 神经网络与 BP 神经网络优缺点见表 16-2。

表 16-2 BP 神经网络算法与 RBF 神经元网络算法比较

	BP 神经网络	RBF 神经网络
优点	三层网络结构能够逼近任意非线性关系	三层网络结构能够逼近任意非线性关系
	网络结构稳定，能够实现全局逼近	运算速度快
	在理论上算法日渐成熟	收敛速度快

续表

	BP 神经网络	RBF 神经网络
缺点	网络训练过程偏长,如果建造多层网络结构,训练速度会受到影响	核函数的确定暂无高效率方法 目标函数如果不连续,则泛化能力差
预测模型特点	预测模型结构简单,三层网络结构便能够满足要求,模型训练成功后,能直接预测 供水数据是个非连续变化过程,影响因素有气候、节假日,变化波动偏大	

由上面的剖析能够明确，供水优化调度的预测模型在训练样本数据后，无须进行反复训练。这意味着 BP 神经网络的长训练时间这一缺陷在此场景下可以不予考虑。明确地说，RBF 神经网络的核函数是其网络结构设计的核心，正确的核函数选择对 RBF 神经网络模型的性能具有重要影响。然而，目前对于 RBF 神经网络核函数的设定尚未有有效方法。此外，由于供水数据模型并不是一个连续变化函数，RBF 模型难以达到全局最优。综合以上分析，我们选择 BP 神经网络算法来建立用水量预测模型。

16.2.2 基于基本粒子群算法用水量预测

粒子群 (particle swarm optimization, PSO) 算法属于群智能算法的一种，使用种群的群体智慧来实施协同搜索是群体智能优化算法的重要特征，因此能够从解集空间中寻到最优解。

粒子群算法为一种新兴算法，与遗传算法有类似的特征，它收敛于全局最优解的概率高于遗传算法。

(1) 连续函数极值问题的求解普遍使用粒子群算法，在非线性、多峰的问题中存在较强的整体搜索能力。

(2) 计算速度快于传统算法，处于集群整体搜索中时拥有超强的计算能力。

(3) 粒子群算法未准确限制种群的大小，处于种群之内时，任何一个集群的起始数值普遍位于 500~1000，粒子的飞行速度对起始数值也并未产生太大影响。

粒子群算法的灵感源于鸟类的捕食行为，把任何一只参加捕食的鸟想象成一个零质量、零体积粒子。当使用基本粒子群算法时，任何一个个体皆能够抽象为搜索空间中零体积、零质量的微粒。当其位置处于 D 维搜索空间时，目标群体由 n 个粒子构成。当其位置是群体空间时，D 维向量 $\boldsymbol{X}_i = (X_{i1}, X_{i2}, \cdots, X_{iD})$，任何一个粒子目前所处的位置即是一个解。当把 $\boldsymbol{X}_i$ 代入目标函数中求解的时候，能获取它的适应度数值，接下来评估适应值大小以衡量评价所得解的优劣性。K 维向量为第 i 个粒子的飞行速度，$\boldsymbol{V}_i = (V_{i1}, V_{i2}, \cdots, V_{iD})$ 表示它处于种群中时的速度矢量。当其位置是群体空间时，将 $\boldsymbol{P}_{iD} = (P_{1d}, P_{2d}, \cdots, P_{id})$ 作为第 i 个粒子在目前能够搜索到的最优位置。$\boldsymbol{P}_{gD} = (P_{1d}, P_{2d}, \cdots, P_{gd})$ 表示全部粒子位于群体寻优搜索范围当中时能够搜索到的最优位置。

算法迭代更新公式：

$$X_{id}^{k+1} = X_{id}^k + rV_{id}^{k+1} \qquad (d = 1, 2, \cdots, D) \qquad (16\text{-}17)$$

$$V_{id}^{k+1} = \omega V_{id}^k + C_1\xi\left(P_{\text{best}}^k - X_{id}^k\right) + C_2\eta\left(G_{\text{best}}^k - X_{id}^k\right) \tag{16-18}$$

式中，ω 表示粒子的速度系数，又称为惯性因子；C_1 表示粒子在曾经搜寻中搜索到的最优数值的权重系数，指粒子对于自我本身的认知，它的数值为 2；C_2 表示粒子位于群体搜寻中搜索到的最优数值的权重系数，指粒子处于群集之中时对于这个群集全部的了解，它的数值为 2；η，ξ 表示两个变化的量，为分散于区间[0,1]上的随机数；r 表示粒子的位置更新之时它的速度系数，同样代表约束因子，它的数值是 1；G_{best}^k 是指整个粒子群搜索得到的最优位置。

16.2.3 基于 GA-BP 的用水量预测

GA-BP[128]用水量预测算法包含建立 BP 神经网络、GA 优化 BP 神经网络阈值及初始权值、训练 GA-BP 神经网络。

1. 建立 BP 神经网络

首先剖析目前存在的每日用水量数据，从而明确预测模型的网络层节点数，每日用水量的时间序列即为预测模型输入，未来一段时间内的用水量为输出，建立的输入层和输出层都是水的用量，一天（即 24 小时）用水数量便是输入层节点，后面一天或后面几天位于某一个时刻的用水数量即输出节点，所以可以明确 1 或 24 是神经网络的输出节点。

以经验公式 $m=\sqrt{n+k}+u$ 为基础明确网络隐含层节点的可取数值范畴，预测模型中需要建构相异的网络层节点数，先确定 50 次练习，明确隐含层节点数是其训练指标的优良程度。重要的训练指标应有预测误差（e_p）、平均绝对误差（mean absolute deviation，MAD）、均方误差（mean square error，MSE）、平均绝对百分比误差（mean absolute percentage error，MAPE）。

预测误差：

$$e_p = y_p - y_0 \tag{16-19}$$

平均绝对误差：

$$\text{MAD} = \frac{1}{p}(\sum_{p=1}^{p}|e_p|) \tag{16-20}$$

均方误差：

$$\text{MSE} = \frac{1}{p}\left(\sum_{p=1}^{p}|e_p^2|\right) \tag{16-21}$$

平均绝对百分比误差：

$$\text{MAPE} = \frac{1}{p}\sum_{p=1}^{p}\left|\frac{e_p}{y}\times 100\%\right| \tag{16-22}$$

选择并提取相异数量的隐含层节点个数，多次训练网络模型，取得差异隐含层节点下模型的误差见表 16-3。

表 16-3 差异隐含层节点下模型的误差

训练指标	误差值					
	6	7	8	9	10	11
MAD	327.5	238.3	122.47	98.66	101.71	142.86
MSE	13.19	5.43	1.35	0.99	1.02	2.02
MAPE	0.0066	0.0062	0.0034	0.0027	0.0025	0.0037

注：6~11 为节点数。

初始化神经网络：ω_{ij} 表示输入层同隐含层间的网络结构权值；γ_i 表示阈值；V_{ij} 表示隐含层同输出层间的结构权值；θ_t 表示阈值；区间[0,1]即是任何一个权值与阈值的取值范围；E 和 N 分别表示网络训练学习精度和学习步数；X_i 为输入层的值。

神经网络的前向传递：当前明确了网络权值及网络结构，模拟仿真用水量的数值，以神经网络的前向计算为基础，明确了激励函数过后就能确定函数输出值。

隐含层神经元[129]的激励数值：

$$A_j = \sum_{i=0}^{n} \omega_{ij} X_i - \gamma_i \tag{16-23}$$

激励函数：

$$f(X) = \frac{2}{1+e^{-2X}} - 1 \tag{16-24}$$

隐含层节点输出值：

$$h_i = f(A_j) \tag{16-25}$$

输出层神经元激励值：

$$B_t = \sum_{j=0}^{m} V_{ij} h_j - \theta_t \tag{16-26}$$

输出层节点输出值：

$$y_t = f(B_t) \tag{16-27}$$

前向传播误差校正：

$$b_t^p = \left(d_t^p - y_t^p\right) f'(B_t^p) \tag{16-28}$$

式中，d_t^p 为 t 个网络节点的期望输出数值；y_t^p 表示这个节点网络结构的实际输出数值；$f'(B_t^p)$ 表示输出层函数求导，$f'(B_t^p) = f(B_t^p)\left[1 - f(B_t^p)\right]$。

2. GA 优化 BP 神经网络阈值及初始权值

初始化的神经网络模型阈值及权值都为随机数值，对网络模型的预测精度影响偏大。为提升预测模型预测精度，需要运用遗传算法适应度函数。接下来运用适应度函数寻优机理得到最佳网络取值。BP 神经网络利用遗传算法进行优化的具体操作程序如下。

（1）适应度函数：

$$\text{fitness} = k\sum_{i=1}^{n}\text{abs}\{y_i - o_i\} \tag{16-29}$$

式中，n 表示训练样本总数；o_i 表示第 i 个样本输出的期望数值；y_i 表示第 i 个样本输出的实际数值。

(2) 选择函数：

$$f_i = \frac{k}{\text{fitness}_i} \tag{16-30}$$

$$P_i = \frac{f_i}{\sum_{j=1}^{M} f_j} \tag{16-31}$$

式中，M 表示选择种群规模；f_i 表示个体 i 的适应度；P_i 表示个体 i 可能被选中的概率。

(3) 交错操作：交错操作程序之中，首先对选定数据群中的相对应的相关数据交错配对，接下来是对随机位置 k 实施交错操作，交错过程为

$$\begin{cases} X'_k = X_k(1-b) + y_k b \\ y'_k = y_k(1-b) + X_k b \end{cases} \tag{16-32}$$

式中，b 为[0,1]的随机数，且配对数据交叉前后存在关系 $X'_k + y'_k = X_k + y_k$。

(4) 变异操作：采用非均匀变异操作，从随机数据中找到一个参数 $M = (m_1, m_2, \cdots, m_k, \cdots, m_m)$，对其分量 m_k 按照一定的变异概率采用公式进行变异，变异过程为

$$m'_k = \begin{cases} m_k + (b_k - m_k) \times f(g), & \gamma_1 > 0.5 \\ m_k - (m_k - a_k) \times f(g), & \gamma_1 \leqslant 0.5 \end{cases} \tag{16-33}$$

$$f(g) = \gamma_2 (1 - g/g_{\max})^2 \tag{16-34}$$

式中，a_k、b_k 分别为分量 m_k 的上界和下界；g 为该参数向前发展次数；$g_{\max}$ 为最大发展次数。

首先应明确适应度函数，然后择取相宜的选择函数、变异函数、交错函数对个体寻优，寻优过程中的最优数值具有更优适应度个体，把最优值个体当作神经网络初始权值。

3. 训练 GA-BP 神经网络

为获取 BP 神经网络最佳初始权值，需要应用遗传算法适应度函数选取最佳值，并且把最佳值赋给网络，最终需要使用模型进行预测仿真，得出用水量的预测结果。

模型训练样本可以是重庆市任何一个星期的居民用水量数据值，运用训练完成的预测模型预先估计将来一个星期的居民用水数量，而且可应用预测结果查证检验模型的实用性。用水量数值普遍都偏高，且预测结果误差偏高，全部数据预测的拟合效果也受到影响，从而要求归一化处理用水量数据，普遍调度使用的归一化函数表达式如下：

$$[y, p_s] = \text{map min max}(x) \tag{16-35}$$

$$y = (y_{\max} - y_{\min}) \frac{x - x_{\min}}{x_{\max} - x_{\min}} \tag{16-36}$$

式中，$x_{\max}$ 和 $x_{\min}$ 分别为选择样本数据中心的极大数值及极小数值；x 和 y 分别为归一化

函数处理前后的数据值；p_s 为归一化函数处理数据的结构体。

当预测出实际用水量后，需要反归一化处理数据，预测结果反归一化的调用形式为

$$T = \text{map min max}(\text{reverse}', Y, p_s) \tag{16-37}$$

16.2.4 以 ANFI 网络用水量为依据预测

ANFI 网络[130]的基本特点是自适应能力强、方便微调模型的模糊参数。网络训练全依赖对数据的训练，该方式避免了人的行为对网络预测主观臆断的影响。由于 ANFI 有强大的学习能力，可以迅速捕捉、分析以及归纳网络输入信息，产生自我学习，因此能够呈现出适合的隶属度函数以及模糊规则，自动化顺应预测的需要。基于 ANFI 网络的预测分析流程如图 16-5 所示。

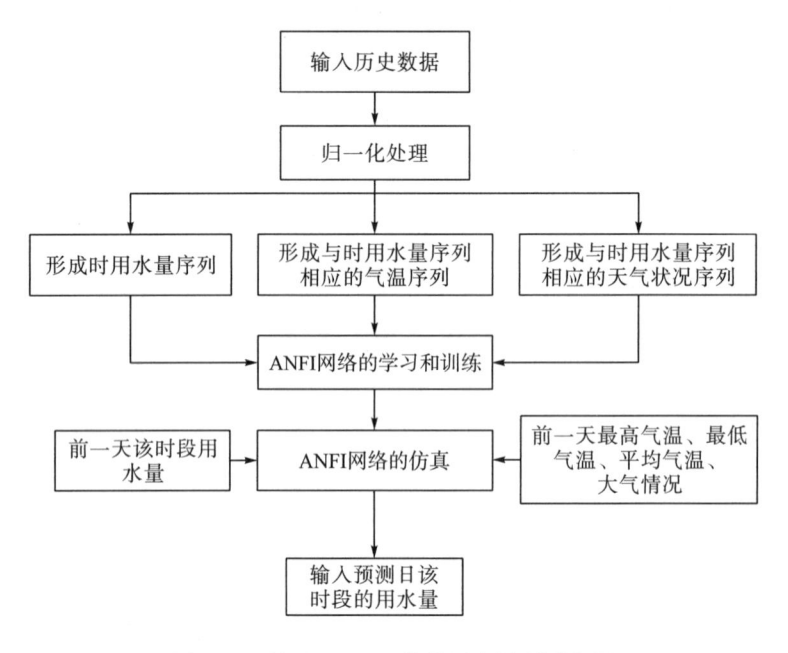

图 16-5 基于 ANFI 网络的用水量预测流程

16.3 水务优化调度系统设计

城市水务优化调度系统是供水企业的核心资产，也是供水企业实现更好服务与精准化运行的关键，水务系统的供水业务同水管网络联系十分紧密，包含供水调度、规划设计、客户服务、管理管网、GIS 维护、保护管网等，管理管网系统不应该仅仅停留在资料层面，应当根据管网地理信息系统，与水厂生产、水质、压力、二次供水、流量等供水系统的大多数要素相关联，统一到一个综合性的系统平台上，大致包含生产监控 SCADA、调度和

业务管理、GIS 等，达到对供水生产运行数据的采集存储、调度分析决策、运行情况可视化展示、异常检测预警、业务过程管理和运行能效分析、智能报表管理等整个程序的管制处理。整体提高管网管理、建设和生产调度管理水平，要求确保安全、可靠地运行供水系统，以减少管道漏损率。

16.3.1 设计软件系统架构

单机系统、客户端/服务器（client/server，C/S）及浏览器/服务器（browser/server，B/S）是系统体系架构的三种模式。

软件系统经常使用的体系结构为客户端/服务器的架构，适当地把任务分别配置到服务器端以及客户端，从而减少系统通信开销。C/S 两层架构如图 16-6 所示。

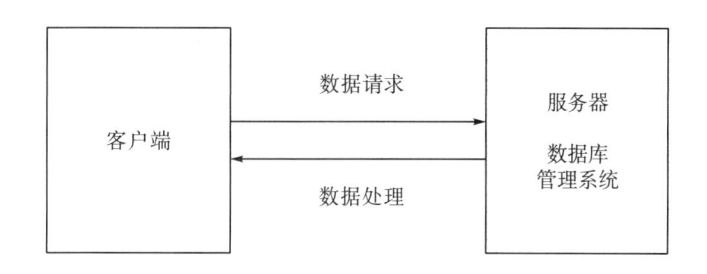

图 16-6 C/S 两层架构

对 C/S 模式结构进行改进，得到了结构浏览器/服务器模式。处于该种结构模式之时，系统的客户端通过网络浏览器来呈现系统界面。逻辑上区分的数据层、表示层和业务层即三层体系结构，如图 16-7 所示。

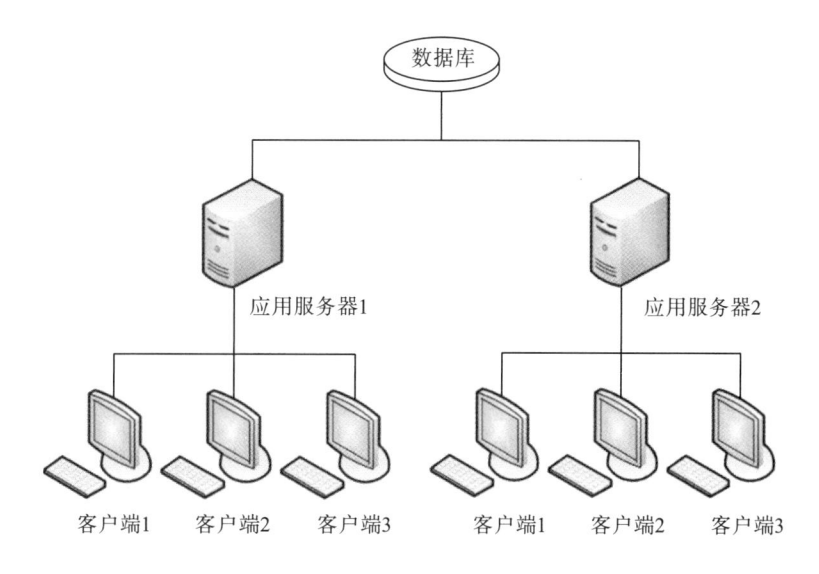

图 16-7 三层体系结构

16.3.2 系统功能设计

完成水务信息化平台之后，供水业务和子系统业务需要集合于一个统一的信息平台上实现，避免"信息孤岛"[131]。因此完成整合、展示与分析"产-供-销"全部数值，这种综合信息一体化平台已成为各业务部门提高运行效率的实用工具，同时也为领导决策提供了依据。虽然在中小型公司运用这种综合信息一体化平台还有一定困难，信息化建设可能比大型公司慢，但可以通过全局性的规划，将几家中小型供水公司或一个地区内的中小型公司联合构建成整体化的地理信息及综合业务数据一体化平台，以获得高性价比的信息化系统，同时能够使得业务协调一致，其包含现实性和可行性功能。综合信息一体化系统架构如图 16-8 所示。

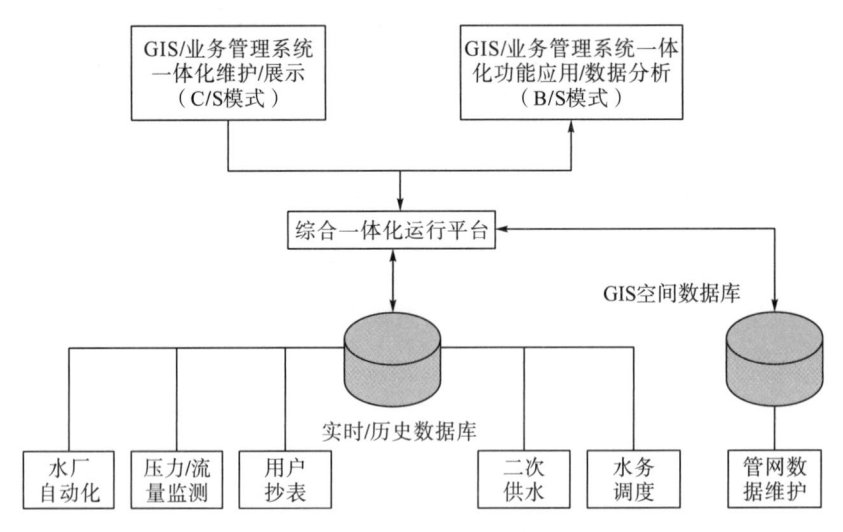

图 16-8　综合信息一体化系统架构

以水务优化调度系统的功能为基础，该系统采用联结 C/S 以及 B/S 和软件设计架构为功能模式。其中，基于 C/S 设计模式开发的系统具备保证水厂位置监控、数据查询、数据管理、系统预警、巡检跟踪等功能；但是以水务监测数据分析为核心功能的平台采用 B/S 架构模式，所有使用系统的用户皆能够使用这个平台，能够直接输入身份信息，通过检验证明之后登录客户端。

剖析重庆水务系统，设计的系统功能结构框架如图 16-9 所示，这个系统包括供水泵站监测系统、水厂位置监测系统、水务数据监测系统和供水调度系统。

剖析城市供水体系和水务综合信息一体化系统架构之后，以居民用户用水要求和供水水厂阶段性供水状况为依据，该系统具有以下作用。

(1) 观察检测水厂位置。能够利用地图显示重庆市主要供水厂的位置，以及显示详细数据，如供水厂的泵站数量、日供水量与各种水质指标等。

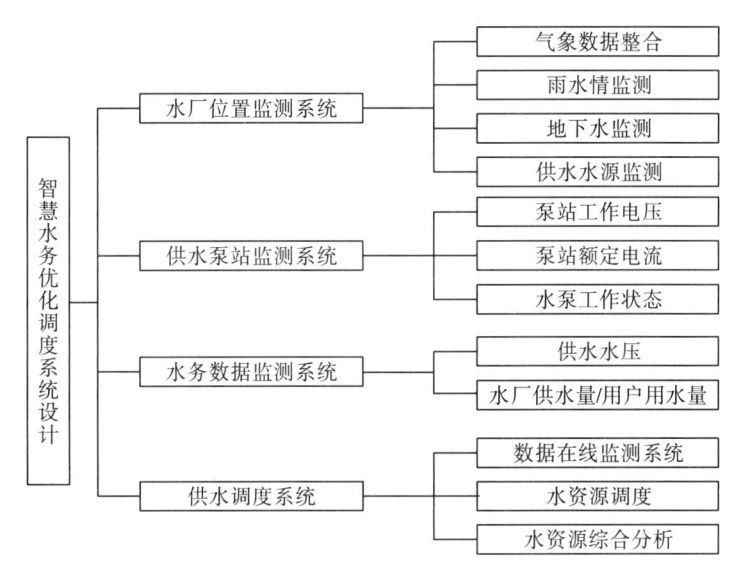

图 16-9 系统功能结构框架

(2) 泵站监控。能够对重庆市各水厂的泵站实时监控,并且能够看到详细的数据信息,查询到每一个泵站的工作电流、额定功率、工作电压、工作状态等。对于空间模式来说,各个水厂泵站在地图上的位置分开呈现。

(3) 监控与巡检。可以追踪和回放管道或者系统巡查监测人员位置轨迹,利用 GPS 模拟器模拟数据上传功能,能够更有效地管理巡查监测人员,可以在出现事故障碍的第一时间获得巡查监测状态。

(4) 管理调度。可以优化调度每个水厂每天各时间段的供水量,使用供水系统优化调度算法,提高整个水务系统运行的效率,减少系统冗余,更好地为居民提供供水服务。使用水务调度系统时,能够监测到供水量调度前以及调度再次分配过后其数值的实时变化和供水量所占的比例。各水厂各时段供水量的变化值能够从 GIS 地图看到。

(5) 报警功能。可以保证实时监控供水管道内水的质量和水的压力值数据,可以判定水的质量和水压值是否高于阈值。当监控数据处于正常检测范围内时,即显示达到标准的数据;如果数据超出正常的范围,则显示为数据异常,并触发报警,使值班与巡检人员能够及时注意到并进行检修,确保水务系统的正常运行。

(6) 水务数据历史查询功能。收集和储存每一个供水厂各个时期的供水量和水压信息,当需要历史数据信息时可以及时查询与导出,方便研究人员分析一段时间内的数据量,也方便用户查找自己的历史数据。

(7) 天气预报。系统增加了天气预报功能,用户能够直接看到未来一周内的天气,影响水质的直接因素之一就包括天气状况。

(8) 剖析水务监测平台数据。系统能够剖析和处理监测到的水务数据信息,包括水资源主要用途、各个供水厂的供水量、水的质量监测参数、各个泵站水泵的工作效率等。

(9) 发放任务。利用 Socket 通信技术,能够为巡检人员发放相应任务和得到巡检人员的信息,可以实时知晓巡检人员的工作进度,便于给巡检人员分配任务。

(10) 管理系统权限。普通用户登录系统能够查看基础的水务信息，管理员权限登录可以对系统进行管理、调度及其他操作，以实现水务调度系统最核心的功能。

(11) 修改系统用户密码。为了保障用户安全登录，系统允许用户修改密码。同时，系统将加密用户登录的相关数据。

16.3.3 水务系统的数据库设计

数据库是信息系统的核心部分，存储着大量的数据，并且提供检索、管理、数据分析等功能。根据特定的模型在信息系统中组建大量的数据，能够保证从信息系统数据库中获取所需水务信息更方便、准确、及时。

1. 系统数据库建设

采用 ASP.NET 开发的前台界面，并且以 C#为脚本，链接已建立了数据库系统的水务综合管理系统，这个系统在实际的水务管理中发挥着重要的作用，而且因为界面简单易于操作，该系统在各水务管理部门中广受好评。数据库系统工作流程图如图 16-10 所示。

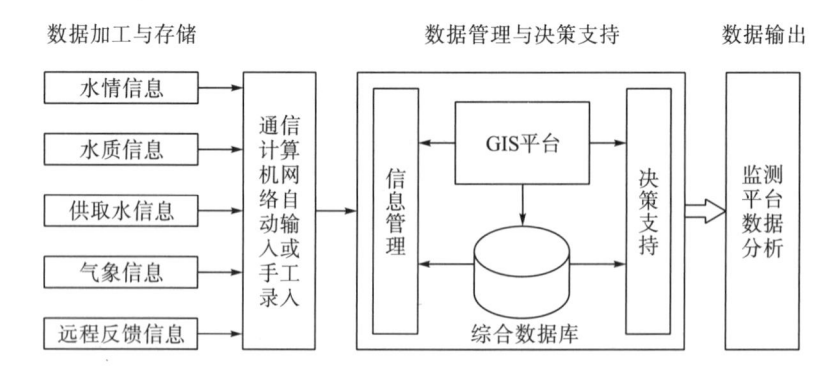

图 16-10 数据库系统工作流程图

2. 构建水务数据库系统

在关系数据库中，数据库表是一个二维数组的组合，用来表示和保存数据对象之间的关系，对于特定的数据库表，列的数目通常是固定的，各列之间可以由列的名称来辨别。水务系统结合数据库，以此来保存各项数据信息，实现对数据的便利化管理及操作。常见的数据表分为用户注册信息表、巡检人员信息表、水质信息表、水厂泵站信息表。

在规划水务管理数据库时，应充分考虑各供水站点的分散性，以及供水地域的分散性，包括主城区与周边区县的人口密度区分、工业区与非工业区的区分、供水与用水数据在各站点中分布不均的情况，如市水务管理中心数据库主要分布在水厂管理中心、水厂网站和信息中心等地方。水务数据库包括以下三个方面的内容。

(1) 数据库逻辑设计系统包括管理人员、工程师、水表抄录员、操作员、用户表、用电表、各类统计表等实体，拥有各方面的数据类别，需要简化处理数据类别，设计出数据表格。

(2)数据库的物理设计。SQLServer 是水务系统的后台数据库，可以将水务综合管理系统的逻辑模型映射到数据库管理系统中，其原理是通过各个表之间的链接而明确外键和主键。主键的作用是保证表中数据的统一性，外键的作用是保证数据完整性，这样才可以正常地维护各个表之间的链接关系，进一步使数据库中的分散表形成一个有机整体。

(3)数据库安全设计。因为水务管理系统的开放性，各水务公司需要共享与查看数据，且用户与管理员都可以登录该系统，因此它会面临一定的安全威胁，所以数据库安全设计必须受到重视，包括数据库完整性保护、身份认证、信息加密、控制和审计跟踪措施，尤其要做好数据库的备份工作。

第17章　重庆市供水厂管网布局优化研究

17.1　供水管网的模型化

城市供水管网是推动城市经济状况迅速改善的重要保障，良好的城市供水管网系统可以给市民的日常用水需求提供强有力的保障。城市供水管网的搭建水平是评估城市基建以及市民生活质量的基本标准之一。随着重庆城市经济的快速发展，城市化的速度越来越快，乡村居民源源不断涌入城市，致使城市规模越来越大，城市供水管网布局规模逐渐扩大，居民对用水量的需求随之增长。现阶段，重庆市居民用水需求的增长速度与供水管网布局系统的供水能力不足之间的矛盾日益突出，供水管道破裂等管道问题频频发生，降低了重庆市供水管网的输送效率，影响着城市居民的生活质量。

如何有效提高城市供水管网系统的性能，为消费者提供更加优质便利的供水服务是各城市建设部门及科研学者长期探索的课题。管网系统的供给能力及输送效能等相关理论探索虽然取得了一定的成果，但由于城市供水管网系统的多元性，供水管网布局设计与优化问题常常存在单一化、片面化的认识缺陷，缺乏基础理论导致低效能的管网布局规划与优化工作，以至于各类管网问题时有发生。

大数据技术不断进步，数据隐含的影响力可以形成更大的社会价值。信息化交流与数据整合技术的发展，使水务行业领域存在大批有价值的数据，然而现阶段仍未对其进行有效的利用。面对复杂、冗余的水务数据，从中提炼有效信息进行深入探索研究并且产生相适应的社会价值非常重要。应对水务产业各领域中数量繁多且有意义的数据进行提炼，归纳并形成抽象化的网络模型。在城市供水管网结构越来越复杂的情况下，复杂的供水管网的网络结构和拓扑特征，可以为城市供水管道网络的规划布局和优化提供行之有效的方法。

整体了解城市供水管网的拓扑特征以及网络节点之间的链接特征等，有助于改善城市供水管网的调度性能。分流系统是城市供水管网的基础部分，从网络的角度对影响分流系统性能的因素及降低城市供水管网分流次数的方法进行探索研究，对分流方式、距离、时间等分流条件进行系统分析和改善，对提升市民生产、生活的效率具有深远意义。将城市供水管网网络拓扑特征评估方法与网络设计模式融合在一起，构建健全有效的城市供水管网网络设计、评估优化的理论体系，对城市供水管网系统的长久发展建设是非常重要且有意义的。

供水管网系统大多是数量众多而又复杂的水管网系统，所以为了方便管理，应将其精简，用表格和图文展示，建立给排水管道网络模型。该模型主要表示系统中各组成部分的关系和特性，将管网抽象化为管段和节点两种因素，并给予工程属性，以便用相关理论进行表述和分析计算。

17.1.1 供水管网的简化

简化是指从系统中去掉一些不重要的供水设施，让模型在进行分析处理时可以把重心集中在主要目标上。简化包含管线与附属设施的精简。

精简后的管网模型可以转化成数学问题，最后的结论还要应用到实际生活中。

首先是宏观等效原则，对管道网络的一些部分进行处理后，要确保性能以及各个元素维持相对不变的关系。比如，当任务是计算水塔的高度和水泵的扬程时，两条并联的输水管可以精简为单条管道；但当任务是规划输水管直径时，就不能将其简化为单条管道了。

其次是小误差原则，简化过程中可以出现一定的误差，但误差需要保持在合理的区间内，一般要求符合工程上的相关要求。

(1) 去除不重要的管线（如管径较小的支管等），保留主要干管和干管线。管道是否为次要的或者主要的，这个概念是相对的。

(2) 当管线中某两个交叉点之间的距离太接近时，可将其组合成为一个交叉点。比如，给水管网中在管线交叉处常用两个三通代替四通（实际工程中很少用四通），但仍将两个距离不是很远的三通简化为四通，使交叉点的数量没有那么多（图17-1）。

图 17-1 交叉点合并

(3) 将管段中全部都打开了的阀门去掉，并将全闭阀门全部切断，即全开和全闭的阀门都不必在精简后的管网中出现，只保留调节阀、减压阀等。

(4) 假如管线包含各种不一样的管材和规格，那么就应该用水力等效原则将这些不同的管材和规格等效为单一管材和规格；并联管线可简化为单管线，采用水力等效原则确定其单管管径。

(5) 在可操作的情形下，将大系统区分成很多个小系统，然后对给水管网进行逐个分析。管网简化示意图如图17-2所示。

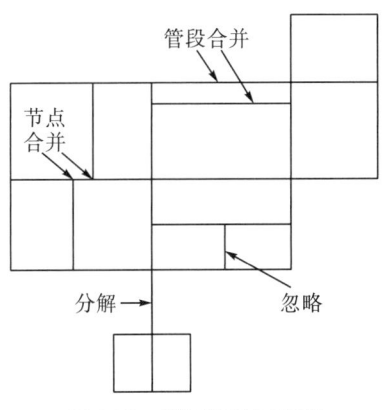

图 17-2 管网简化示意图

分解：只有一条管段相连的两个管网可分解成两个管网进行计算；管网最后一段水流方向明确的部分可分开计算；环状网上接出的树状网分开计算。

忽略：管网中主要起联络作用的部分，在无异常状态下运行时流量很小，对水力条件的影响很小，构建模型的时候可以忽略。

给排水管网的附属设施包括泵站、调节构筑物(水池、水塔等)等，它们都可以被简化。具体的方法包括：①去除不影响全局水力特性的设施，如全开的闸阀等。②将同一个地方不同的多个设施合并，如同一处的多个水量调节设施(清水池、水塔、均和调节池等)合并，并联或串联工作的水泵或泵站合并等。

17.1.2 供水管网的抽象化

可以采用更多的抽象方法，使供水管网变成只由管段和节点两类元素组成的模型。在管道网络模型中，管段与节点彼此连接，即管段的两端是节点，节点之间通过管段连通。

1. 管段和节点

管段是管线和泵站等设施简化后的非具象形式，它只能输送水量，不能够变动水量，即管段中间不可以有流量的流入与流出，但管段中可以变动水的能量，如具有水头损失、可以增加水的压强或减小水的压强等。

沿着线路将配给的水量一分为二分流到管段两端节点上，而排水管网将管段沿线收集的水量换算到管段起端节点(图17-3)。这种给水管网的处理方式误差相对没有那么大，而排水管网的处理更为可靠。

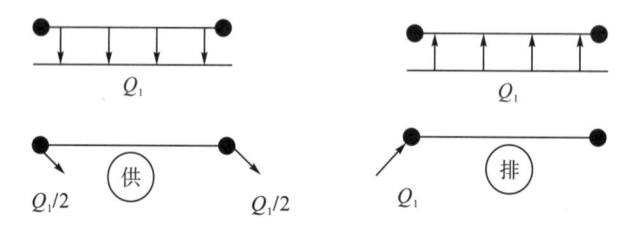

图 17-3 沿线流量简化

当管线中有不算特别小的汇集在一起的流量时，应在水流集中的地方设置节点，因为大流量更换位置会造成较大的误差。沿线出流或入流的管线较长时，也应分成若干管段，防止换算节点流量时出现较大的误差。跌水井、非全开阀门等只通过流量而不改变流量的数值，而且还有水头的损失，它的属性与管段的属性相同，所以它们必须设于管段上，而不能当作节点。

节点是管道线路的交错点、端点或大流量进出点的非具象形式。节点只能传输能量，不能改变水的能量，即节点上的能量(水头值)是唯一的，但节点可以有流量的流进和流出。管段与节点需要依据水力特征来区分，如泵站、减压阀、跌水井等可以使水流能量发生变动或具有阻力的设施不能放在节点上，因为它们与节点的属性不一样，哪怕这些设施的实际方位或许就在节点上或在节点附近，也必须认定它们是在管段末端完成传输，而不能认定在节点上完成。

2. 管段与节点的属性

管段与节点的属性主要包括构造属性、拓扑属性和水力属性。其中，构造属性是拓扑属性和水力属性的基础，通过系统设计认定；拓扑属性是管段与节点间的关联关系，通过数学图论表达；水力属性是管段和节点在系统中的水力特征的表现，可以采用水力学理论进行验证与分析。

1) 管段的构造属性

(1) 管段的长度，以 m 为单位。
(2) 管段的直径，以 m 或 mm 为单位。
(3) 管道粗糙度系数，主要与管道的材料有关。

2) 管段的拓扑属性

(1) 管段方向。这个方向是一个事先安排好的固定方向(既不是水流动的方向，也不是泵站的加压方向，但当泵站加压方向确定时通常会选取)。
(2) 管道起端节点，简称起点。
(3) 管道终端节点，简称终点。

3) 管段的水力属性

(1) 管段流量，是一个带有正负符号的数值，正数值表达的意思是水流动的方向与管段的方向一样，负数值表示水流方向与管段方向相反，通常采用 m^3/s 或 L/s 作为单位。
(2) 管段流速，也是一个带有正负符号的值，其方向与管段流量相同，一般采用 m/s 作为单位。
(3) 管段扬程，即管段上泵站传输给水流的能量，其仍然是一个带正负符号的数值，正值表示泵站加压方向与管段方向相同，负值表示两者方向相反，单位常用 m。
(4) 管段摩阻，在水流动的过程中管段对水流阻力的大小。
(5) 管段压降，是水流从管段起点输送到管段终点时机械能的减少量，但是由于流速的原因，水头往往会被忽视，因此又称为压降，即水头的减少量，一般以 m 为计量单位。

4) 节点的构造属性

(1) 节点高程，即离节点所在地不远处的平均地面高程，单位为 m。
(2) 节点位置，可用平面坐标(x, y)表示。

5) 节点的拓扑属性

(1) 与节点有关系的管段及其方向。
(2) 节点的度，即与节点有关系的管段数。

6)节点的水力属性

(1)节点流量,表示从节点输入或输出系统的流量,是带正负符号的数值,正值表示输出节点,负值表示输入节点,一般采用 m^3/s 或 L/s 作为单位。

(2)节点水头,是经过节点的每单位质量的水流所携带的机械能,一般采用与节点高程相同的高程体系,单位为 m。对于非满流,节点水头即管渠内水面高程。

(3)自由水头,仅针对有压流,指节点水头高出地面的高度,单位为 m。

17.1.3 管网模型的标识

给排水管网进行精简并形成管网模型后,还应对其进行恰当的标识,这也是为了方便分析和运算。标识的内容包含:节点与管段的命名或编号;管段方向与节点流向设定等。

节点与管段编号,即给节点和管段取名字,主要是为了以后方便查找或者引用。一般会选择数学符号里的正整数进行连续编号,以便于用计算机程序进行顺序运行,并且最大管段编号就是管网模型的管段总数,最大节点编号就是管网模型的节点总数。一般节点编号用(1),(2),…,(n),而管段编号用[1],[2],…,[n]。

管段的部分属性特征是有方向性的,如流量等,它们的方向都是依据管段的设定方向而定的,给出管段方向后,就可以将管段两端节点各自设定为起点和终点,管段设定方向永远都是从起点指向终点。管段设定方向并非管段中水的流向,当管段的实际流量、流速、压降等都是负数时,它们的方向与管段设定的方向正好相反。但为了方便计算,一般都会使管段的设定方向与流向一致。

节点流量的方向,一般都以流出节点为正方向,所以管网模型中用一个与节点相对方向的箭头表示。如果节点流量实际上为流入节点,则认为节点流量为负值。例如,给水管网的水源供水节点,或排水管网中的大多数节点,它们的节点流量都是负数。管网模型标识如图 17-4 所示。

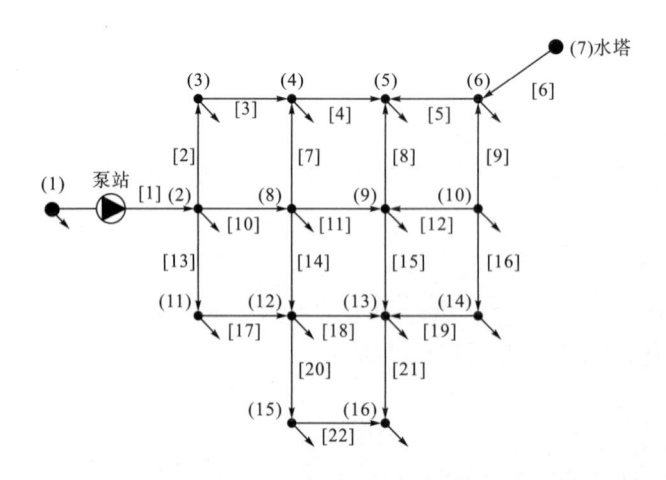

图 17-4 管网图的节点与管段编号

17.2 供水管网模型的拓扑属性

17.2.1 供水管网图的基本概念

供水管网模型[132]通常用来描绘、模拟或表示水流管道网络的拓扑属性和水力属性。拓扑属性用来表示管道网络模型中节点与管段之间相互连接的关系，其计算方式一般使用数学的图论理论；水力属性是用来表示在管道网络模型中节点和管段转移、传输流量和能量的属性，它的理论前提是质量守恒定律、能量守恒与转化定律。

图论是数学理论的一个分支，主要探索事物之间的相互联系。供水管网图论则是将图论的概念和理论引入给水管网模型的分析和计算中。管网图论的概念和理论与数学图论具有相似性，但为了方便大家理解，有些名词采用了本专业习惯的叫法，相关术语如下。

1. 图的定义

对于供水管网模型，在忽视模型的构造和水力属性之后，若仅考虑节点和管段之间的关联关系，称为供水管网图。管网图与数学图论中定义的图是相同的，都是指其他的事物和该事物之间的关系，即图就是关系或联系，并不是简单的图像或图形，事物之间相互联系的状态又可以称为拓扑关系。图论中的图由顶点和边组成，在管网图中分别称为节点和管段。重庆市某局部供水管网图如图 17-5 所示。

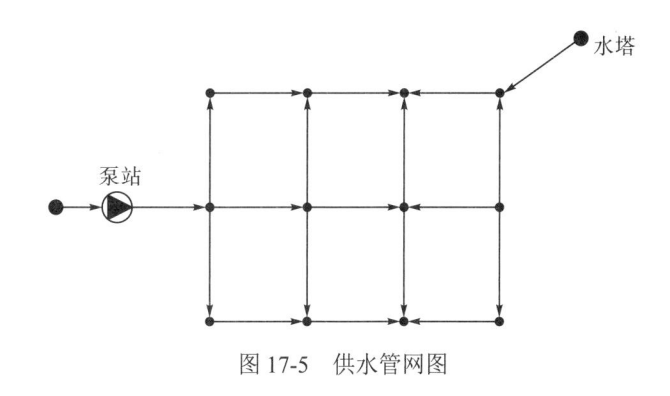

图 17-5 供水管网图

管网图论的探索目标是管道网络图，管网图中的图是由节点和管段组成的，这个图是用于研究节点和管段关系的理论基础。管网图常用的表示方法如下。

1) 几何表示法

在平面图形上画上几个点表示管网图的节点，然后在相联系的节点之间画上直线段或曲线段表示管段，这些节点与线段组成的图形表示一个管网图。如果线段所连接的几个点不发生改变，仅仅将点的位置进行变动或修改线段的长度与形状等，都不改变管网图。如

图 17-6 所示，由于两图中的节点与管段的关联关系不变，故两图表示同一个管网图。

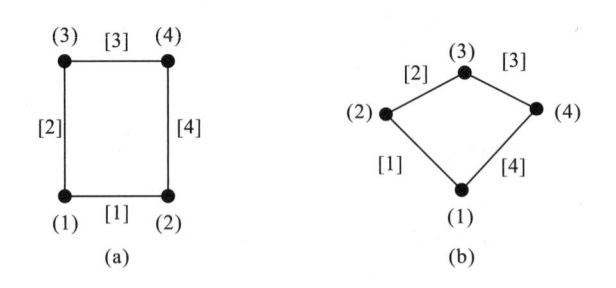

图 17-6 管网图

2) 图的集合表示

设有节点集合 $V=\{v_1,v_2,\cdots,v_n\}$ 和管段集合 $E=\{e_1,e_2,\cdots,e_n\}$，且任一管段 $e_k=(v_i,v_j)\in E$ 与节点 $v_i\in V$ 和 $v_j\in V$ 相关联，那么集合 V 和集合 E 可以组成一个管网图，记为 $G(V,E)$。而 $N=|V|$ 是管网图中的节点数，$M=|E|$ 为管网图的管段数，节点 v_i、v_j 称为管段 e_k 的端点，称管段 $e_k=(v_i,v_j)$ 与节点 v_i、v_j 相互关联，称节点 v_i 与 v_j 为相邻节点。

2. 有向图和管网图的连通性

在管网图[133] $G(V,E)$ 中，随机关联管段 $e_k=(v_i,v_j)\in E$ 的两个节点 $v_i\in V$ 和 $v_j\in V$ 是有排列顺序的，即 $e_k=(v_i,v_j)\neq(v_j,v_i)$，所以管网 G 为有向图。为表明管段的方向，记 $e_k=(v_i\rightarrow v_j)$，节点 v_i 称为起点，节点 v_j 称为终点。使用几何图形表示管网图时，管段可以使用带有箭头的线段，用箭头表示水流动的方向。在管网模型中，一般用各管段的起点集合(由各管段起始节点编号组成的集合，记为 F)和终点集合(由各管段终点节点编号组成的集合，记为 T)来表示管网图。

假如图 $G(V,E)$ 中任意两个顶点都由一系列边及顶点相连接，即从一个顶点出发，经过一系列相关联的边和顶点，能够与其余任何一个顶点相连，则称 G 为连通图，否则称 G 为非连通图。一个非连通图 $G(V,E)$ 总可以分为若干个相互连通的部分，称为 G 的连通分支，G 的连通分支数记为 P。对于连通图 G，$P=1$；对于非连通图(图 17-7)，$P=3$。

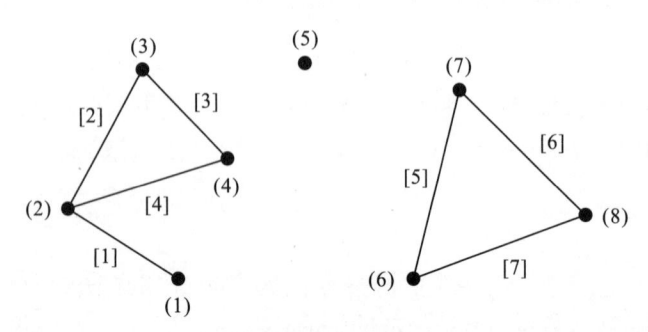

图 17-7 非连通图

3. 管网图的可平面图性

图论中定义，一个管网图 $G(V,E)$，如果能把它展现在平面上时，任意两条边都不能交叉在一起，则称 G 为可平面图，否则称为非可平面图（图 17-8）。以恰当方法呈现在平面上的可平面图称为平面图。

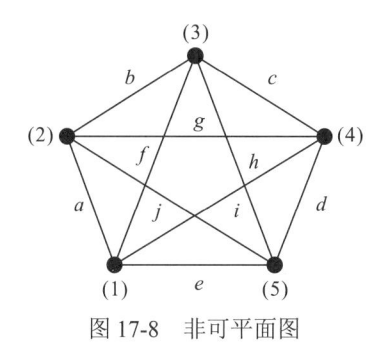

图 17-8 非可平面图

管网图通常都是可平面图，而且一般在用几何方法表示时，全部画成平面图。图论中定义，对于平面图 $G(V,E)$，如果由很多条边所包围的区域，其内部不包括顶点，也不包括其他边，则称为面，又称内部面。

从广义层面上讲，在平面图的周围，未被任何边所包围的区域也是一个面，称为外部面。管网图论中也有类似的定义，对于画成平面的管网图 $G(V,E)$，由许多管段所包围的区域，其内部不包括节点也不包括其他管段，则称为环，又称内环。在管网图的附近，没有被其他管段包围的区域仍然存在一个环，称为外环。

欧拉公式指出，对于一个管网图的平面图，设节点数为 N，管段数为 M，连通分支数为 L，则它们之间一定有一个固定的关系，即 $L+N=M+P$。特殊情况下，对于一个相互连接且画在平面上的管网图，其欧拉公式表达为 $M=L+N-1$。

17.2.2 管网图的关联集与割集

在管网图 $G(V,E)$ 中，与某节点 V 关联的管段的数目称为该节点的度，记为 $d(v)$，简记为 d_v。由于每条管段均与两个节点关联，因此管网图中各节点度之和等于管段数目的两倍，即

$$\sum_{v \in G} d(v) = 2M \tag{17-1}$$

图 17-9 中，管网图的节点度如下：$d_1=1$，$d_2=3$，$d_3=3$，$d_4=2$，$d_5=2$，$d_6=3$，$d_7=2$，各节点度之和为 1+3+3+2+2+3+2=16，即

$$\sum_{i=1}^{N} d_i(v) = 2M = 2 \times 8 = 16$$

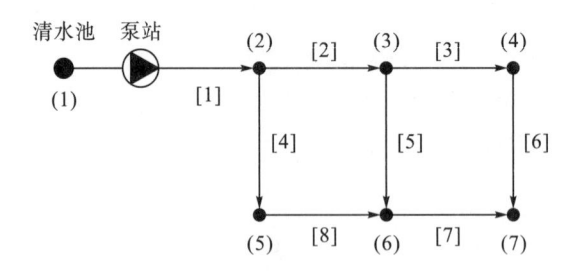

图 17-9 管网图的关联集

关联集是指表达管道网络图的节点与管段的相互连接关系的集合。对于管网图 $G(V,E)$，与节点 V 相关联的管段组成的集合称为该节点的关联集，记为 $S(v)$，或简记为 S_v。如图 17-9 所示，各个节点的关联集被设定为：$S_1=\{1\}$，$S_2=\{1, 2, 4\}$，$S_3=\{2, 3, 5\}$，$S_4=\{3, 6\}$，$S_5=\{4,7\}$，$S_6=\{5, 7, 8\}$，$S_7=\{6, 8\}$。

在相互接通的管网图 $G(V,E)$ 中有若干个相互关联的节点集 $V_1 \in V$，假如将它们与原图进行分割，需要切断的管段组成集合，称为 G 的一个割集，被分割的节点集 V_1 称为割节点集，它是割集的特例，也称为节点割集(图 17-10)。

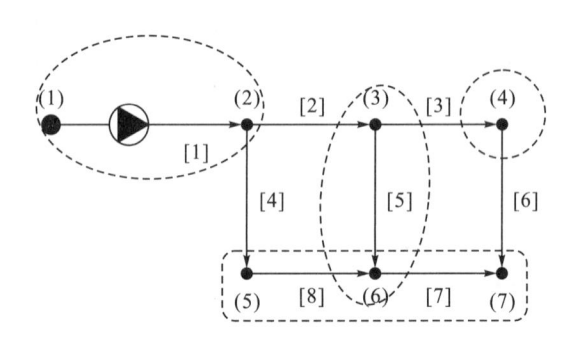

图 17-10 管网图的割集

17.2.3 环状管网与树状管网

1. 路径与回路

1) 路径

在管网图 $G(V, E)$ 中，从节点 V_0 到 V_k 的一个节点与管段交错替换的有限非零序列 $(V_0e_0,V_1e_1,\cdots,V_ke_k)$ 称为行走，如果行走不包括重复的节点，那么行走所经过的管段集称为路径。路径所涵盖的管段数 k 称为路径长度，V_0 与 V_k 分别称为路径的起点和终点，路径的方向由起点 V_0 走向 V_k。路径用集合简记为：$RV_0,V_k=\{e_1,e_2,\cdots,e_k\}$。管段是路径的个例，

第17章 重庆市供水厂管网布局优化研究

它的起点和终点就是管段的两个端点。

2) 回路

在管网图 $G(V,E)$ 中,起点与终点相互重叠的路径称为回路,记为 R_k,k 为回路编号,它的方向能够被随意设定。环也是回路的一种,是平面图中回路的特殊例子,环的方向通常设定为顺时针方向。

如果两个回路有一条公共管段或路径,那么它们合并后仍为回路。尤其是当管道网络图呈现在平面上时,则任意回路均为许多个不同的环合并而成。通常情况下,管道网络图中由一个以上环构成的回路又称为大环。

图 17-11 详细描绘了管网图的路径、回路及环。其中,路径:$R_{1,7}=\{1,4,7,8\}$;回路:$R_1=\{2,5,7,4\}$,$R_2=\{2,3,6,8,7,4\}$;环:$R_1=\{2,5,7,4\}$。

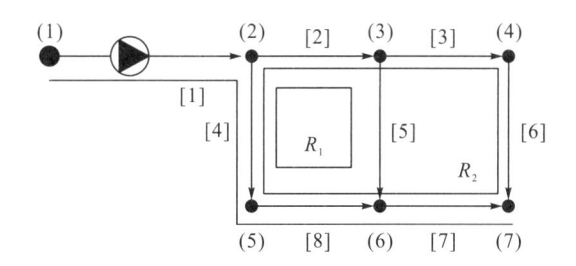

图 17-11 管网图的路径、回路及环

2. 树状管网与环状管网

依照管网中是否有环,可将管网分为树状与环状两种基础形式。包含一个及以上环的管网称为环状管网,否则为树状管网。

1) 树及其性质

没有回路且连通的管网图 $G(V,E)$ 定义为树,用符号 $T(V,G)$ 表示,组成树的管段又称为树枝。小型的给水管网一般会使用树状管网,其拓扑特征即为树(图 17-12)。

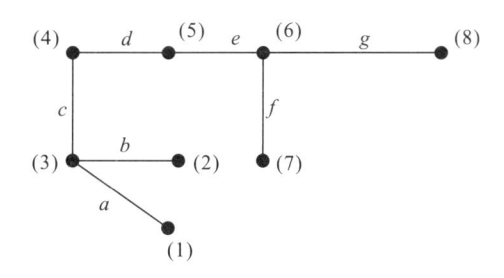

图 17-12 树

树的相关性质：①任意去掉某条管段，将使管网图成为非连通图。因此，每一树枝均为桥或割集；②随意两个节点之间一定会有且仅有一条路径；③在树的任何两个不相同的节点之间加上一条管段，就会出现一个回路；④由于不含回路($L=0$)，树的节点数 N 与树枝数 M 的关系为：$M=N-1$。

2）生成树[134]

从相互连接的管网图 $G(V,E)$ 中去除几条管段后，可以称为树，则该树称为原管网图 G 的生成树。生成树包括连通管网图的所有节点和部分管段。在构成生成树时，被留下来的管段称为树枝，被去除的管段称为连枝。对于管网图的平面图，其连枝数等于环数 L，去除连枝要满足两个条件：①维持原管网图的连接性；②需要把全部的环或回路都破坏掉。图 17-13 中，实线为树枝，虚线为连枝。

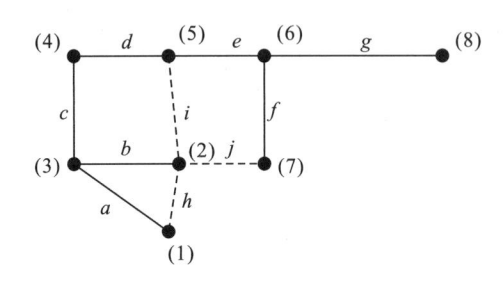

图 17-13 生成树

17.3 管网模型的水力特性

17.3.1 节点流量方程和管段能量方程

对于管道网络模型中的任意一个节点，把它当作隔离体拿出来，依照质量守恒定律，输入节点的所有流量之和应等于输出节点的所有流量之和，可表示为

$$\sum_{i\in s_j}(\pm q_i)+Q_j=0 \tag{17-2}$$

式中，q_i 表示管段的流量；Q_j 表示节点的流量；S_j 表示节点的关联；j 表示管网模型中的节点数，$j\in[1,N]$。

管道网络模型中，全部 N 个节点方程联立就构成了节点流量方程组[135]。在列方程组的过程中，需要注意：①管段流量求和时需要注意方向，应该考虑管段的设定方向（指向节点取正号，反之取负号），而不是按实际流向，如果管段流向与事先设定的方向不同，则流量就会是负值；②设定输出节点流量的数值符号为正值，输入节点流量的数值符号为负值；③管段流量和节点流量应该是一样的单位。

在管网模型中，所有管段都与两个节点关联，假如将管网模型中的任意一个管段作为

隔离体取出，依据能量守恒规律，这个管段两端节点水头流入量与流出量之差，应等于该管段的压降，可以表示为

$$H_{Fi} - H_{Ti} = h_i \tag{17-3}$$

式中，H_{Fi} 表示管段 i 的上端点水头；H_{Ti} 表示管段 i 的下端点水头；h_i 表示管段 i 的压降；i 表示管网模型中的管段数，$i \in [1, M]$。

管网模型中，任何 M 条管段的能量方程组合就组成管段能量方程组。

17.3.2 管网模型的矩阵表示

管网图中，节点与管段之间的联系可以用矩阵表示。设管网图 $G(V,E)$ 有 N 个节点、M 条管段，令

$$a_{ij} = \begin{cases} 1 \\ -1 \\ 0 \end{cases}$$

如果 $a_{ij}=1$，那么管段 j 与节点 i 有关系，且节点 i 为管段 j 的起点；如果 $a_{ij}=-1$，则管段 j 与节点 i 有关系，且节点 i 为管段 j 的终点；若 $a_{ij}=0$，则管段 j 与节点 i 没有相互联系的关系。

由元素 a_{ij}（$i=1, 2, \cdots, N$; $j= 1, 2, \cdots, M$）组成的一个 $N \times M$ 的矩阵，可以称为管道网络图 G 的关联矩阵，其关联矩阵为

$$A = \begin{bmatrix} -1 & 1 & 0 & 0 & 1 & 0 & 0 & 0 & 0 \\ 0 & -1 & 1 & 0 & 0 & 1 & 0 & 0 & 0 \\ 0 & 0 & -1 & -1 & 0 & 0 & 1 & 0 & 0 \\ 0 & 0 & 0 & 0 & -1 & 0 & 0 & 1 & 0 \\ 0 & 0 & 0 & 0 & 0 & -1 & 0 & -1 & 1 \\ 0 & 0 & 0 & 0 & 0 & 0 & -1 & 0 & -1 \\ 1 & 0 & 0 & 0 & 0 & 0 & 0 & 0 & 0 \\ 0 & 0 & 0 & 1 & 0 & 0 & 0 & -1 & 1 \end{bmatrix}$$

关联矩阵中，每一行代表管网供水网络中的一个节点，每一列代表一个管段编号，矩阵中的值等于 1 代表管段中水流方向为正（流出），值为-1 代表管段中水流方向为负（流入），值为 0 代表管段中没有这个节点，关联矩阵图里所蕴含的丰富信息可以被城市供水管网网络布局系统用于分析计算与探索。

17.4 城市供水管网网络特性概述

供水管网网络模型通常是由节点和管段构成的连通图。管网的节点包括起点和终点

两种端点类型，位于整个管网中间部分的各个分流节点、供输节点位置的一般称为分流节点，分流节点往往会分成两条以上的输水路线，它的基本用途是实现分流和收集其他管段流量。

供水管网网络具有以下几个特点。

(1)流通性。供水管网网络中，管网节点通常会向附近多段管段进行输、供水的活动，同一条管网管段一般使用中间的节点来连接，如果不是同一条管网管段之间会通过分流点来互相连通，这样很多条管段就组成了流通网络。

(2)节点的性质。在城市供水管网网络中，不一样的节点有不一样的性质，停留的管网的管段数量也是不一样的。分流节点通常在管网管段中的交叉中心部位，周围的管段数量比较多，在供水管网网络中有着非常重要的作用。起点节点通常是在自来水厂清水池或水塔周围，终点节点一般都会在城市各个小区的蓄水池周围。

(3)管段的性质。管网的管段是构成供水管网网络的基本单位。每个管网管段的起终节点、管段的长度、供水的方向、各个节点之间的距离等是各不相同的。供水管网网络是由很多段拥有不一样性质的管网管段组合而成的，众多拥有不一样属性的供水管道可以使用户不同水量的需求得到满足。

(4)供水管网网络的几何形状。城市管网中每个地方的管段布置都是不一样的。城区主干供水管道一般会设计在经常发生管段意外故障、需水量和供水量都很大的供水管段。每个地区布设属性不一样的供水管道就形成了管网的几何结构特征，这就是管网环状结构与管网树状结构。

17.5 基于繁杂网络的供水管网布局系统评价与优化

重庆市的供水管网布局网络规模随着经济的快速发展越来越大，更多的社区或街道供水需要管网管段进行很多次不必要的分流才能到达目的地周围，而每一次经过分流节点都会产生一定的能耗，所以在城市管网布局规划时应最大限度降低水流流过分流节点的次数，以最短的距离到达目的地，这样可以增加供水管网传输水流的效率。而且居民日常用水从起点到达目的地经历的分流次数是评价一个供水管网布局网络效能的重要标准，分流节点是供水管网铺设网络中管段间的交叉枢纽，因此分析探索并改进城市供水管网布局网络分流系统的实际意义和应用价值非常大。

现阶段，对供水管网布局网络分流系统的探索主要为评估标准和计算模型的阶段，这方面的基础理论发展得不是特别好。目前供水管网布局网络分流次数一般是运用关联矩阵之间的关系进行计算，这种运算方式需要消耗非常多的计算空间与时间，根据繁杂网络理论原理，采取基于P空间的表达方式的繁杂网络理论模型对供水管网布局网络中管段间的分流次数进行运算。经过研究确定导致供水管网布局网络分流系统特性效能存在区别的因素，提出了优化供水管网布局网络分流系统特性效能的方式，对重庆市当前的供水管网布局网络分流系统进行恰当的优化改良。

17.5.1 繁杂网络基本概念

1) 概念解释

国内外学者对繁杂网络的定义各不相同,目前并没有一种统一的阐述,但主要有以下四个方面的解释。

(1) 可以从生活中复杂多变的繁杂系统的拓扑结构中简化提取出繁杂结构网络。

(2) 繁杂网络[136]的繁杂属性可以从它构架的复杂多变性、各个节点间相连接的多元性、动力学的繁复性等方面反映出来,拥有统计学属性的真实世界的实际系统的繁杂网络往往比规则网络和随机网络更加繁复多变。

(3) 对繁杂网络理论与实际应用的探索,对我们实际生活中蕴含的繁杂系统中复杂问题的解释有着很重要的意义。

(4) 钱学森就曾经给繁杂网络做过注释:繁杂网络应该是拥有自我组织、自我相似、吸引子、小世界、无标度特征中部分或全部性质的网络。这种定义的方法在目前的应用中是更被学者所接受的。

2) 主要分类

因为演进变化的规律复杂多变,所以繁杂网络依据演化规律的差异可以分为多种类型。现阶段,繁杂网络的分类依据主要有五种。

(1) 根据繁杂网络的构造属性,可归类为一种具有特殊拓扑结构的网络,即节点的度分布规律遵循幂律的分布。假如繁杂网络中节点的度分布规律虽然符合幂律分布,而大部分的度的显示状态为指数截尾或者高斯截尾,那么这种网络结构应该称为宽标度网络;假如繁杂网络中节点的度分布规律遵循指数分布,则称这种网络为单标度网络结构。

(2) 根据网络中边的权值的存在状况,可分为无权网络和加权网络。无权网络仅仅可以体现节点间有没有连接作用,而不能分析解决节点间连接作用的强度;有权网络不仅能够反映网络中节点的连接方法,还能够展现出网络的拓扑结构属性与描述网络的动力学属性,是当前繁杂网络的主要探索重心。

(3) 根据网络中的边是不是矢量(即边有没有方向性),可以分为有向网络和无向网络。有向网络的边拥有方向性,网络中的节点有出度和入度的区别;无向网络的边没有方向性,节点没有出度和入度的区别。

(4) 根据网络中节点度分布状况,可以分为指数网络和无标度网络。指数网络中节点一般具有相同性质,多数节点的度都与网络中度的平均数值比较接近,度分布概率以指数衰减,如 ER(Erdös-Rényi)随机图模型和 WS(Watts-Strogatz)模型。无标度网络中大部分是性质不一样的节点,度分布遵循幂律分布,如 BA(Barabási-Albert)模型等。

(5) 根据繁杂网络产生方法的差异性,可以分为随机性网络、确定性网络和混合网络。随机性网络是没有概率可以预测的;确定性网络是已经固定的,有迹可循的;混合网络是以上两种网络的混合体,该类型的网络可以更为真实确切地展现出实际生活中存在的繁杂网络系统。

17.5.2 供水管网网络设计与优化方法概述

重庆市供水管网设计通常有四项基本流程：管网设计、时段表编制、供水计划、人员排班表。重庆市供水管网运营规划流程图如图17-14所示。

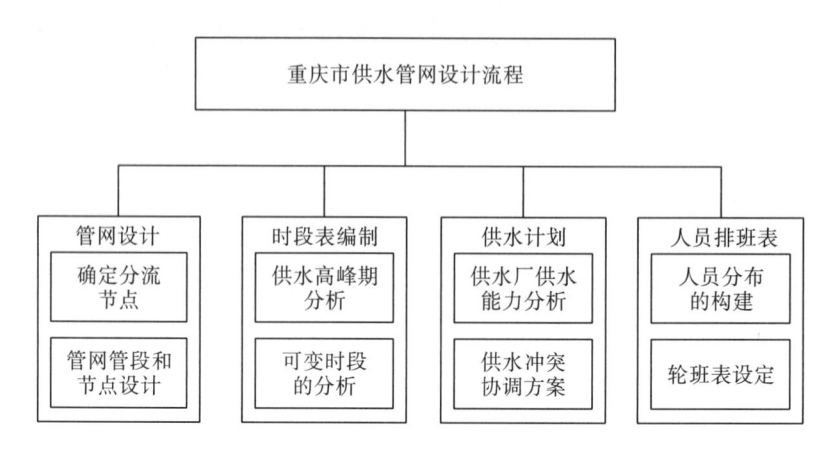

图17-14 重庆市供水管网运营规划流程

重庆市供水管网网络构造是城市供水系统进行运作筹划的重要步骤，也是城市供水系统成功运营的基本要求。如何规划新的更好的管网线路或对当前已有的管网线路进行改善是管网网络构造面临的最大困难。但从过往的线路设计来看，逐个地改进管网中每一条管段是实现管网改善规划的主要方式，但是该方法缺乏大局观，没有宏观考虑供水管网系统的整体性，单一的管段规划如果不合理很容易导致整个城市供水管网系统输水效率的降低。所以，为了满足城市居民的用水量需求并且满足供水系统的调整优化目标，应该全方面考虑供水网络整体布局的各项问题。

城市供水网络重新设计与调整优化应从诸多方面进行全方位分析。例如，城市居民一般会从消费者的角度提出用水量的要求，所以城市居民一般都希望供水管网的密集程度比较高，且各节点之间能够互流互通；公共绿化部门要求有丰富的水资源灌溉绿化用地；相关单位想要在保证供水管网输水能效的同时尽可能多地减少相关运营支出，从而增加企业的利润。所以，城市供水管网设计需要从多个角度进行平衡，在尽可能减少成本和降低供水管网管段数量的前提下，增加管道网络的供水效率，同时居民的正常用水需求不会受到影响。

17.5.3 建立基于P空间表示方法的重庆市供水管网布局网络模型

供水管网布局网络的表示方法有很多种，本书主要使用基于P空间表达方式的供水管网布局网络模型对供水管网布局网络分流系统进行整体性的评估。在图 17-15 中，网络模型表达方式为 P 空间方法，空间中的节点就是分流节点，P 空间里任意一条线路的节点之间都相互连通，P 空间中存在连边的两个节点就是那些供水管网布局网络中同一条管段中不需要经过分流就能够到达的目的区域的节点，所以 P 空间中的每一条线路构成了一个全部连通的子图。

图 17-15 基于 P 空间表示方法的网络示意图

在对供水管网布局网络分流系统进行分析时，P 空间理论的应用有很现实的价值。在以 P 空间理论为依据展示的供水管网布局网络模型中，两个节点之间最短的路径就是从一个节点到达另一个节点所需要经过的分流管段，以此来计算节点间最少的分流次数。

17.5.4 供水管网布局网络平均分流次数计算方法

根据 P 空间理论下节点之间的连接特性，能够得到在基于 P 空间表现方式的供水管网布局网络模型中，任意两个节点之间的最短路径就是两个节点之间进行分流的次数，分流次数每减少 1 就是两个节点之间的分流次数，分流过程中的分流节点就是最短路径所经过的节点。如图 17-16 所示，从供水水源到目的地需要经过 (18)→(19)→(20)→(14)→(9) 4 条管段、5 个节点，即自来水需要在 5 个节点处完成流量的分配后方能到达目的地，即需要进行 4 次流量分配。

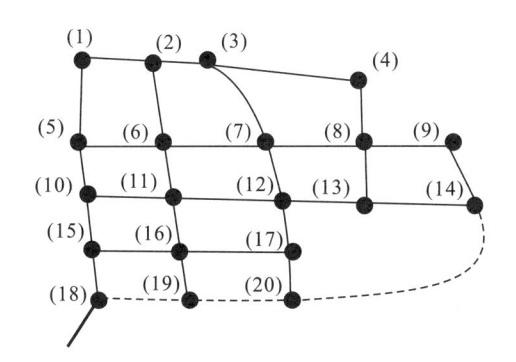

图 17-16 基于 P 空间表示方法的供水管网示意图

可以把供水管网布局网络的平均分流次数当作评估供水管网布局网络分流系统的重

要标准,它展现了在供水管网布局网络中从任何一个节点到其他节点需要进行分流的次数的平均数值,平均分流次数越多,供水管网布局网络中分流系统的效能越低,需要进行改良。平均分流次数的定义如下:

$$T_{\mathrm{FL}} = \frac{\sum_{a=1}^{X}\sum_{b=1}^{X}Q_{ab}\left(Y_{ab}^{p}-1\right)}{\sum_{a=1}^{X}\sum_{b=1}^{X}Q_{ab}} \tag{17-4}$$

式中,T_{FL} 表示供水管网布局网络两个节点之间的平均分流次数;Q_{ab} 表示节点 a 和 b 之间水流供应的流量;X 为节点的数量;Y_{ab} 表示节点 a 与 b 之间供水管网布局网络中以 P 空间进行表达时的最短路径,运用弗洛伊德算法能够很快计算出两个节点间的最短路径。

弗洛伊德算法的主要步骤如下。

(1)供水管网布局网络模型中,假设模型的节点数量为 X,初始化一个 $X×X$ 的矩阵 M,对角线元素的数值设定为 0,其他位置元素 $M[a][b]$(a 不等于 b)表示节点 a 到节点 b 的路径长度,如果两节点之间不存在连边,则矩阵 M 中对应区域的值为无穷大。

(2)对于网络中任意节点 a 和 b,逐个检查是否存在一个其他节点 c,使得 a 到 c 再到 b 的距离长度比已经知道的更近,如果存在则重新设定 $M[a][b]$ 的值。

(3)逐个循环通过模型中的每一个节点,最终矩阵 M 中的值 $M[a][b]$-1 就是供水管网布局网络中从节点 a 到达节点 b 需要经过的分流次数。

17.5.5 重庆市供水管网布局网络分流系统分析与评价

针对重庆市实际城市供水管网布局网络[137]的操作属性,设计了重庆市供水管网布局网络分流模型及网络中平均分流次数相对应的计算方法。表 17-1 列出了重庆市某区域管网节点及其直接抵达的节点的数据。依据表 17-1 可以建立图 17-17 所示的供水管网布局网络分流模型,从图中可见,在相同的管段中,彼此之间可以直接抵达的管网节点在分流系统模型中组成一个全区域连接的子图,利用弗洛伊德算法可以计算出节点之间最短路径的管道矩阵,然后将矩阵中的相应值减 1 就可以得到最少分流次数矩阵,见表 17-2。

表 17-1　重庆市部分小区及其管网节点信息

节点编号	小区名称	流量分配次数大于 4 的节点
A	金凤苑	D、E、F
B	保利心语花园	F、G、H
C	奥园盘龙壹号巴黎苑	F、G、H
D	恒大香山华府	A、G
E	华宇老街印象	A、G
F	华润二十四城嘉悦府	A、B、C、H
G	恒鑫名城	A、B、C、D、E
H	九龙坡金科阳光小镇	B、C、F

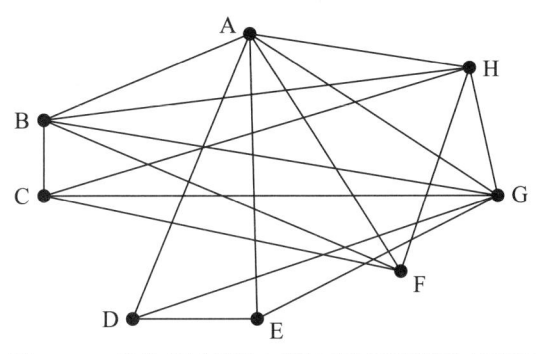

第 17 章　重庆市供水厂管网布局优化研究

图 17-17　重庆市局部供水管网布局网络简化示意图

表 17-2　重庆市局部供水管网布局网络最简分流矩阵

节点编号								
A	0	1	2	2	1	1	1	1
B	1	0	2	2	1	2	1	1
C	2	2	0	1	2	1	2	1
D	2	2	1	0	2	1	2	1
E	1	1	2	2	0	1	1	1
F	1	2	1	1	1	0	2	1
G	1	1	2	2	1	2	0	1
H	1	1	1	1	1	1	1	0

平均分流次数是评估城市供水管网布局网络分流系统的核心标准,在实际生活中城市消费者往往希望尽可能减少分流次数,以避免管道破损等问题影响供水效能,导致居民的正常生产生活受到影响,所以城市供水管网布局网络改善的核心任务就是降低供水管布局网络中分流节点之间的平均分流次数,采取就近供水原则。一个设计健康、长久发展的城市供水管网布局网络的平均分流次数通常要少于 12 次,表 17-3 给出了评估重庆市局部供水管网布局网络分流系统效能的量化指标数值。

表 17-3　重庆市局部供水管网布局网络分流性能评价指标

分流次数/次				
0~3	4~6	7~9	10~12	>12
优秀	良好	中等	差等	极差

表 17-4 给出了重庆市局部供水管网布局网络中节点之间不同分流次数所占的比例,从表中可以看出,供水管网布局网络中节点间分流次数为 0~3 次的比例占所选局部管网中全部管网分流次数的 0.0128,说明在管网中只有十分稀少的一部分节点间仅进行 0~3 次流量分配就可以到达目的地;供水管网布局网络中占比稍大一点的节点分流次数为 4~6 次,其所占比例为 0.1859;绝大多数供水目的地需要进行 7~9 次的分流次数后才可以到达,其在总量中占比为 0.3856;分流次数为 10~12 次的管道所占比例位居第二,为 0.2746;其余部分仅占 0.1411。分流次数的值比较大,意味着该城市的供水管网布局网络

的效率比较低。当分流次数高于 12 次时就说明城市供水管网布局网络效率比较低,居民用水量的运输由于分流次数过多而存在极大的潜在问题。

表 17-4　重庆市局部供水管网布局网络不同分流次数所占比例

分流次数	0~3	4~6	7~9	10~12	>12
所占比例	0.0128	0.1859	0.3856	0.2746	0.1411

重庆市供水管网布局网络流量分配次数偏高,分流系统性能处于中等水平,居民所需水量大多情况需要进行分流才可以输送到目的地,因此,重庆市供水管网布局网络尚且存在极大的优化和改进空间。

17.5.6　探究供水管网布局网络分流系统优化方法

供水管网布局网络设计得不合理往往会导致分流次数过多、效率低下,在当前管网布局网络已经形成固定的设计方案且在当地运作很多年的情况下,管网铺设管段一旦被相关部门使用,就很难进行系统化的改变。

为了解决因为管道网络规划不合理所引起的供水管网布局网络分流次数过多的问题,通过增加或减少管道网络中的管段,使管网中分流次数最小化。重庆市供水管网布局网络平均每条管段包含的节点数基本为 10~25 个,所以可以增加或减少节点数为 10~20 个且总共长度低于 25km 的管网管段,使管网中节点间的分流次数下降。

前面详细描述了在 P 空间前提下的供水管网分流网络模型的建设结构和实际意义,图 17-18 描绘了相互连接的节点的模型中管段长度为 3 时 A、D 两个节点之间的三种管网分流方法和在供水管网网络模型中对应的三种表达方法。

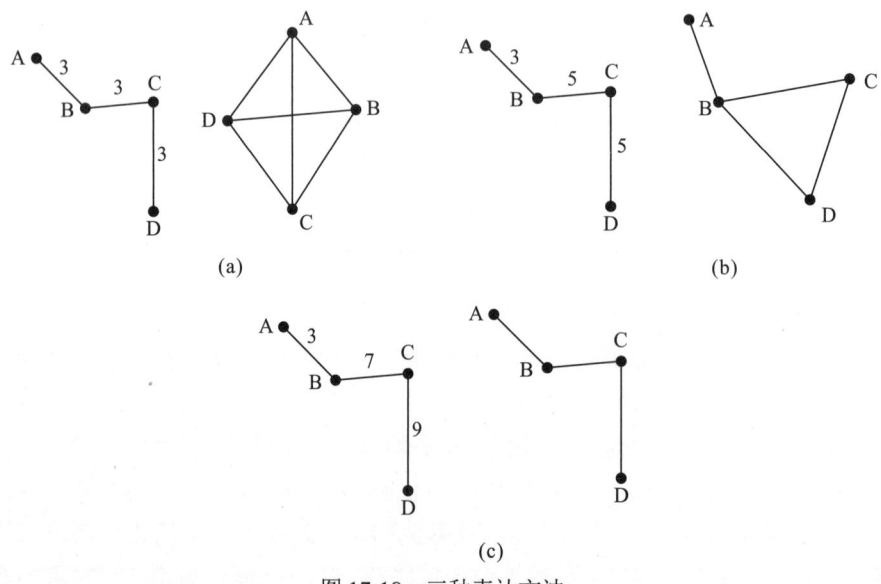

图 17-18　三种表达方法

图 17-18(a)中 A、B、C、D 四个节点只有一条 3 号供水管网管段可以进行分流，所以 A 节点到 D 节点只需要经过一条管段便可抵达目的区域；图 17-18(b)中四个节点间经过了 3 号、5 号两条线路，从节点 A 到 D 虽然管道的长度一样而且更短，但是需要通过管段 1～5 才可到达目的地；图 17-18(c)中四个节点间通过了 3 号、7 号、9 号三条管段，从节点 A 到 D 需要经过管段 3－7－9 才可到达目的区域。考虑到节点之间的距离、管段目的地与分流次数之间的关系，将节点之间的分流距离作为评价节点之间分流性能的指标，其计算方法如下所示：

$$S_{ab} = \frac{l_{ab}}{n_{ab}} \quad (n_{ab} \neq 0) \tag{17-5}$$

式中，S_{ab} 表示节点 a 与 b 之间的分流距离；l_{ab} 表示节点 a 与 b 之间的管段长度；n_{ab} 表示节点 a 与 b 之间的分流次数。

图 17-18(b)中节点 A 与 D 间的分流距离为 67，图 17-18(c)中节点 A 与 D 间的分流距离为 48，因此 17-18(b)中由于节点间分流距离较长，故性能更好，同时也更能高效地保障居民用水量的需求。

通过减少供水管网节点间的分流次数，达到增加节点间分流距离的优化目标。以管网节点连通的形式向供水管网布局网络中增加管段的具体步骤如下。

(1) 对于重庆市供水管网布局网络 $G(V,E)$，基于最短管道矩阵 $\boldsymbol{T}$ 中节点最短距离 l_{ab} 和最小分流次数矩阵 $\boldsymbol{M}$ 中节点间最小分流次数 m_{ab}，计算重庆市供水管网布局网络中节点之间的平均分流距离，其计算方程式如式(17-6)所示，计算结果为 8.23，表明重庆市供水管网布局网络中平均每次分流可经过 8 个节点。

$$D = \frac{\sum_{a,b \in N} t_{ab}}{N(N-1)} \quad (a \neq b) \tag{17-6}$$

(2) 在供水管网布局网络中设立起始节点 a_1，浏览管网全局与其距离小于平均分流距离 14.23 的所有节点，计算并筛选其中与节点 a_1 分流距离小于平均分流距离的节点，形成备用节点集合 $a(a_2, a_3, \cdots, a_n)$，若不存在，则重新设立新节点。

(3) 建立优化函数，如式(17-7)所示，选取集合 a 中使优化函数值最大的节点 a_i 与 a_1 建立连通关系，管道管段为两节点之间的最短路径。

$$\Delta D_i = d_{G'} - d_G \tag{17-7}$$

式中，$d_{G'}$ 与 d_G 分别表示 a_i 与 a_1 连通前后管道中的平均分流距离；ΔD_i 表示连通节点 i 前后网络中的平均分流距离的差值。

(4) 重新计算节点间的分流距离，对新创建的连通节点用相同的方式查找下一个连通节点，如果连通节点数量大于 20 或无符合条件的节点，那么就意味着该条管网管线铺设完成。

(5) 重复执行以上步骤，根据式(17-4)，向供水管网布局网络中增加线路，通过比较管网优化前后分流网络中的平均分流次数及平均分流距离的变动情况来评价分流网络优化的效果。

供水管网布局网络中建立连通并生成管网管线后,供水管网布局网络节点间的平均分流距离会适当增加、平均分流次数会不断减少,使得管网布局系统性能不断改善。此方法能够有效提高供水管网布局网络性能,从而可以得出结论,考虑优化供水管网布局网络分流系统的方法应当从管网整体角度着眼,而不是只减少个别节点间的分流次数。

第18章 重庆市供水网络加压站选址最优化方案研究

18.1 供水加压站站址评价指标体系

18.1.1 选址原则

供水加压站[138]站址的选择并非一个简单的工程，选址过程需考虑负荷位置等很多因素，恰当的选址有利于控制工程成本、保障工程安全、保证用户正常用水需求。供水加压站选址应遵循的原则如下。

1) 靠近负荷中心

供水加压站选址时，首先应明确该站点负责供水的区域范围，了解区域内供水需求及分布，明确加压站在整个城市供水管网系统中的作用。考虑到供水管网的投资成本和压力损耗等问题，站址选择应尽可能靠近负荷中心。同时还应减少长距离供水隐患，使尽可能少的需水用户在管网漏损等意外事件发生时受到影响。

2) 充分结合供水管网布局

供水加压站站址选择应当充分考虑供水管网的整体布局，要避免管网内出现死水。

3) 选址区应满足城乡规划发展的要求

选址时，应该遵循国家对于各类土地的使用标准，在设计供水加压站时要保证不与城乡的长期发展规划相违背，而且依据工程条件选择差异化的布置方案，还要充分利用坡地及丘陵地带进行建设，避免浪费土地。对于专门用于建设发展的土地，应该以近段时间的规划为主，不要过早地将其确定为长久建设用地。

4) 地质条件是否适宜

加压站很容易被自然灾害所影响，所以要对站址周围的自然环境进行勘察，以确保地理灾害因素对加压站影响最小。若不符合建设要求，就应当加强防备，做好规划。如果遇到塌陷区、断层等区域应当避开。也不应该选择富含矿产的区域，若实在没办法规避，应询问相关部门的意见。

5) 应考虑加压站与附近其他设施之间的相互影响

如果周围有易燃易爆炸的设施，就不可以建站。如果周围有工厂会排放腐蚀性气体，那么在建站的时候要利用风向躲避有害气体。

6) 交通运输方便

建站时需要搬运很多的施工材料及加压泵等设备，而且考虑到加压站建成后的日常运营维护等，所以供水加压站应该设立在交通便利的地区。

7) 环境保护

建立一个新的供水加压站一定会影响站址周围的生态环境，所以选址时需要考虑周围的住宅区、保护区，因此事前就设计好保护措施，避免对周围地区造成污染或产生不好的影响。

18.1.2　评价指标选取原则

对供水加压站站址进行简单的选择判定后，需要对每一个站址进行谨慎评价，评价过程中选择恰当的评价标准极其重要。评估标准的择取可根据如下原则进行。

第一，评估标准一定要具有实际意义，而且要理性科学，科学性是该标准最核心的属性。选择的评估标准应反映出供水加压站的根本属性，而且不一样的评估标准之间应层次分明，具有相应的逻辑性，需要从整体来考虑供水加压站各种属性。

第二，需要区分每一个标准的重要性，应当划分影响供水加压站选址的重要因素和次重要因素，凸显重要因素，尤其是核心标准。

第三，标准应是可以进行运算的，即其对上层的影响程度可以通过一定的算法进行量化。为使各个评价指标之间具有可比较性，在评价时，应使其评价值标准化。

18.1.3　评价指标体系

根据上述供水加压站选址原则及评价指标选取原则，建立供水加压站选址的评价指标体系(表18-1)。基于所选取的评价指标的不同属性，评价指标体系包含目标层、准则层和指标层。

(1) 目标层：即供水加压站的选址，站址选择的最后结果。

(2) 准则层：以供水加压站选址原则为前提提出的选址评价指标，是对目标层的具体反映。

(3) 指标层：准则层指标在某一方面的具体信息，对供水加压站站址选择产生直接影响。

表 18-1　供水加压站选址评价指标体系

目标层	准则层	指标层
供水加压站站址	供水管网架构	总体布局
		管线分布
		与负荷中心的距离
		与城乡规划一致
	投资分析	工程预算
		年运行成本
		交通运输
	供水需求	日供水量
		供水高峰
		供水压力
	土地因素	地形地势
		地址情况
		征地难易
	环境情况	抗灾能力
		环境影响
		通行干扰情况

18.2　相关分析方法介绍

18.2.1　模糊层次分析法

1. 概述

层次分析法是一种建立在定性定量分析基础上的决策办法。分析步骤通常分为三步：第一步，设计结构模型；第二步，建立判断矩阵；第三步，对权重进行运算。建立判断矩阵是最重要的一步，第三步权重的计算是以判断矩阵为基础确定的。在对权重进行运算之前，要判定判断矩阵是否一致，若不一致就必须对判断矩阵进行重新设计。判定判断矩阵是否一致即看在判定过程中有没有逻辑性的问题，若出现逻辑错误，即判断矩阵不一致。例如，出现了因素1比因素2重要，因素2比因素3重要，而因素3又比因素1重要类似的逻辑错误现象。基于此，层次分析法的判断过程稍显烦琐。

之后有学者提出模糊性问题，研究者对其进行优化改善，使模糊逻辑理论得到了充分的发展，被使用在各个方面。模糊逻辑并不是不在意其在数学上的精准度和科学性的要求，它是对某些不确定量的分析。在一些特定的情况下，模糊性要比精确性更好。如"一个黑头发蓝眼睛紫衬衫的高个子女孩"这句话中，除"女孩"这一确切信息外的全部信息都是模糊信息，具有模糊性，而这些模糊特征要比"女孩"这一仅有的确切属性更加有用。

模糊数学是一种分析处理模糊性信息的数学理论方法，它以模糊集合为基础。在经典数学中，能够很轻易地判断某一对象能不能满足某一概念。但是，在大多数情形下一部分概念并不能轻易分辨，即对于某个对象，或许没办法辨别它是否满足某一概念。这一概念即为模糊概念，模糊概念的集合即为模糊集合。

因为没有办法明确地划分某一对象是否符合某一集合，只可以辨别它满足这一集合的程度，所以选用一个[0,1]的值来表征其隶属于某一集合的程度。即对于模糊集 A，A 中不同元素的模糊关系可表示为 $A=\{a_1,a_2,\cdots,a_n\}$，其中 $a_n \in [0,1]$ 表示模糊集 A 中第 n 个元素的隶属度。

层次分析法与模糊集结合即为模糊层次分析法，最明显的特点是加入模糊性的理念，其判断矩阵具有模糊性。这种方法无须对判断矩阵进行一致性检验，它可直接将判断矩阵转化为模糊判断矩阵，减少时间浪费。

2. 模糊互补矩阵与模糊一致矩阵

模糊判断矩阵可以用来辨别模糊关系，运用模糊标度获得判断矩阵。判断矩阵，是用上一层中某一个指标，对本层的各个指标进行相互对比，相对应判断值由相对应择取的标度值组成的矩阵。例如，对于某层指标 X，对其对应的下层各指标元素进行两两比较，结果见表 18-2。

表 18-2　某层指标两两比较结果

X	X_1	X_2	$\cdots$	X_n
X_1	X_{11}	X_{12}	$\cdots$	X_{1n}
X_2	X_{21}	X_{22}	$\cdots$	X_{2n}
$\vdots$	$\vdots$	$\vdots$		$\vdots$
X_n	X_{n1}	X_{n2}	$\cdots$	X_{nn}

上述比较结果用矩阵表示，即为指标 X 的模糊判断矩阵：

$$X = \begin{pmatrix} x_{11} & x_{12} & \cdots & x_{1n} \\ x_{21} & x_{22} & \cdots & x_{2n} \\ \vdots & \vdots & & \vdots \\ x_{n1} & x_{n2} & \cdots & x_{nn} \end{pmatrix}$$

常用的模糊标度有四种，即 0.1～1 标度、0.1～0.9 五标度、0.1～0.9 九标度和 0.1～0.9 标度。其中，0.1～0.9 标度最为常用，见表 18-3，为指标 i 和 j 的判断值 X_{ij} 具体的判断标度。

第18章 重庆市供水网络加压站选址最优化方案研究

表18-3　模糊型0.1~0.9标度

X_{ij}	含义
0.9	元素 i 相比元素 j 极端重要
0.8	元素 i 相比元素 j 特别重要
0.7	元素 i 相比元素 j 明显重要
0.6	元素 i 相比元素 j 稍稍重要
0.5	元素 j 与元素 i 一样重要
0.4	元素 j 相比元素 i 稍稍重要
0.3	元素 j 相比元素 i 明显重要
0.2	元素 j 相比元素 i 特别重要
0.1	元素 j 相比元素 i 极端重要
互补性	元素 i 对元素 j 的重要性互补于元素 j 对元素 i 的重要性，$X_{ij}=1-X_{ji}$

此种模糊标度稍显复杂，可以简化为0~1标度，见表18-4，简化后的模糊标度仅含有0、0.5和1三个标度值。

表18-4　模糊型0~1标度

X_{ij}	含义
1	元素 i 相比元素 j 更重要
0.5	元素 i 与元素 j 同等重要
0	元素 j 相比元素 i 更重要

一个全部元素都在[0,1]范围内的判断矩阵 $X=(X_{ij})_{n\times n}$ 可以称为模糊判断矩阵。另外，如果判断矩阵中斜对角线上的各个元素 $X_{ii}=0.5$，且 $X_{ij}+X_{ji}=1$，那就可以判断这个矩阵属于模糊互补矩阵。同时，由模糊标度得出的判断矩阵一定是模糊互补判断矩阵。

模糊互补矩阵是由模糊一致矩阵转换而来的。通过特定的模型运算可以充分判定模糊判断矩阵有没有一致性。如果模糊互补判断矩阵 $X=(X_{ij})_{n\times n}$ 中元素符合条件 $X_{ij}=X_{ik}-X_{jk}+0.5$，其中 $i,j,k=1,2,\cdots,n$，那么就能够判断这个矩阵具有加性一致性；假如 $X=(X_{ij})_{n\times n}$ 中元素符合条件 $X_{ij}X_{ik}X_{jk}=X_{ji}X_{ki}X_{kj}$，其中 $i,j,k=1,2,\cdots,n$，那么就能够判断该矩阵具有一致性。据此，可以通过对模糊互补矩阵进行变形以获得模糊一致性矩阵。需要注意的是，如果一个模糊互补矩阵是三阶及以上的，那么不可能同时拥有加性一致性和乘性一致性。因此，在评价过程中两种一致性模糊矩阵并不是可以任意选取的，模糊标度的选择是选取一致性模糊矩阵的重要因素。上述模糊型0.1~0.9标度和模糊型0~1标度都是加性标度，因此应当选择加性一致性模糊矩阵进行评价。

通过对模糊判断矩阵 X 进行转化可以得到模糊一致性矩阵 Y。

$$Y = \begin{pmatrix} y_{11} & y_{12} & \cdots & y_{1n} \\ y_{21} & y_{22} & \cdots & y_{2n} \\ \vdots & \vdots & & \vdots \\ y_{m1} & y_{m2} & \cdots & y_{mn} \end{pmatrix}$$

其中，y_{ij} 可由下式计算：

$$y_{ij} = \frac{y_i - y_j}{2(m-1)} \tag{18-1}$$

式中，y_i、y_j 分别代表 X 矩阵中第 i 行和第 j 行中各个元素的和；m 则代表指标元素的个数。

3. 各元素权重及单因素评价值的确定

元素权重的分析方法很多，如矩阵特征向量法、权的最小平方和法、根法、幂法等。在模糊层次分析中一般会使用矩阵特征向量法，可以通过运算判断矩阵的特征向量来得出解的值，权重向量是矩阵最大特征值相对应的特征向量。如果要用这个方法先判定模糊矩阵的一致性，若判断矩阵具有一致性，则该矩阵只有一个最大特征根，且其余特征根均为 0；若判断矩阵不具有一致性，则权重向量应当是矩阵最大特征根对应的归一化向量。

模糊判断矩阵的权重会受到矩阵自身影响限制，能够使用最小二乘法来算出矩阵自身的权重。获取相应的模糊一致性判断矩阵是权重计算的大前提，权重计算式如下：

$$w_i = \frac{1}{m} - \frac{1}{m-1} + \frac{2}{m(m-1)} \sum_{k=1}^{m} y_{ik} \quad (i=1,2,\cdots,m) \tag{18-2}$$

于是能够获取与这一层元素相互对应一致的上层元素权重 $W=[w_1, w_2, \cdots, w_m]$。

根据评价指标选取原则，能够据其计算出任何一个单一独立的评估参数，为了达到能够分析比较每一个处于评估过程中的参数目标，则要确定一致的标准来规划评估值，获取单因素评估值常常是位于第一位的。隶属度函数能够推断计算出单因素，当在工厂工作时通常用经验选择隶属度函数，专家经验法、模糊统计法、例证法等是最为普遍被使用的方法。通常看来，能够使用模糊分布函数确定可量化指标的单因素评价值；一般采用专家经验法确定不可量化指标的单因素评价值。

本项目中对于供水加压站选择地址的全部评估参数当中，不可量化占据着所有指标的一大半，所以一大半评估参数的单因素评价值来自专家的经验总结。如果设定的是总共提取 n 个评估对象，任何一个评估对象拥有 m 个评估参数，那么依据全部指标的单因素评价值，能够明确其相应单因素评判矩阵：

$$B = \begin{pmatrix} b_{11} & b_{12} & \cdots & b_{1n} \\ b_{21} & b_{22} & \cdots & b_{2n} \\ \vdots & \vdots & & \vdots \\ b_{m1} & b_{m2} & \cdots & b_{mn} \end{pmatrix}$$

4. 计算评估结果

当使用层次分析法进行评价分析时，根据分析对象的不同，评价分析结果的获取可以由加权平均型、主因素突出型以及主因素决定型等方式进行。由于在供水加压站选址问题中，很难判断某一评价指标是否为主要因素，故可以采用加权平均的方式获取评价结果，最终加权和越大，表示该备选站址越优。

假设评价指标体系中准则层有 i 个评价指标，在评价时需首先对对应指标层的评价指标进行评判计算，得出准则层中指标的一级评判结果 D_i，并进一步得到每一个参数指标的评判结果 D。准确细致的评判方式如下所示：

$$D = \begin{bmatrix} D_1 \\ D_2 \\ \vdots \\ D_i \end{bmatrix} = \begin{pmatrix} d_{11} & d_{12} & \cdots & d_{1n} \\ d_{21} & d_{22} & \cdots & d_{2n} \\ \vdots & \vdots & & \vdots \\ d_{i1} & d_{i2} & \cdots & d_{in} \end{pmatrix}$$

其中，以内层评判结果为条件基础，每个站址评价结果用下式计算：

$$\begin{bmatrix} W_1 B_1 \\ W_2 B_1 \\ \vdots \\ W_i B_1 \end{bmatrix} = \begin{bmatrix} e_1 & e_2 & \cdots & e_n \end{bmatrix}$$

式中，第 k 个备选加压站站址的最后评判值为 e_k ($k=1,2,\cdots,n$)。不同加压站站址好坏程度可以依据评判值的大小顺序来进行判断。

18.2.2 灰色关联分析法

系统根据系统内信息的明确与否可分为白色、黑色以及灰色系统。系统内部部分信息明确可知，同一时间还存在部分信息不明确可知的系统是灰色系统，灰色系统理论可以较好地解决那些难以利用概率或模糊数学等方法很好处理的问题，如小样本以及信息不足等。

灰色关联分析法是灰色系统理论的一种分析方法，该种方法无须考虑规律性和样本多少。灰色关联分析法首先以每个因素为基础点绘制成序列曲线，根据序列曲线几何形状的相似程度能够推算得出所有因素之间的关联程度。序列曲线形状越接近，代表存在越大的相关性。数据少和主次要因子很难区别分辨的状况大多数会采取此种方法。

明确标准序列是第一位的，就是以评价指标体系和相应评价值为依据定下最优序列进行参照对比，标准序列又称为参考序列。标准序列各指标值通常取评价对象的最优值。对于成本指标，通常取最小值；对于收益指标，则取最大值。例如，针对有 m 个指标获取的参考序列记作 $B_0 = [b_{10}, b_{20}, \cdots, b_{m0}]$。

以下公式为依据计算每个评估指标与参考序列相比的关联系数 β：

$$\beta_i = \frac{\min_i \min_k |b_{k0} - b_{ki}| + \varepsilon \max_i \max_k |b_{k0} - b_{ki}|}{|b_{k0} - b_{ki}| + \varepsilon \max_i \max_k |b_{k0} - b_{ki}|} \tag{18-3}$$

式中，ε 为分辨系数，取值范围为[0,1]，一般取值为 0.5；k 表示第 k 个评价指标；i 表示第 i 个评价对象。

最后，采用加权平均法计算关联度，计算公式如下：

$$Z = \frac{1}{m}\sum_{k=1}^{m}\beta_i(k) \tag{18-4}$$

依照上面公式获得的 Z 值越大，则这个对象的各个指标与所选取标准序列的对应指标越相关，对象序列曲线与标准序列曲线越相似，表示这个对象越好。

18.3 灰色-模糊关联分析方法

前面所说的两种分析方法的关注点是有差异的，模糊层次分析法比较主观，灰色关联分析方法比较客观。前面一种方法在考虑权重的时候比较容易受主观信息的影响，因为不同的经验会有不一样的权重，最后结论不一样。后面一种方法在各个指标值和最优值之间比较，然后选择一个最一致的，没有充分利用主次指标。为使优势互补，本书按照不同方法的融合条件将二者结合，以获得一个更好的评判结果。

18.3.1 不同方法的融合条件

并不是全部可以达成相同目的的方法都要进行合成操作，每一种方法都要符合特定的条件才可以合成。

第一，拟融合的不一样的方法所运用的理念不应该是同一种，仅仅是使用不一样的理念的方式进行融合，这样的结论才有实际意义。模糊层次分析法属于主观的判断方法，而灰色关联分析法属于客观判断方法，两种方法的融合，将使其结果更具价值。

第二，两种计算方式获得的结果应该是相同的，要求检验这两种方法得出的结论是否一致。若两种分析方法的判断结果存在较大差异，那么就算融合后可以得到结果，得到的结果的准确性也有待考量。融合前和融合后都要检验它们是否一致，才能判定融合的结果是否恰当科学，这样融合后的新方法得到的结论才能被人所接受。

18.3.2 一致性检验步骤

上述两种分析方法的判断结果中的样本顺序是不可以随意调换的，属于配对多样本非参数检验。对于配对样本主要有 Cochran（科克伦）Q 检验[139]、Friedman（弗里德曼）检验和 Kendall（肯德尔）协同系数检验三种方式。其中 Cochran Q 检验多用于对只含两种评判值的数据样本的检验；Friedman 检验一般都是使用在对配对组的平均秩和进行检查实验时，通过秩判断多样本的差异性；Kendall 检验多用于对评分一致性的检验。基于此，这里采用 Kendall 检验比较合适。

1. 合成前的一致性检验

合成前需要检验这两种合成方法是否一致，只有两种方法都相一致的情况下才能合成。对于两种方法的一致性检验可以通过两种方法的结果的秩的相关系数来判断。步骤如下。

建立假设 H_0：设定两种分析方式不是一致的。

将任意一种方法 E_i 得出的评估等级从差到好一一进行排列，当有 n 个评估目标时，可以使用第一种方法按评价等级次序为 $E_1=\{1,2,\cdots,n\}$ 对待评价对象排列顺序。此处的顺序是 E_1 方法待评估目标的秩。再依据 E_1 中评估目标的顺序列出第二种方法的新的秩，即第二种方法的评价等级，得到 $E_2=\{Z_1,Z_2,\cdots,Z_n\}$，其中 Z_i 均为自然数。比较 E_2 序列第 i 个元素后面的元素的值，计算出 i 元素后面的元素的值比 i 元素值大的数和比 i 元素值小的数的差，记为 S_i。

Kendall 的秩由相关系数 γ 表示：

$$\gamma=\frac{S}{S_{\max}}=\frac{\sum_{i=1}^{n-1}S_i}{\frac{1}{2}n(n-1)} \tag{18-5}$$

式中，$S_{\max}$ 表示当两种评价方法的秩评价结果完全一致时的值。

相关系数计算完成之后，根据评价对象的数量进行下一步操作。当评价对象数量不多于 10 个时，可以查询概率表得到初始假设 H_0 成立的相伴概率 p；如评估目标的数量不多于 10 个，而且相关系数的分布符合正态分布 $N\left(0,\frac{2(2n+5)}{9n(n-1)}\right)$，那么变换成为标准正态分布后，再进行查表得到新的相伴概率 p。在规定好的显著性水平 a 下，假如 $p \geqslant a$，那么假设 H_0 成立，两种分析方法并不是一致的。反之，两种方式则是一致的。

2. 合成后的一致性检验

为保证融合后的新方法的准确性，将融合后新方法的评价结果与融合前两种分析方法的判断结果进行一致性检验是有必要的。仅仅是在三种分析方式还一致时，才能确保新的方法的精准度。对于三种方法的一致性检验，可以采取 Kendall 协同系数进行检验。检验步骤如下。

建立假设 H_0：假设三种分析方法都是不一致的。

一开始分别将每个评估目标运用三种分析方法中的评价等级进行累加计算出相对应的秩和，记为 R_i。当待评价对象数量为 n，评价方法数量为 k 时，用 S 的大小来判断不同方法的协调程度。

$$S=\sum_{i=1}^{n}R_i^2-\frac{1}{n}\left(\sum_{i=1}^{n}R_i\right) \tag{18-6}$$

Kendall 协同系数可由 W 表示：

$$W = \frac{S}{\frac{1}{12} \times k^2 (n^3 - n)} \tag{18-7}$$

协同系数 $W \in [0,1]$，若 $W=0$，则几种分析方法完全不相关；若 $W=1$，则几种分析方法完全相关。

如果要评估的目标的数量小于 7 个，那么可以认为是小样本，则在一定的显著性水平下，可通过查表（Kendall 协同系数中 S 的临界值表）得到当假设 H_0 成立时 S 的值 S_0，若 $S < S_0$，认为假设 H_0 成立，不同的分析方法之间不具有一致性；反之，则具有一致性。当待评价对象数量超过 7 个时，视为大样本，需要把 W 进行转换来获取 $3(n-1)W$，变换后的协同系数服从 X_2 分布，然后通过查表可得初始假设 H_0 成立时的相伴概率 p，若 $p \geq \alpha$，则假设 H_0 成立，几种不同分析方法不具有一致性。反之，就是相同的。

18.3.3 灰色关联分析与模糊层次分析的具体结合方法

假如数据样本量比较少，重要与非重要的因素不容易划分，通常选用加权平均值的方法计量它的相似度。灰色关联分析法中每一个标准都有着同样重要的地位，权重并不是重要的判定因素。模糊分析法能够确定每一个不一样的标准的权重，其优化后的计算公式如下：

$$Z_i = \frac{1}{m} \sum_{k=1}^{m} \omega_k \beta_i(k) \tag{18-8}$$

式中，ω_k 表示第 i 个评价对象的第 k 个评价指标的权重值；$\beta_i(k)$ 为第 i 个评价对象的第 k 个评价指标的关联度。各个指标的权重的引入可以使加权平均法更加准确。

在灰色关联分析法中，其分辨系数 ε 一般直接取 0.5 作为计算各指标的关联系数，并得到最后的关联度。从关联系数的运算式能够发现分辨系数 ε 实际是评分中与标准序列差值最大的值对某个与标准序列相比较的实际序列的影响。在模糊层次分析法中，在得到对评估对象的单因素评价值时，通常对评价值标准化后被认为是相对最优值为 1 的理想评价值的实际评价值，因此模糊层次法得到的结果实际上也可以理解为各个被评价对象与理想值 1 的近似程度，这与灰色关联分析法的核心思路相对应。所以能够使用灰色关联分析法的基础运算式得出几个被评估目标相对于理想目标的相关性。而分辨系数 ε 实际上也用于分辨各个对象中与理想对象差距最大者对其他对象的影响程度，因此为了使其考虑得更加全面，可以用平均关联度充当分辨系数，使结果更准确。分辨系数计算式如下：

$$\varepsilon = \frac{1}{n} \sum_{i=1}^{n} e_i \tag{18-9}$$

式中，e_i 表示第 i 个评价对象在模糊分析中的评价值。

用上述公式计算值代替直接取值为 0.5，其他过程不变，求得的新的评价值即为融合后新方法的最终评价值。

参 考 文 献

[1] 吕福胜, 钟登华. 中国水务行业发展现状与趋势[J]. 中国给水排水, 2013, 29(10): 12-16.

[2] 李磊. 张掖市住房和城乡建设局: 多措并举贯彻落实水污染防治法[J]. 发展, 2019(10): 23-24.

[3] 佚名. "十三五"国家重点图书出版规划项目《2019中国水利发展报告》正式出版[J]. 水利发展研究, 2019, 19(12): 78.

[4] 张庆林. 基于生命周期理论的水利工程评标风险决策模型研究[J]. 水利规划与设计, 2019(1): 80-83.

[5] 张澜. 北控水务轻资产运营模式转型及效果研究[D]. 北京: 北京印刷学院, 2020.

[6] 狄鑫. 基于水力模型的供水管网漏损控制研究[D]. 苏州: 苏州科技大学, 2019.

[7] 朱晓庆, 殷峻暹, 张丽丽, 等. 深圳市智慧水务应用体系研究[J]. 水利水电技术, 2019, 50(S2): 176-180.

[8] Liao X W, Chai L, Liang Y. Income impacts on household consumption's grey water footprint in China[J]. Science of the Total Environment, 2021, 755(P1): 142584.

[9] Nayyar A, Paiva S, Paul A, et al. Social, mobile, analytic and cloud technologies: Intelligent Computing for future smart cities[J]. Sustainable Cities and Society, 2021, 66: 102676.

[10] 王建华, 赵红莉, 冶运涛. 智能水网工程: 驱动中国水治理现代化的引擎[J]. 水利学报, 2018, 49(9): 1148-1157.

[11] 郭秀峰. 大数据时代的数据挖掘与思考[J]. 电脑编程技巧与维护, 2020(12): 111-113.

[12] Cumming A S, Proud W G. In memoriam professor John E. Field, FRS, OBE 1936 to 2020[J]. Propellants, Explosives, Pyrotechnics, 2020, 45(12): 1829.

[13] 肖娅, 徐骅. 澳大利亚水敏城市设计工作框架内容及其启示[J]. 规划师, 2019, 35(6): 78-83.

[14] 娱竹. 雨洪管理的领军城市: 维多利亚州首府墨尔本[J]. 中华建设, 2015(2): 58-61.

[15] 彭程, 李远海, 彭铁军, 等. 威立雅水务管网管理部(常州)管道阴极保护演示工程的设计[J]. 化工设计通讯, 2020, 46(1): 83-84.

[16] 王春. 智能无线远传水表设计及应用研究[D]. 北京: 北方工业大学, 2009.

[17] 张昕喆. 基于建模的供水管网漏损评价指标的研究[D]. 北京: 北京建筑大学, 2020.

[18] 孙晓磊. 智能远传水表管控与计费系统的设计与实现[D]. 西安: 西安电子科技大学, 2016.

[19] Li Y, Sun X H, Zhang S D, et al. Experimental investigation and constitutive modeling of the uncured rubber compound based on the DMA strain scanning method[J]. Polymers, 2020, 12(11): 2700.

[20] 伍志明, 韦金兴. 城镇智能水表使用前景分析[J]. 中国计量, 2020(2): 125.

[21] 周强, 李向东. 水务信息化建设中数据管理的应用[J]. 工程建设与设计, 2020(22): 245-246.

[22] 贾孟玉. 异构环境下MapReduce数据倾斜和任务调度研究[D]. 邯郸: 河北工程大学, 2020.

[23] 任娇. 基于互联网+水务管理系统的设计与实现[D]. 成都: 电子科技大学, 2019.

[24] Song L Q, Yao Y L, Gao W F, et al. Effects of environmental variables on spatiotemporal variations of nitrous oxide fluxes in the pristine riparian marsh, NorthEast China[J]. Wetlands, 2019, 39(3): 619-631.

[25] 吕保强, 李昼阳. 浅谈"互联网+现代水利"总体设计思路[J]. 科技与创新, 2017(12): 39.

[26] 刘春燕. 基于水污染防治的流域排污权交易初始分配值估算[D]. 大连: 大连理工大学, 2013.

[27] Wang D, Ren B Y, Cui B, et al. Real-time monitoring for vibration quality of fresh concrete using convolutional neural networks and IoT technology[J]. Automation in Construction, 2021, 123: 103510.

[28] Zhuang Q Y, Sun G Q, Zhang F, et al. How Internet technologies can help hospitals to curb COVID-19: PUMCH experience from China[J]. Health Information Management Journal, 2021, 50(1/2): 95-98.

[29] Wang Y J, Kang R, Chen Y. Reliability assessment of engine electronic controllers based on Bayesian deep learning and cloud computing[J]. Chinese Journal of Aeronautics, 2021, 34(1): 252-265.

[30] 周成虎, 孙九林, 苏奋振, 等. 地理信息科学发展与技术应用[J]. 地理学报, 2020, 75(12): 2593-2609.

[31] Percoco G, Arleo L, Stano G, et al. Analytical model to predict the extrusion force as a function of the layer height, in extrusion based 3D printing[J]. Additive Manufacturing, 2021, 38: 101791.

[32] 武扬. 云平台资源监控管理系统的设计与实现[D]. 北京: 北京工业大学, 2017.

[33] 戴利栋. 基于实时数据库的水务集团SCADA系统设计与实现[D]. 太原: 太原科技大学, 2015.

[34] 何镇安. 基于复杂网络的指挥信息系统仿真研究[D]. 西安: 中国科学院大学(中国科学院西安光学精密机械研究所), 2018.

[35] Boyd A. GSA publishes web standards for year-old digital services law[J]. Nextgov.com (Online), 2020, 4(3): 124-125.

[36] 姚庆刚, 郭文全. 供水营业收费管理计算机网络系统的建设与应用[J]. 黑龙江水利科技, 2006, 34(4): 115-116.

[37] 宋永杰, 卜永涛, 李杰. 供排水的自动化优化调度系统[J]. 自动化博览, 2003, 20(3): 50-53.

[38] Capital One Services LLC. Researchers submit patent application, attentive dialogue customer service system and method, for approval (USPTO 20200151583)[J]. Network Weekly News, 2020: 38.

[39] 李昀, 吴华瑞, 韩笑, 等. 基于人工智能的协同办公平台质量评价方法[J]. 电脑知识与技术, 2019, 15(27): 183-186.

[40] 王子茹. 数据共享与智慧案管体系的构建[J]. 现代商贸工业, 2021, 42(3): 50-51.

[41] 张淼. 面向新型智库应用的政务大数据开放共享机制研究[D]. 西安: 陕西师范大学, 2018.

[42] 朱嫒嫒. 大数据视角下"相关市场界定"立法问题研究[D]. 北京: 中央民族大学, 2020.

[43] 冯明, 陈倩. 浅谈信息共享交换平台的构建[J]. 智能计算机与应用, 2020, 10(4): 269-270.

[44] 李世同. 智慧城市背景下数据开放共享模式研究[D]. 郑州: 郑州航空工业管理学院, 2019.

[45] Bansal A, Garg C, Padappayil R P, et al. How blockchain technology can transform the systematic review/meta-analysis process?[J]. The American Journal of Cardiology, 2021, 139: 136-138.

[46] Aldweesh A, Alharby M, Mehrnezhad M, et al. The OpBench Ethereum opcode benchmark framework: design, implementation, validation and experiments[J]. Performance Evaluation, 2021, 146: 102168.

[47] Ferreira A. Regulating smart contracts: legal revolution or simply evolution?[J]. Telecommunications Policy, 2021, 45(2): 102081.

[48] 汪再奇, 余尚蔚. 长江经济带人类绿色发展指数研究[J]. 安全与环境工程, 2020, 27(6): 31-36.

[49] 唐艳冬, 王树堂, 杨玉川, 等. 借鉴国际经验 推动我国重点流域综合管理[J]. 环境保护, 2013, 41(13): 30-33.

[50] 杨道彬. 加快信息化步伐助力智慧城市建设——重庆市城建档案信息化暨第四季度工作会圆满召开[J]. 城建档案, 2018(1): 9.

[51] 郑宇. 重庆市深化市场监管体制改革的问题与对策研究[D]. 重庆: 西南大学, 2020.

[52] 佚名. 重庆: 规划和自然资源局挂牌[J]. 城市规划通讯, 2018(21): 10.

[53] 刘昌荣. 重庆水务模式探究[J]. 上海国资, 2011(5): 56-58.

[54] 李文春. 水务建设企业内部控制优化策略研究[J]. 企业改革与管理, 2020(13): 208-209.

[55] 陈前越. 浅议内部审计在水务建设行业风险管理中的作用及其强化[J]. 财会学习, 2020(12): 179-181.

[56] 朱亚玲, 郝欣. 基于网格的信息资源共享模型探析[J]. 图书馆论坛, 2010, 30(6): 188-190.

[57] 王丹丹. 基于自标准与数据港口技术架构的数据共享模型研究[D]. 大庆: 东北石油大学, 2016.

[58] 郭纯一, 江强. 基于空间数据仓库的水文信息共享及其安全性浅析[J]. 吉林水利, 2009(5): 38-40.

[59] 范春晓. 对等网络环境下的信息集成关键技术的研究[D]. 北京: 北京邮电大学, 2008.

[60] Mrozek D, Kwiendacz J, Malysiak-Mrozek B. Protein construction-based data partitioning scheme for alignment of protein macromolecular structures through distributed querying in federated databases[J]. IEEE Transactions on Nanobioscience, 2020, 19(1): 102-116.

[61] 王峰, 刘娟. 基于消息中间件的异构数据集成实现[J]. 电力信息化, 2009, 7(7): 58-61.

[62] Peng R, Xiao H, Guo J J, et al. Optimal defense of a distributed data storage system against hackers' attacks[J]. Reliability Engineering & System Safety, 2020, 197: 106790.

[63] 王琦. 数据驱动、决策支持、体系完整的新一代生产管控解决方案[J]. 智能制造, 2020(11): 30-31.

[64] Heider P M, Meystre S M. Patient-pivoted automated trial eligibility pipeline: The first of three phases in a modular architecture[J]. Studies in Health Technology and Informatics, 2019, 264: 1476-1477.

[65] Yang S Y, Tan C. Detection of conflicts between resource authorization rules in extensible access control markup language based on dynamic description logic[J]. Ingénierie Des Systèmes Des Information, 2020, 25(3): 285-294.

[66] Chai L, Xu H F, Luo Z M, et al. A multi-source heterogeneous data analytic method for future price fluctuation prediction[J]. Neurocomputing, 2020, 418: 11-20.

[67] Taktek E, Thakker D. Pentagonal scheme for dynamic XML prefix labelling[J]. Knowledge-Based Systems, 2020, 209: 106446.

[68] 潘阳威, 徐汀荣. 基于XML和JMS的远程异构数据共享模型的研究[J]. 网络安全技术与应用, 2008(9): 49-52.

[69] Qian J, Hansen L K, Fafoutis X, et al. Robustness analytics to data heterogeneity in edge computing[J]. Computer Communications, 2020, 164: 229-239.

[70] 陈潇潇, 蔡迎归. 基于改进Apriori算法的水政数据关联规则分析研究[J]. 科技资讯, 2017, 15(27): 202-203.

[71] 梁新华, 李甜. 利用关联数据实现信用信息共享[J]. 情报探索, 2020(12): 72-77.

[72] 姜红德. 数据共享加速精细水务[J]. 中国信息化, 2014(5): 40.

[73] 康俊荣. 智慧水务建设的基础及发展战略研究[J]. 产业创新研究, 2020(6): 61-62.

[74] 季久翠, 周文雯, 许冬件, 等. 重庆水务企业级信息化标准体系建设实践[J]. 给水排水, 2020, 56(5): 138-142.

[75] Kuang C Z, Xiao M, Chen Z X, et al. Fixed-frequency current control method of islanding micro-grid based on improved neural network[J]. International Journal on Artificial Intelligence Tools, 2020, 29(07n08): 2040017.

[76] 郑晓阳, 胡传廉, 李佼, 等. "一张图"水务信息整合共享实践[J]. 水利信息化, 2010(2): 21-25.

[77] Dalponte A M, Torres D, Fernández A. Adaptive gamification in Collaborative systems, a systematic mapping study[J]. Computer Science Review, 2021, 39: 100333.

[78] 唐锚, 高凯丽, 张小娟. 面向大数据的北京水务数据融合技术研究[J]. 水利信息化, 2019(6): 9-17.

[79] 潘鑫. 基于AHP模糊综合评价法的水利工程建设管理信息化评价[J]. 水利科技与经济, 2020, 26(10): 108-112.

[80] 陈雷. 贯彻网络强国战略思想 开创水利网信新局面[J]. 水利信息化, 2016(4): 1-4.

[81] 沈宏平, 田明云. 计算机网络技术在水利工程管理中的应用[J]. 江苏水利, 2004(10): 27-29.

[82] 杨峰. 智慧管网在智慧城市中的重要应用[J]. 电子技术与软件工程, 2019(5): 254.

[83] Park J, Chung E. Learning from past pandemic governance: early response and public-private partnerships in testing of COVID-19 in South Korea[J]. World Development, 2021, 137: 105198.

[84] 黄锦峰, 吕靓, 常衍. 准公益性水利工程应用BOT模式存在的风险及对策研究[J]. 内江科技, 2018, 39(10): 27-29.

[85] Zhang Z Q, Gao M, Fu G S, et al. Feasibility analysis of clean energy power generation and heating project under BOO mode[J]. E3S Web of Conferences, 2020, 194: 02022.

[86] 杨丽. 项目融资在水利建设中的应用分析[J]. 现代经济信息, 2017(20): 332.

[87] 彭皖生, 张静波. 水利工程总承包(EPC)模式下监理工作存在的问题和建议[J]. 治淮, 2020(3): 50-52.

[88] 方美清. 基于水生态文明的盐城市水环境综合治理及发展模式研究[J]. 珠江水运, 2019(12): 49-51.

[89] 冯丹. 基于海绵城市理念的城市排水工程设计初探[J]. 兰州交通大学学报, 2019, 38(4): 105-108.

[90] 刘志飞. 区块链技术视阈下全域旅游创新模式建构[J]. 华北水利水电大学学报(社会科学版), 2020, 36(6): 26-31.

[91] 邱震尧. 面向云存储数据共享的分层访问控制技术研究[D]. 西安: 西安电子科技大学, 2019.

[92] 娄渊清, 王志坚, 周晓峰. 数据集成技术在水利领域服务平台的应用[J]. 人民黄河, 2007, 29(11): 5-7.

[93] 余斌, 李晓风, 赵赫. 基于区块链存储扩展的结构化数据管理方法[J]. 北京理工大学学报, 2019, 39(11): 1160-1166.

[94] 余国倩, 陶光毅, 封得华, 等. 基于非关系型数据库的水文大数据存储方法研究[J]. 水利信息化, 2020(4): 22-26.

[95] Aldweesh A, Alharby M, Mehrnezhad M, et al. The OpBench Ethereum opcode benchmark framework: Design, implementation, validation and experiments[J]. Performance Evaluation, 2021, 146: 102168.

[96] Elachkar I, Ouzif H, Labriji H. Structural similarity measure of users profiles based on a weighted bipartite graphs[J]. The International Archives of the Photogrammetry, Remote Sensing and Spatial Information Sciences, 2020, XLIV-4/W3-2020: 203-207.

[97] Zhang X B, Yang Y, Li T R, et al. CMC: A consensus multi-view clustering model for predicting Alzheimer's disease progression[J]. Computer Methods and Programs in Biomedicine, 2021, 199: 105895.

[98] Gholizadeh N, Saadatfar H, Hanafi N. K-DBSCAN: An improved DBSCAN algorithm for big data[J]. The Journal of Supercomputing, 2021: 77(6) 6214-6235.

[99] Zhou X J, Fu X Y, Zhao M H, et al. Regression model for civil aero-engine gas path parameter deviation based on deep domain-adaptation with Res-BP neural network[J]. 中国航空学报(英文版), 2021, 34(1): 79-90.

[100] Li L L, Cen Z Y, Tseng M L, et al. Improving short-term wind power prediction using hybrid improved cuckoo search arithmetic-Support vector regression machine[J]. Journal of Cleaner Production, 2021, 279: 123739.

[101] Multimedia. New multimedia data have been reported by investigators at Assiut University (evolutionary computing enriched ridge regression model for Craniofacial reconstruction)[J]. Journal of Technology & Science, 2020(Feb): 28.

[102] 郑杰生, 谢彬瑜, 吴广财, 等. 一种基于Lasso回归的微服务性能建模方法[J]. 计算机技术与发展, 2020, 30(12): 216-220.

[103] 冯明皓. 自适应弹性网神经网络模型及算法研究[D]. 大连: 大连海事大学, 2020.

[104] 马素刚. P2P技术在大文件共享中的应用研究[J]. 实验技术与管理, 2016, 33(3): 147-150.

[105] 陈建忠, 谢卫华, 饶长春. 智慧三维地理信息管理平台技术设计方案解析[J]. 国土资源信息化, 2020(5): 8-13.

[106] Smit C R, de Leeuw R N, Bevelander K E, et al. Promoting water consumption among children: a three-Arm cluster randomised controlled trial testing a social network intervention[J]. Public Health Nutrition, 2021, 24(8): 2324-2336.

[107] 易雯, 吕小明, 付青, 等. 饮用水源水质安全预警监控体系构建框架研究[J]. 中国环境监测, 2011, 27(5): 73-76.

[108] 王海栋. 基于Java的智能水质监控及预警软件设计与实现[D]. 杭州: 杭州电子科技大学, 2017.

[109] 熊远南. 基于改进灰色-多元回归组合预测模型的燃煤电厂智慧水务研究[J]. 化工进展, 2020, 39(S2): 393-400.

参考文献

[110] Liu X B, Xiong R L, Xiong Z W, et al. Simulation and experimental study on surface residual stress of ultra-precision turned 2024 aluminum alloy[J]. Journal of the Brazilian Society of Mechanical Sciences and Engineering, 2020, 42(7): 386.

[111] 王垠. 基于 GM(1,1) 模型的绕阳河流域丰水年预测[J]. 陕西水利, 2020(8): 75-76.

[112] Zhou W J, Cheng Y K, Ding S, et al. A grey seasonal least square support vector regression model for time series forecasting. [J]. ISA Transactions, 2021, 114: 82-98.

[113] 张书新, 马旭东, 陈慧颖, 等. 加权多核支持向量回归机在水质预测中的应用[J]. 通化师范学院学报, 2016, 37(10): 27-29.

[114] 郭娜, 魏荣凯, 沈焱萍. 基于用户画像的大数据环境中异常特征提取[J]. 计算机仿真, 2020, 37(8): 332-336.

[115] 林高印, 陈海生, 毛建生, 等. 基于"归一化"构架下的计算机仿真模拟复杂三维地质模型[J]. 计算机应用, 2016, 36(S2): 322-324, 330.

[116] 狄鑫. 基于水力模型的供水管网漏损控制研究[D]. 苏州: 苏州科技大学, 2019.

[117] 贾海军, SONG Jinho. 自然循环系统热工水力学特性的均相模型分析[J]. 原子能科学技术, 2000, 34(3): 274-278.

[118] Buono Silva Baptista V, Colombo A, Barbosa D S, et al. Pressure distribution on center pivot lateral lines: Analytical models compared to EPANET 2.0[J]. Journal of Irrigation and Drainage Engineering, 2020, 146(8): 37.

[119] 王枭, 饶杰, 王弼. 管道阻力计算[J]. 压缩机技术, 2018(6): 26-29.

[120] Lee S J, Jeong Y J, Lee J H, et al. Development of a heavy snowfall alarm model using a Markov chain for disaster prevention to greenhouses[J]. Biosystems Engineering, 2020, 200: 353-365.

[121] He W X, Yang H, Zhao G, et al. A quantile-based SORA method using maximum entropy method with fractional moments[J]. Journal of Mechanical Design, 2021, 143(4): 041702.

[122] Zhou Z H, Gao A N, Wu W W, et al. Parameter estimation of the homodyned K distribution based on an artificial neural network for ultrasound tissue characterization[J]. Ultrasonics, 2021, 111: 106308.

[123] 李玉全. 城市供水管网实时建模及漏损事件侦测定位研究[D]. 杭州: 杭州电子科技大学, 2018.

[124] 罗光华. 一种基于 NLq 损失的 Softmax 分类模型改进[J]. 电脑知识与技术, 2020, 16(34): 228-229.

[125] 洪嘉鸣. 基于数据的城市供水管网建模分析和异常事件侦测[D]. 杭州: 杭州电子科技大学, 2016.

[126] Guan Y N, Li D W, Xue S B, et al. Feature-fusion-kernel-based Gaussian process model for probabilistic long-term load forecasting[J]. Neurocomputing, 2021, 426: 174-184.

[127] Gomez D B, Xu Z Y, Saleh J H. From regression analysis to deep learning: Development of improved proxy measures of state-level household Gun ownership[J]. Patterns, 2020, 1(9): 100154.

[128] 李鑫鑫, 郑丹, 杨建喜, 等. 基于 GA-BP 神经网络的施工区域水质预测及预警模型研究[J]. 重庆交通大学学报(自然科学版), 2020, 39(12): 106-110.

[129] Riadi I, Wirawan A, Sunardi. Network packet classification using neural network based on training function and hidden layer neuron number variation[J]. International Journal of Advanced Computer Science and Applications (IJACSA), 2017, 8(6): 213-220.

[130] 任青立, 祝昌涛. 一种消除 ERP 管理系统与现场控制系统间信息孤岛的方法[J]. 现代工业经济和信息化, 2020, 10(9): 103-105.

[131] 王飞, 卢锡锡, 王婷婷, 等. 基于 DRA-SSTFN 耦合模型的城市供水管网结构稳定风险评估[J]. 给水排水, 2020, 56(7): 108-112.

[132] 王科. 浅谈管网不完善对某污水处理厂的影响及对策[J]. 资源节约与环保, 2019(6): 80-81.

[133] Glock S, Kühn D, Montgomery R, et al. Decompositions into isomorphic rainbow spanning trees[J]. Journal of Combinatorial Theory, Series B, 2021, 146: 439-484.

[134] 刘超. 震害环境下供水管网失效及次生火灾放大效应[D]. 大连: 大连理工大学, 2014.

[135] 孙娟. QoS 拯救繁杂网络[J]. 中国计算机用户, 2006(31): 42-43.

[136] 佚名. 重庆建设城市供水基础设施[J]. 建筑技术, 2020, 51(9): 1084.

[137] 陈炳瑞, 张震, 付浩, 等. 基于水力模型的多因子水质监测点优化布置方法研究[J]. 重庆大学学报, 2019, 42(4): 92-100.

[138] 房卓, 沈忱, 徐杏, 等. 基于层次分析法的汕头港内陆港选址研究[J]. 水运工程, 2020(12): 70-75.

[139] 王庆杰, 岳春芳, 李艺珍. 基于权重融合的灰色关联分析水资源配置方案评价研究[J]. 中国农村水利水电, 2019(4): 31-34.